高等院校计算机应用系列教材

UML面向对象设计与分析教程

(第二版)(微课版)

薛均晓　石　磊　李庆宾　主编

清華大学出版社
北　京

内 容 简 介

本书全面讲述面向对象设计与分析技术和统一建模语言(UML)的基本内容和相关知识。全书共分为11章，深入介绍面向对象的基本概念、UML视图、UML模型图、需求分析、静态分析、动态分析、用例图模型、类图和对象图建模、交互模型、行为模型、系统设计模型、软件开发过程等内容。

本书采用微课形式配合视频讲解和实践操作，帮助读者全面了解面向对象设计与分析的理论知识及实践方法，并掌握UML建模工具的使用技巧。本书内容丰富，结构合理，语言简练流畅，示例翔实，适合初学者使用。本书可作为高等院校软件开发技术及相关专业、软件工程专业的教材，也可作为软件系统开发人员的参考资料。

本书配套的电子课件、实例源文件和习题答案可以到http://www.tupwk.com.cn/downpage网站下载，也可以扫描前言中的"配套资源"二维码获取。扫描前言中的"看视频"二维码可以直接观看教学视频。

图书在版编目(CIP)数据

UML 面向对象设计与分析教程：微课版 / 薛均晓，石磊，李庆宾主编 . —2 版 . —北京：清华大学出版社，2024.1

高等院校计算机应用系列教材

ISBN 978-7-302-64496-5

Ⅰ. ①U… Ⅱ. ①薛… ②石… ③李… Ⅲ. ①面向对象语言—程序设计—高等学校—教材 Ⅳ. ①TP312.8

中国国家版本馆 CIP 数据核字 (2023) 第 162405 号

责任编辑：胡辰浩
封面设计：高娟妮
版式设计：孔祥峰
责任校对：成凤进
责任印制：沈 露

出版发行：清华大学出版社
网 址：https://www.tup.com.cn，https://www.wqxuetang.com
地 址：北京清华大学学研大厦 A 座 邮 编：100084
社 总 机：010-83470000 邮 购：010-62786544
投稿与读者服务：010-62776969，c-service@tup.tsinghua.edu.cn
质 量 反 馈：010-62772015，zhiliang@tup.tsinghua.edu.cn

印 装 者：三河市人民印务有限公司
经 销：全国新华书店
开 本：185mm×260mm 印 张：17.5 字 数：415 千字
版 次：2020 年 1 月第 1 版 2024 年 1 月第 2 版 印 次：2024 年 1 月第 1 次印刷
定 价：79.00 元

产品编号：099643-01

前言

自20世纪40年代计算机问世以来，计算机在人类社会的各个领域得到了广泛应用。为了解决计算机软件开发的低效率，以及传统过程式编程方法在处理复杂问题时所遇到的难维护、重用性差等问题，计算机业界提出了软件工程的思想和方法。面向对象技术是一种系统开发方法，是软件工程学的一个重要分支。面向对象设计与分析是使用现实世界的概念模型来思考问题的一种方法。对于理解问题、与应用领域专家交流、建模企业级应用、编写文档、设计程序和数据库来说，面向对象模型都非常有用。

统一建模语言(unified modeling language，UML)是一种功能强大且普遍适用的面向对象建模语言。它融入了软件工程领域的新思想、新方法和新技术。它的作用域不限于支持面向对象分析与设计，还支持从需求分析开始的软件开发全过程。

UML的应用贯穿于软件开发的五个阶段。

- 需求分析阶段。UML 的用例视图可以表示客户的需求。通过用例建模，可以对外部的角色以及它们所需要的系统功能建模。
- 分析阶段。分析阶段主要考虑所要解决的问题，可用UML的逻辑视图和动态视图来描述。
- 设计阶段。在设计阶段，把分析阶段的结果扩展成技术解决方案。加入新的类来提供技术基础结构，如用户界面、数据库操作等。分析阶段的领域问题类被嵌入这个技术基础结构中。
- 构造阶段。在构造(或程序设计)阶段，把设计阶段的类转换成某种面向对象程序设计语言的代码。
- 测试阶段。不同的测试小组使用不同的UML图作为其工作的基础：单元测试使用类图和类的规格说明，集成测试典型地使用组件图和协作图，而系统测试通过实现用例图来确认系统的行为符合这些用例图中的定义。

UML模型在面向对象软件开发中的使用非常普遍。本书全面讲述面向对象设计与分析技术UML的相关知识，主要内容包括面向对象的基本概念、UML视图、UML模型图、需求分析、静态分析、动态分析、系统设计模型及软件开发过程等，并且运用大量实例对各种关键技术进行深入浅出的分析。从相关内容中，读者能感受到UML在描述软件系统方法方面十分有效，以及使用UML建模工具开发面向对象设计与分析模型的便捷性和高效性。为了提高学习效率，在每一章的末尾还提供了一定数量的思考练习题。

本书采用微课形式配合视频讲解和实践操作，帮助读者全面了解面向对象设计与分析的理论知识及实践方法。全书由具体案例贯穿始终，并由案例引入相关的操作和模型创建过程。同时，本书在讲解相关概念时，列举了大量实例。利用这些实例，读者可以更快地掌握UML的基本元素和建模技巧，也能让读者更好地理解面向对象技术的基本原理。

本书主要针对面向对象技术的初学者，适合作为高等院校软件开发技术及相关专业、软件工程专业的教材，也可作为软件系统开发人员的参考资料。

由于作者水平有限，本书难免有不足之处，欢迎广大读者批评指正。我们的电子邮箱是992116@qq.com，电话是010-62796045。

本书配套的电子课件、实例源文件和习题答案可以到http://www.tupwk.com.cn/downpage网站下载，也可以扫描下方的“配套资源”二维码获取。扫描下方的“看视频”二维码可以直接观看教学视频。

扫描下载

配套资源

扫一扫

看视频

作　者

2023年10月

目录

第1章

面向对象与UML

面向对象是一种软件系统开发方法。本章通过介绍面向对象的主要概念，帮助读者理解面向对象开发方法的本质。同时，通过介绍面向对象软件开发过程、UML与面向对象软件开发的关系、UML建模工具等内容，帮助读者理解面向对象分析和设计建模的含义及目的，为学习UML面向对象设计与分析打下基础。

本章的学习目标：

- 理解面向对象的含义
- 理解软件工程过程框架
- 掌握类和对象的关系
- 掌握封装、继承、多态
- 掌握UML的含义和特点

1.1 面向对象介绍

自20世纪40年代计算机问世以来，计算机在人类社会的各个领域得到了广泛应用。20世纪60年代以前，计算机刚刚投入实际使用，软件设计往往只是为了特定的应用而在指定的计算机上设计和编制，软件的规模比较小，文档资料通常也不存在，很少使用系统化的开发方法，设计软件往往等同于编制程序，基本上是个人设计、个人使用、个人操作、自给自足的私人化的软件生产方式。到了20世纪60年代中期，随着计算机性能的提高，计算机的应用范围迅速扩大，软件开发急剧增长。软件系统的规模越来越大，复杂程度越来越高，软件可靠性问题也越来越突出。原来的个人设计、个人使用的方式不再能满足要求，迫切需要改变软件生产方式，提高软件生产率。

为了解决长期以来计算机软件开发的低效率问题，计算机业界提出了软件工程的思想和方法。面向对象技术是一种系统开发方法，是软件工程学的一个重要分支。在面向对象编程中，数据被封装(或绑定)到使用它们的函数中，形成的整体称为对象，对象之间通过消息相互联系。面向对象建模与设计是使用现实世界的概念模型来思考问题的一种方法。对于理解问题、与应用领域专家交流、建模企业级应用、编写文档、设计程序和数据库来说，面向对象模型都非常有用。

1.1.1 软件系统概述

计算机是一种复杂的设备，通常包含的要素有硬件、软件、人员、数据库、文档和过程。其中，硬件是提供计算能力的电子设备；软件是程序、数据和相关文档的集合，用于实现所需要的逻辑方法、过程或控制；人员是硬件和软件的用户与操作者；数据库是通过软件访问的大型的、有组织的信息集合；文档是描述系统使用方法的手册、表格、图形及其他描述性信息；过程是一系列步骤，它们定义了每个系统元素的特定使用方法或系统驻留的过程性语境。

软件是指由系统软件、支撑软件和应用软件组成的软件系统。系统软件用于管理计算机的资源和控制程序的运行，主要功能是调度、监控和维护计算机系统，管理计算机系统中各种独立的硬件，使得它们可以协调工作。系统软件使得计算机使用者和其他软件将计算机当作整体，而不需要顾及底层的每个硬件是如何工作的。Windows、Linux、DOS、UNIX等操作系统都属于系统软件。支撑软件包括语言处理系统、编译程序以及数据库管理系统等。应用软件是用户可以使用的、由各种程序设计语言编制的应用程序的集合。应用软件是为满足用户不同领域、不同问题的应用需求而提供的，可以拓宽计算机系统的应用领域，使其为人们的日常生活、娱乐、工作和学习提供各种帮助。Word、Excel、QQ等都属于应用软件。

软件是用户与硬件之间的接口。用户主要通过软件与计算机进行交流。如果把计算机比喻为人，那么硬件就表示人的身躯，而软件则表示人的思想、灵魂。一台没有安装任何软件的计算机称为“裸机”。

软件是计算机系统设计的重要依据。为了方便用户，为了使计算机系统具有较高的总体效用，在设计计算机系统时，必须通盘考虑软件与硬件的结合，以及用户的要求和软件的要求。软件的正确含义应该是：①运行时，能够提供所要求功能和性能的指令或计算机程序的集合；②程序能够满意地处理信息的数据结构；③为了描述程序功能需求以及程序如何操作和使用所要求的文档。

软件与硬件的不同主要体现在以下几点。

(1) 表现形式不同。硬件有形，看得见，摸得着；而软件无形，看不见，摸不着。软件大多存在于人们的头脑里或纸面上，它们的正确与否，是好是坏，一直要到程序在机器上运行才能知道。这就给设计、生产和管理带来许多困难。

(2) 生产方式不同。硬件是设备制造，而软件是设计开发，是人的智力的高度发挥，不是传统意义上的生产制造。虽然软件开发和硬件制造存在某些相似点，但二者根本不同：两者均可通过优秀的设计获得高品质产品，然而硬件在制造阶段可能会引入质量问题，这在软件中并不存在(或者易于纠正)。二者都依赖人，但是人员和工作成果之间的对应关系是完全不同的。它们都需要构建产品，但是构建方法不同。软件产品的成本主要在于开发设计，因此不能像管理制造项目那样管理软件开发项目。

(3) 要求不同。硬件产品允许有误差，而软件产品却不允许有误差。

(4) 维护不同。硬件会用旧、用坏，理论上，软件不会用旧、用坏，但实际上，软件也会变旧、变坏。因为在软件的整个生存周期中，一直处于改变维护状态。

现在的计算机软件系统具有产品和产品交付载体的双重作用。作为产品，软件显示了由计算机硬件体现的计算能力，更广泛地说，显示的是由可被本地硬件设备访问的计算机网络体现的计算潜力。无论驻留在移动电话还是大型计算机中，软件都扮演着信息转换的角色：产生、管理、获取、修改、显示或传输各种不同的信息，简单的如几位信息的传递，复杂的如从多个独立的数据源获取的多媒体演示。而作为产品生产的载体，软件提供了计算机控制(操作系统)、信息通信(网络)以及应用程序开发和控制(软件工具和环境)的基础平台。

软件提供了我们这个时代最重要的产品——信息。它会转换个人数据(如个人财务交易)，使信息在一定范围内发挥更大的作用；它通过管理商业信息提升竞争力；它为世界范围的信息网络提供通路(如互联网)，并对各类格式的信息提供不同的查询方式。

在最近半个世纪里，软件的作用发生了很大的变化。硬件性能的极大提高、计算机结构的巨大变化、内存和存储容量的大幅增加，还有种类繁多的输入和输出方法，都促使计算机系统的结构变得更加复杂，功能更加强大。如果系统开发成功，复杂的结构和功能可以产生惊人的效果，但是同时复杂性也给系统开发人员带来巨大的挑战。

现在，庞大的软件产业已经成为工业经济中的主导因素。早期的独立程序员也已经被专业的软件开发团队代替，团队中的不同专业技术人员可分别关注复杂的应用系统中某一技术部分。然而同过去的独立程序员一样，开发现代计算机系统时，软件开发人员依然面临同样的问题：

- 为什么软件需要如此长的开发时间？
- 为什么开发成本居高不下？
- 为什么在将软件交付顾客使用之前，我们无法找到所有的错误？
- 为什么维护已有的程序要花费高昂的时间和人力代价？
- 为什么软件开发和维护的过程仍旧难以度量？

种种问题验证了业界对软件以及软件开发方式的关注，这种关注促使业界对软件工程实践方法的采纳。

1.1.2 软件工程

要使计算机执行某一复杂的任务，而这一任务运行着一项业务，就不得不编写出一系列指令来明确规范计算机应该完成的事情。这些指令以诸如C++、Java或C#之类的编程语言编写，形成了我们所熟知的计算机软件。

然而，随着技术和应用的发展，计算机软件越来越复杂，程序员不能简单地制定业务操作的规则，或是猜测需要输入系统中的数据类型，这些数据类型会被存储并且稍后会被访问，以屏幕显示或报告的形式提供给用户。

要构建能够适应各种挑战的软件产品，就必须认识到以下几个简单的事实。

软件已经深入我们生活的各个方面，对软件应用所提供的特性和功能感兴趣的人显著增多。当要开发新的应用领域或嵌入式系统时，一定会听到很多不同的声音。很多时候，每个人对发布的软件应该具备什么样的软件特性和功能似乎都有些许不同的想法。因此，在制定软件解决方案前，必须尽力理解问题。

年复一年，个人、企业和政府的信息技术需求日臻复杂。过去一个人可以构建的计算机程序，现在需要由一支庞大的团队来共同实现。曾经运行在可预测、自包含、特定计算环境下的复杂软件，现在可以嵌入消费类电子产品、医疗设备、武器系统等各种环境中执行。这些基于计算机的系统或产品的复杂性，要求对所有系统元素之间的交互非常谨慎。因此，设计已经成为关键活动。

个人、企业、政府在进行日常运作管理以及战略战术决策时越来越依靠软件。软件失效会给个人或企业带来诸多不便，甚至灾难性的失败。因此，软件必须保证高质量。随着特定应用感知价值的提升，其用户群和软件寿命也会增加。随着用户群和使用时间的增加，其适应性和可扩展性需求也会同时增加。因此，软件需要具备可维护性。

由这些简单事实可以得出如下结论：各种形式、各个应用领域的软件都需要工程化。软件工程是研究如何以系统性的、规范化的、可定量的过程化方法开发和维护软件，以及如何把经过时间考验而证明正确的管理技术和当前能够得到的最好的技术方法结合起来的学科。

软件工程的基础是过程。过程将各个技术层次结合在一起，使得合理、及时地开发计算机软件成为可能。过程定义了一个框架，构建该框架是有效实施软件工程技术必不可少的。过程构成软件项目管理控制的基础，建立工作环境以便于应用技术方法、提交工作产品(模型、文档、数据、报告、表格等)、建立里程碑、保证质量及正确管理变更。

过程是构建工作产品时执行的一系列活动、动作和任务的集合。活动主要实现宽泛的目标(如与利益相关者进行沟通)，与应用领域、项目大小、结果复杂性或者实施软件工程的重要程度没有直接关系。动作(如体系结构设计)包含主要工作产品(如体系结构设计模型)生产过程中的一系列任务。任务关注小而明确的目标，能够产生实际产品(如构建单元测试)。

在软件工程领域，过程不是对如何构建计算机软件的严格规定，而是一种可适应性调整的方法，以便于工作人员(软件团队)可以挑选适合的工作动作和任务集合。其目标通常是及时、高质量地交付软件，以满足软件项目资助方和最终用户的需求。

过程框架定义了若干框架活动，为实现完整的软件工程过程建立基础。这些活动可广泛应用于所有软件开发项目，无论项目的规模和复杂性如何。此外，过程框架还包含一些适用于整个软件过程的普适性活动。通用的软件工程过程框架通常包含以下5种活动。

- 沟通：在技术工作开始之前，和客户(及其他利益相关者)的沟通与协作是极其重要的；其目的是理解利益相关者的项目目标，并收集需求以定义软件特性和功能。
- 策划：如果有地图，任何复杂的旅程都可以变得简单。软件项目好比复杂的旅程，策划活动就是创建“地图”，以指导团队的项目旅程，这种地图称为软件项目计划，里面定义和描述了软件工程工作，包括需要执行的技术任务、可能的风险、资源需求、工作产品和工作进度计划。

- 建模：无论是庭院设计家、桥梁建造者、航空工程师、木匠还是建筑师，每天的工作都离不开模型。你会画一张草图来辅助理解整个项目大的构想——体系结构、不同的构件如何结合，以及其他一些特征。如果需要，可以把草图不断细化，以便更好地理解问题并找到解决方案。软件工程师也是如此，利用模型来更好地理解软件需求，并完成符合这些需求的软件设计。
- 构建：包括编码(手写的或自动生成的)和测试以发现编码中的错误。
- 部署：将软件(全部或部分增量)交付给用户，用户对其进行评测并给出反馈意见。

上述5种通用框架活动既适用于简单小程序的开发，也可用于大型网络应用程序的建造以及基于计算机的大型复杂系统工程。不同的应用案例中，软件过程的细节可能差别很大，但是框架活动都是一致的。

对许多项目来说，随着项目的开展，框架活动可以迭代应用。也就是说，在项目的多次迭代过程中，沟通、策划、建模、构建、部署等活动不断重复。每次项目迭代都会产生软件增量，每个软件增量实现了部分的软件特性和功能。随着每一次软件增量的产生，软件逐渐完善。

开发可靠软件是一种高成本的劳动密集型活动。已经有无数关于软件项目失败的报告，因此软件开发是一项高风险投资。在过去的几十年间，软件工业经历了快速增长，这使得大型软件系统的开发对规范方法的需求变得非常突出。今天，开发者采用已验证的软件工程方法和完善的项目管理实践，来保证所构建的软件不但满足客户的功能需求，还要及时交付，并且不会超出项目预算。

因为软件是不可见的，所以找出软件中存在的所有缺陷是相当困难的。实际上，不管准备投入多少资源和精力，完全没有缺陷的复杂软件系统只能是软件开发者的梦想。虽然人们必须接受这类系统不可能完全没有缺陷的事实，但是必须考虑软件故障所造成的后果。现在，软件系统广泛应用于政府、商业组织和日常活动的方方面面，支撑着这些系统的平稳运行。因此，软件系统故障总会影响人们的生活，并可能引发很多灾难，甚至关系到生命安全。因而，质量是软件工业的一个非常重要的问题。解决这个问题的最常见办法是采用已验证的过程来开发软件系统。

尽管质量问题非常重要，但是开发大型软件系统面临的最大挑战是开发这些项目所需的时间很长，系统需求总是会由于各种原因发生改变。经常发生这样的事情：在项目开始的时候，客户并不清楚他们具体想要的是什么。这样一来，当交付项目的时候，客户可能会发现系统并不像他们预期的那样。技术的快速变化本身也可能是个问题。如果项目开发时间很长，那么在项目开发期间可能会发生技术变更的情况。项目经理经常左右为难，一方面不得不修改系统设计以采用新技术，但是另一方面会导致费用超出预算，并且延长了开发时间，或者构建了无关紧要的系统，仅仅是完成了交付，但是系统并没有真正用起来。

开发大型系统的另一个困难是开发过程通常会涉及一支由众多专业人员构成的团队，这些专业人员都是各自领域的专家。因此，团队成员之间进行高效沟通是极其重要的。实际上，很多时候项目失败的首要原因是不良沟通和人员因素问题，而非技术问题。

软件工程将系统化的、规范的、高质量的方法应用到软件开发、运行和维护过程中。

软件工程建立在良好的工程概念之上，并且实际上很多人将软件工程规范开发比作建筑行业，已经从以人工活动为主转变为细化的工业流程。

与其他工程规范一样，软件工程师在真正实现系统之前要构建软件系统的模型。在软件开发过程中，建模是一项非常重要的活动，通常在最终设计和实现软件系统之前，软件工程师要花费很多时间在不同的抽象层次上开发模型。模型是一种高效的沟通手段，特别是在那些不需要详细信息的场合。例如，通常使用高度抽象的拓扑图来表示运输系统中的行车路线。在软件系统中，不同的涉众(stakeholder)总是需要物理系统的不同方面的信息。例如，乘客需要知道车费和某条公交路线的停靠站位置；公交车司机则需要某项特定公交车服务的精确路线信息；公交车站管理员需要知道所有从本站发出以及到达本站的公交车的时间表。为了迎合这些涉众的不同需要，需要为他们创建不同的模型，具体如下。

- 为乘客建立的模型：可以用一条直线并在上面画一个圆圈来表示，给出公交车停靠站名，可能还有相关的车费。
- 为公交车司机建立的模型：可以是一张显示公交车服务覆盖区域的简化路线图。为了向司机提供更多的信息，图中还包括街道名称和道路。
- 为行车路线规划者建立的模型：这个模型中可能包含由各条行车路线构成的详细道路图。每条行车路线都被标记出来，并用不同的颜色显示。

模型可以包含一个或多个视图，每个视图表示系统的某个特定方面。例如，乘客模型包含车费视图和路径视图。车费视图为某条路线上的不同停靠站提供车费信息，而路径视图则提供包含相关街道的路线信息。基于不同视图的模型必须是一致的。例如，建筑物的三维模型必须与同一建筑物的不同正视图(模型)保持一致。进而应该能够使用某种合适的表示法(语言)来表达模型，涉众能够理解这种表示法(notation)。对于软件开发而言，可以使用3个正交的视图来适当地描述系统：

- 包含软件系统中数据转换的功能视图；
- 包含系统结构以及与之相关的数据的静态视图；
- 包含软件系统中事务顺序或过程的动态视图。

从广义上讲，有两大基本的软件开发方法：结构化方法和面向对象方法。前者自20世纪70年代就非常流行，因为传统的过程式语言为其提供足够的支持。随着20世纪90年代面向对象编程语言(如C++和Java)的发明，面向对象方法已经变得越来越流行。

可以按照对系统的不同视图进行建模的方式及其相关过程，对这两种软件开发方法进行比较。结构化方法以系统的功能视图为中心，在开发的不同阶段使用不同的模型。当从一个阶段进行到下一阶段时，当前阶段的模型也将转换到下一阶段的模型。结构化方法有三大弱点。

首先，因为结构化方法以系统的功能视图为中心，所以当系统的功能发生改变时，系统的分析、设计模型以及实现都要发生很大的变化。

其次，在结构化方法中，只要早期创建的模型发生改变(因为需求发生改变或者纠正前面的错误)，就需要进行模型变换工作。在分析阶段，数据流图(data flow diagram，DFD)用来系统建模，系统由一组函数构成，函数之间有数据流。在设计阶段，系统被建模成结构图，由函数层次结构组成。如果系统的功能发生改变，就需要重新来一遍，即重新经历分析和设计阶段，而在这些阶段需要投入相当多的时间和精力。

最后，在结构化方法中基本上不存在动态视图。DFD由两个视图构成：功能视图和静态视图。图形界面的使用以及软件系统日益增加的复杂度使得动态视图变得越来越重要。软件模块的结构由结构图指定，这些图可由DFD变形得到。然而，系统的很多动态行为不能由函数之间的数据依赖关系推导出来。使用结构化方法很难做出动态模型，即使引入控制流图(control flow diagram，CFD)也同样如此，因为并没有在动态视图中正确地为系统建模。

由于结构化方法具有上述不足，因此在与面向对象方法进行比较时，结构化方法的性价比很低。面向对象方法将软件系统建模为一组相互协作的对象。对象通过发送和接收消息的方式与其他对象交互，在这些过程中操作对象的数据。面向对象方法使得软件工程师进行软件系统一致模型的开发变得更加简单，因为在整个开发过程中，只使用同样的一组模型。因而，在不同的阶段不需要浪费时间和精力进行模型转换和更新。

而且，使用面向对象方法开发的系统结构要比使用结构化方法开发的更加稳定。这是因为针对面向对象系统的改变已经被限定，仅仅发生在对象内部，修改工作要比使用结构化方法设计的系统更加容易。所以，使用面向对象方法开发的软件系统可以降低开发和维护成本。

1.1.3 面向对象的含义

在现实世界中，复杂的事物往往是由许多部分组成的。例如，一辆汽车是由发动机、底盘、车身和车轮等部件组成的。当人们生产汽车时，分别设计和制造发动机、底盘、车身和车轮等，最后把它们组装在一起。组装时，各部分之间有一定联系，以便协同工作。

面向对象系统开发的思路和人们在现实世界中处理问题的思路是相似的，是一种基于现实世界来设计与开发软件系统的方式。面向对象技术以对象为基础，使用对象抽象现实世界中的事物，以消息来驱动对象执行处理。和面向过程的系统开发不同，面对对象技术不需要一开始就使用主函数来概括整个系统的功能，而是从问题域的各个事物入手，逐步构建出整个系统。

在程序结构上，人们常常使用下面的公式来表述面向过程的结构化程序：

面向过程程序 = 算法 + 数据结构

算法决定了程序的流程以及函数间的调用关系，也就是函数之间的相互依赖关系。算法和数据结构二者相互独立，分开设计。在实际问题中，有时数据是全局的，很容易超出权限范围修改数据，这意味着对数据的访问是不能控制的，也是不能预测的，如多个函数访问相同的全局数据，因为不能控制访问数据的权限，程序的测试和调试就变得非常困难。另外，面向过程程序中的主函数依赖于子函数，子函数又依赖于更小的子函数。这种自顶向下的模式，使得程序的核心逻辑依赖于外延的细节，一个小小的改动，有可能带来一系列连锁反应，引发依赖关系的一系列变动，这也是面向过程程序设计不能很好处理需求变化、代码重用性差的原因。在实践中，人们慢慢意识到算法和数据是密不可分的，通过使用对象将数据和函数封装(或绑定)在一起，程序中的操作通过对象之间的消息传递机制实现，就可以解决上述问题。因此，就形成了面向对象程序设计：

面向对象程序 = (对象 + 对象 + …) +消息

面向对象程序设计的任务包括两个方面：一方面是决定把哪些数据和函数封装在一起，形成对象；另一方面是考虑怎样向对象传递消息，以完成所需任务。各个对象的操作完成了，系统的整体任务也就完成了。

在面向对象程序设计中，所有人都使用相同的概念和表示方法，而且要处理的概念和表示方法都比较少。

- 数据和过程不是人为分离的。在传统方法中，需要存储的数据早早便与操作这些数据的算法分离开来，算法是独立开发的。从需要访问这些数据的过程来看，这会导致数据的格式不合适，或者数据的放置位置不方便。而利用面向对象的开发方式，数据和过程一起放在容易管理的小软件包中，数据从来不与算法分开。最后得到的代码不太复杂，对客户需求的变化也不太敏感。
- 代码更容易重用：在传统方法中，是从要解决的问题开始，利用问题来驱动整个开发，最后得到当前问题的单个解决方案，但明天总是会有另一个问题要解决。无论新问题和已解决的旧问题多么接近，都不能分解单个系统，对它进行调整，因为一个小问题就会影响系统的每个部分。在面向对象的开发方式中，我们总是要在类似的系统中寻找有用的对象。即使新系统的区别非常小，也可以修改已有的代码，因为对象就类似于智力拼图玩具中的各块拼图。在建立面向对象的系统时，在考虑自己编写代码之前，一般都应寻找已有的对象(由自己、同事或第三方编写)。

1.1.4 什么是对象

在关于面向对象分析和设计方面最早的一本书中，Coad和Yourdon将对象定义为：对问题域中某些事情的抽象，反映了系统保持信息，并且与信息交互，或者二者兼有的能力。

在这一背景下，抽象是一种表示形式，只是涵盖从某一角度来说重要的或关注的东西。地图就是一种大家所熟知的抽象表示。没有哪幅地图能显示设计区域中的所有细节(除非地图与区域一样大，并且使用同样的材质制作，否则就不能表示)。地图的目的旨在指导地图上显示细节的选择以及所强调的内容。道路地图关注道路及位置，通常会忽略地形特征，除非它们有助于导航。地理地图显示岩石和其他地貌特征，但是会忽略城镇和道路。不同的投影以及地图比例尺，强调区域的不同位置或者更值得关注的特征。每一幅地图都是抽象的，部分是因为地图揭示(或强调)的相关特征，并且也因为地图所隐藏(或淡化)的非相关特征。对象作为抽象，方式也大体相似。对象只代表与分析目的相关的事情的特征，并且隐藏非相关的特征。

Coad和Yourdon所讲的系统是基于面向对象的软件系统，并且考虑到了开发。然而，应该注意，面向对象也会涉及其他系统，特别是人类活动系统。我们在详述合适的软件系统之前必须理解这一点。在需求和分析工作流中，在对应用域(尤其是部分人类活动系统)的理解进行建模时，会使用到对象。在设计和实现待建模的工作流(并且部分会产生软件系统)时，也会使用到对象。这些目的很特别，我们在弄明白所需要完成的工作的性质时，仍会使用到对象。

Rumbaugh等人特别说明了这种双重目的。我们将对象定义为概念、抽象或者对于手头问题的解决来说边界和含义都很清晰的事情。对象有两种目的：它们促进对实际世界的了解，同时又提供计算机实现的现实基础。

对象(object)是一件事、一个实体或名词。一些对象是活的，一些对象不是。现实世界中的例子有汽车、人、房子、桌子、狗、植物、支票簿或雨衣等。通常需要对人群、组织和诸如合同、销售或协议之类的关系进行建模。虽然关系是无形的，但这些关系是长期存在的，对人群和其他应用域中的事情有着复杂的影响。

考虑在超市购买一管牙膏。从某个层面来说，这只是一笔销售，是货-钱交易。从更深层次来说，会介入商店和厂商之间的复杂关系。这取决于其他因素。例如，根据购买商品时因所处地区不同而五花八门的产品质量保证书，或许这笔销售会为会员卡赢得积分；商品包装可能包括用于下次购买的优惠券，或者购买记录表格，填满之后会给优惠。现在假定发现牙膏有问题，需要退款或换货。顾客可能会以合适的方式因造成的损失而起诉商店。如果我们没有合理地理解因销售而造成的后果，就无法理解上述业务。此时几乎肯定，真实世界中的“销售”可以被建模为系统中的对象。

在合适的抽象层次，当选择我们期望建模的对象时——实际上，抽象层次对应地图制作者——我们需要提问：“这是什么样的地图，显示什么样的细节，为了强调什么？”信息系统模型中所有的对象与其他对象都有一定的相似性，Booch将此总结为一句话：对象是状态、行为和标识。这里，标识是每个对象独一无二的东西，而状态和行为是对象互相联系的东西。状态表示对象在某一时刻所处的情况，通过对象的状态可以判断对象可以执行某一事件的行为或动作。对于软件对象来说，状态是对象数据值的汇总(更广泛地说，包括与其他对象的链接)，而行为表示对象对事件响应的方式。可以使用的动作是由对象的状态判断的，但是通常所说的对象可以“操作”，只是指改变数据或者对其他对象发送消息。软件对象的很多行为(但不是全部行为)会导致状态发生改变。

事实上，对象是对问题域中某些事物的抽象。显然，任何事物都具有两方面特征：一方面是该事物的静态特征，如某个人的姓名、年龄、联系方式等，这种静态特征通常称为属性；另一方面是该事物的动态特征，如兴趣爱好、学习、上课、体育锻炼等，这种动态特征称为操作。因此，面向对象技术中的任何一个对象都应当具有两个基本要素：属性和操作。对象往往是由一组属性和一组操作构成的。

许多现代编程语言在很大程度上或完全依赖于对象的概念：将一些数据通过语法紧密绑定到可在这些数据上执行的操作。在面向对象的语言(如C++、C#、Java、Eiffel、Smalltalk、Visual Basic .NET、Perl等)中，程序员需要创建类，每个类定义了许多相似对象的行为和结构。然后，他们需要编写代码来创建并操作那些作为类的实例的对象。

之所以说对象是一种功能强大的编程技术，主要原因在于程序中对象的概念自然地对应到真实世界中的对象。例如，假设公司必须处理订单。这些订单可能包括产品ID号以及产品的相关信息；可能需要创建Order对象(对应于真实世界中的对象：订单)，使其包括ID和ProductList等属性；还可能希望能够将产品添加到订单中，并且能提交订单，因此，就需要编写AddProduct和SubmitOrder方法。真实世界中的对象和抽象的代码对象之间的这种对应关系促使程序员在问题域中，而不是在计算机科学术语中进行思考。然而，这种优点可能有点言过其实，除非正在建立真实世界过程的模拟器，否则，这种代表“真实世界”的对象仅仅是系统的表面内容。设计的复杂性实际上取决于真实对象表面之下的东西，需要用代码来反映的业务规则、资源分配、算法和其他计算机科学的细节。如果只是用对象来反映真实世界，那么还有很多工作要做。

在面向对象的软件中，真实世界中的对象会转变为代码。在编程术语中，对象是独立的模块，有自己的知识和行为(也可以说它们有自己的数据和进程)。把软件对象看作机器人、动物或人是很常见的：每个对象都有一定的知识，表现为属性；并且知道如何为程序的其他部分执行某些操作。例如，Person对象知道自己的头衔、姓名、出生日期和地址，还可以改名、搬到新地址、告诉我们年龄有多大等。

在为Person对象编写代码时集中一个人的特性，就可以想象出系统的其余部分，这会使编程比其他方式更简单(还有助于从真实世界中的概念开始)。如果Person对象以后需要知道身高，就可以把身高信息(和相关的行为)直接添加到Person代码中。在系统的其余部分，只有需要使用身高属性的代码才需要修改，其他代码都保持不变。改变的简单性和本地化是面向对象软件的重要特性。

把生物看成某类机器人是很简单的，但把没有生命的物体看成有行为的对象就有点怪异。我们一般不认为电视能自己改变价格或给自己打广告。但是，在面向对象的软件中，这就是我们需要做的工作。关键是，如果电视不做这些工作，系统的其他部分就要做。这就会把电视的特性泄露给代码的其他部分，丧失我们一开始追求的简单性和本地化(又回到“做事的旧方式”了)。不要被面向对象开发中常见的把软件对象想象成人的理论、把人的特性赋予没有生命的对象或动物吓住。

1.1.5 类

为了表示一组事物的本质，人们往往采用抽象方法将众多事物归纳、划分成一些类。例如，我们常用的名词“人”，就是一种抽象表示。因为现实世界中只有具体的人，如王安、李晓、张明等。把所有国籍为英国的人归纳为一个整体，称为“英国人”，也是一种抽象。抽象的过程是对有关事物的共性进行归纳、集中的过程。依据抽象的原则进行分类，即忽略事物的非本质特征，只注意那些与当前目标有关的本质特征，从而找出事物的共性，把具有共同性质的事物划分为一类，所得出的抽象概念称为类。

在面向对象的方法中，类的定义如下：类是具有相同属性和操作的一组对象的集合，它为属于该类的全部对象提供统一的抽象描述。

事实上，类与对象的关系如同模具和铸件的关系。类是对象的抽象定义，或者说是对象的模板；对象是类的实例，或者说是类的具体表现形式。类封装了一组对象的公共属性。

类用来描述一组按照相同方式进行规范的对象。这里，我们将对象作为软件系统中的抽象(既可以是模型，也可以是最终的软件)，而不是它们所表示的真实世界。

给定类的所有对象，就特征、语义和基于对象的约束来说，都有共同的规范(一般来说，语义与单词或符号的含义相关，但是对计算机科学来说，语义通常是使用编程语言实现操作的正式数学描述。这里，语义只是表示对象大致的行为；或者从其他方面来说，在应用域中工作的人所表示的对象被赋予的含义)。这并不是指同一类中的所有对象在任何方面都相同，但是它们的规范是相同的。互相类似的对象属于同一类。类是这些对象之间所规范的逻辑相似性的一种抽象描述符(如图1-1所示)。

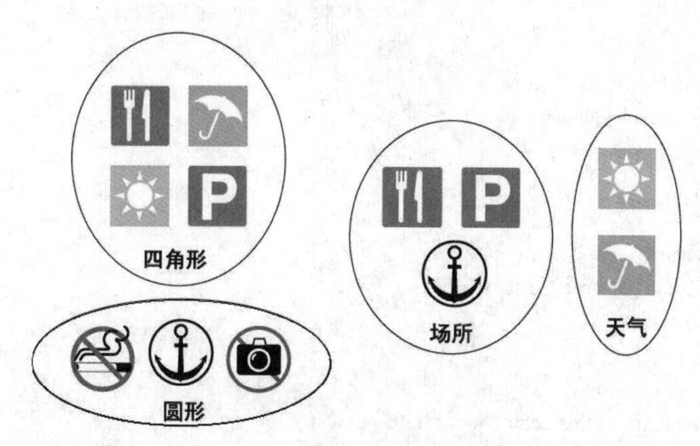

图1-1　类

类的思想根源于面向对象编程。例如，在Java程序中，类是某种模板，可以在需要的时候从模板中构建单个对象(这也不是全部的内容，因为软件类也可以做这里没有考虑的其他事情)。单个对象也称为实例。实例解释了对象所属类的含义，每一个对象都是类的一个实例。

类和类的类型会有进一步的区分。类型类似于类，但是更为抽象，既不包含物理实现，也不包含操作的物理规范。类型可以由多个类实现，例如，在语法和特征不同的两种编程语言的情况下。一些作者建议，分析模型可以只包含类型而不包含类。然而，术语“类”的标准使用应具有所有的含义：真实世界中类似的一组对象，分析和设计模型中规范的一组类似对象，以及面向对象编程语言中的软件结构。同时，“对象”是“实例”的同义词，虽然后者通常更多用在对象所属类的讨论中。

面向对象的开发人员使用类来描述某种对象拥有的编程元素。下面的代码显示了一个用Java编写的完整类，其中包含类的6个基本元素(参见表1-1)。

```
1  // An actor with "name" and "stage name" attributes
2  public class Actor {
3
4     //Fields
5     private String name, stageName;
6
7     //Create a new actor with the given stage name
8     public Actor(String sn) {
9             name = "<None>";
10      stageName = sn;
11  }
12
```

```
13  //Get the name
14  public String getName() {
15      return name;
16   }
17
18  //Set the name
19  public void setName(String n) {
20      name = n;
21  }
22
23  //Get the stage name
24      public String getStageName() {
25          return stageName;
26  }
27
28  //Set the stage name
29      public void setSatgeName(String sn) {
30          stagename = sn;
31      }
32
33      // Reply a summary of this actor’ s attributes, as a string
34      public String toString() {
35          return "I am known as " + getStageName() +
36                      ", but my real name is + "getName();
37      }
38  }
```

表1-1　类定义的信息

元素	作用	对应代码
类名	在代码的其他地方引用类	第2行的Actor
字段	描述这类对象存储的信息	第5行的name和stageName
构造函数	控制对象的初始化	第8行的Actor()
消息	以使用对象的方式提供其他对象	第14行的getName()，第19行的setName()，第24行的getStageName()，第29行的setStageName()，第34行的toString()
操作	告诉对象如何操作	第15、20、25、30、35、36行
注释	告诉程序员如何使用或维护类(编译器忽略)	以//开头的行，如第1行和第4行

新对象是由Actor操作创建的，这是一种特殊的操作，称为构造函数，只在创建类的实例时使用。在Java中，使用下面的表达式创建对象：

```
New Actor("Charlie Chaplin");
```

在这个例子中，表达式会生成Actor的一个新实例，它的参与者名字是Charlie Chaplin，名称是<None>。getName()和setName()等操作称为获取(getter)和设置(setter)操作，因为它们获取和设置信息。

除了上面列出的元素之外，纯面向对象编程语言还允许程序员指定系统的哪些部分可以访问元素，通常至少可以指定元素是公共的(在其他地方可见)还是私有的(仅对对象本身可见)，因此要使用Java中的关键字public和private。一些语言允许程序员添加断言(assertion)，即必须总是为true的逻辑语句，例如这个类的对象总是有正的结果，或者这条消息总是返回非空字符串。断言对于可靠性、调试和维护比较有用。

1.1.6 封装、信息隐藏和消息传递

封装是面向对象编程的特征，用于分析模型，指的是在对象中放置数据，同时将操作应用于数据。对象其实就是一些数据以及处理这些数据的操作。数据存储于对象的特性中，数据和特性一起组成对象的信息结构。这些处理过程就是对象的操作，每一个操作都有特定的签名。操作的签名定义了作为有效请求而传递的消息的结构和内容，包括操作的名称，以及需要运行操作的任何参数(通常是数据值)。为了调用操作，必须给出操作的签名。签名有时也称为消息协议。对象的操作签名的完整集合称为接口。所以，每一个操作都提供了接口，允许系统的其他部分通过发送消息来调用操作。操作可以访问存储于对象中的数据。接口独立于数据和操作的实现。这一思想在于数据只能被同一对象的操作访问和修改(然而大部分面向对象编程语言都提供了回避封装的方法)。信息隐藏是更强大的设计原则，指明没有对象或子系统可以对其他对象或子系统公布实现的细节。不管是封装还是信息隐藏，都表明为了让对象相互协作，必须交换消息。

对象通常表示真实世界系统中的事情，而系统需要协作以完成共同的任务。协作的事务和人互相发送消息，例如，这些消息包括：我们对家人和朋友所说的事情、登录网站阅读的电子邮件、公共汽车上的广告贴画、电视中的娱乐节目和动画片、交通指示灯信号、笔记本计算机的电源指示灯，甚至我们穿的衣服、说话的语气和姿态，这些都是某种类型的消息。使得这些消息有用的是它们遵守的协议，而这些协议是我们对消息意义的解释。比较明显的例子就是国际上就“红灯停，绿灯行”达成的一致。软件对象也需要一致的协议，以便能互相通信。

直到最近，软件才按照这样的方式构建。早期的系统开发方法一般是将系统中的数据和数据的处理过程分割开来。这样做缘于合理的原因分析，并且在一些应用程序中依然使用，但是逐渐出现了困难。最主要的困难是，对于设计系统过程的人来说，很难理解系统使用数据的组织情况。对于这样的系统，数据处理依赖于数据结构。

数据处理和数据结构的依赖关系会引起问题。数据结构的改变通常会迫使使用数据的处理过程发生改变。这加大了构建可靠系统的难度，也增加了系统升级和修改的难度，而在系统崩溃时难以进行修复。

相比之下，设计合理的面向对象系统会被模块化，以便每个子系统在设计和实现的时候，尽可能地与其他子系统独立。通过对数据分配处理过程，封装就可以做到这点。

在实际中，处理过程通常不能被分配给由它们处理的所有数据，而处理过程会分布于不同的对象中。一些操作甚至会被编写为访问对象中已封装的数据。因为对象要使用另一个对象的操作，就必须发送消息。

信息隐藏比封装更进一步，使得对象不可能以任何方式访问另一对象的数据，除非调用操作。这避免了每个对象都需要“知道”其他对象的所有外部细节。

本质上，对象只需要知道自身的数据和操作。然而，很多处理过程也因此必须包括知道如何请求来自其他对象的服务。服务是对象或子系统执行的代表其他对象或子系统的动作，包括对存储于其他对象中的数据的索引。此时，对象必须“知道”该向其他对象提问什么，以及如何提问。但是也不需要对象“知道”其他对象发布服务方式的所有信息。这一“知识”要求负责实现对象的程序员有其他对象实现方式的详细信息。

可以将对象看作防护层，就像洋葱头的表皮。封装放置了数据以及可以直接使用数据的操作。信息隐藏使得对象的内部细节对其他对象不可访问。对需要访问对象数据的其他对象，必须发送消息。当对象接收到消息时，可以区分消息是否与自己有关。如果消息中包括操作的有效签名，对象就会响应。如果没有包括，对象就不响应。操作只能被给出有效操作签名的消息调用。对象的数据甚至处于更深层，只能被自己对象的操作访问。因此，对象中的操作运行和数据的组织方式可以被改变而不影响协作的对象。只要操作的签名不变，这样的改变对外部就是不可见的。图1-2阐述了信息隐藏和封装的对比情况。

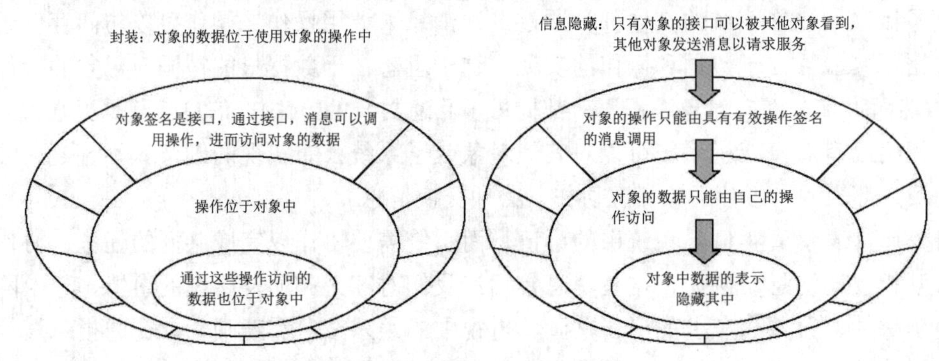

图1-2　封装和信息隐藏

这种软件设计方式有很多实际优势。考虑公司职员工资支付的简单系统，假设存在类Employee，这个类的实例表示工资单上的每一个职员。Employee对象负责了解表示的真实职员工资水平。假定还有PaySlip对象，负责打印职员每月的工资单。为了打印工资单，PaySlip对象必须知道对应职员的工资水平。解决该问题的一种面向对象方法是，对每一个PaySlip对象，发送与Employee对象关联的消息，询问应该支付多少工资。PaySlip对象不必知道Employee对象是如何计算出工资的，也不需要知道存储的数据，只需要了解可以向Employee对象询问工资的数值，并且会给出合理的响应即可。消息传递允许对象对系统的其他部分隐藏自己的内部信息，因此能够最小化因设计或实现改变而造成的连锁效应。

1.1.7　继承与多态

继承是面向对象编程语言实现一般化和特殊化的一种机制。当两个类通过继承机制进行关联的时候，更一般化的类称为超类，而另一个相关的、更特殊化的类称为子类。面向对象的继承规则通常如下。

- 子类继承超类的所有特性。
- 子类的定义通常至少包括一个不是从超类派生出的细节。

继承与一般化的关系很紧密。一般化描述了共享一些特性的元素之间的逻辑关系，而继承则描述了允许这些共享关系出现的面向对象机制。

注意，面向对象中的继承与生物学和逻辑概念上的继承之间只是表面上相像。一些主要的区别如下。

- 生物学中的继承(至少对于哺乳动物来说)是复杂的，因为子代继承了父代的特征。从每个父本或母本继承的特征部分是随机判断的，部分是由基因和染色体工作机制判断的。逻辑继承主要与原法人的死亡造成的财产转移有关，而不是原法人特征的转移。逻辑继承的规则因地而异，通常也很复杂，但是在大部分国家，法定继承人一般都是生物学意义上的后代。
- 对于面向对象中的继承，类通常只有一个父类，并且继承父类的所有特性。两个特例是所继承特性的多重继承和重写。多重继承是指子类同时是多个层级结构中的成员，继承了每个层级结构中自己所在超类的特性。重写是指继承的特性在子类中被重新定义。重写在操作需要按照不同的方式定义不同的子类时很有用。此时，操作可能只是做了大致描述或是采用超类中的默认形式，之后会被重新指定，但是在每一个子类中都有所不同。

在层级结构中，相邻层中两个元素之间的关系可以在更特殊化的一级传递下去。因此，在图1-3中，动物的定义可以适用于所有的哺乳动物，因此经过一系列传递操作之后，也适用于家猫。因此，我们可以完善上述继承规则，具体如下。

- 子类通常会继承超类的所有特性。
- 子类的定义通常至少包括一个不是从超类派生出的细节。

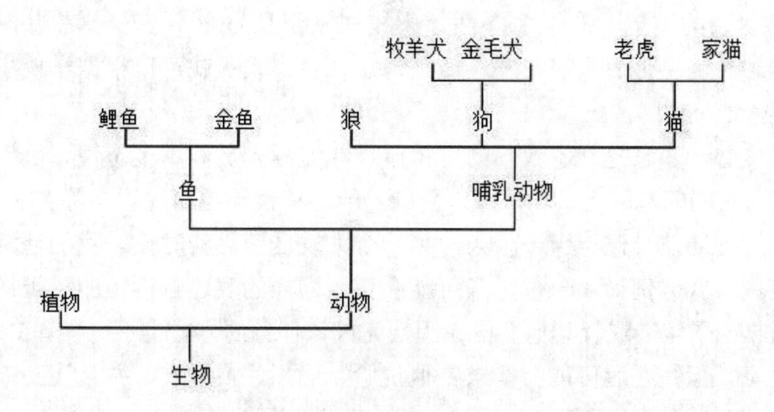

图1-3 继承

在层级结构系统中，随着远离根部而更靠近叶子，树的分支也会更加发散。它们不允许汇聚。这意味着，例如，家猫不可能既是哺乳动物，又是爬行动物。换言之，层级结构的每一个元素都处于给定层级结构的某一层，都只是某个分类的成员(当然在其他层中，也有可能是其他分类的成员，因为传递特性的存在)。

一般化的互斥特性说明有时候我们需要小心选择表达一般化的特性。例如，我们不能将“拥有4条腿”作为定义哺乳动物的特征，甚至上述特征假定对所有哺乳动物都成立也不行。因为很多蜥蜴也有4条腿，否则会将蜥蜴也归类为哺乳动物。在定义类的时候，特征集合必须是独一无二的，从而将类与同一层的其他类区分开来。

一般化的层级结构是互斥的这一事实，不能被误解为类只能属于层级结构。一般化结构是我们选择的一种抽象，因为这种结构表达了我们对应用域某些方面的理解。这说明只要能够表达情况的相关方面，就可以选择将多个一般化结构应用于同一域中。因此，一个人可能会被同时归类为人(智人)、市民(公民选举人)和职员(Agate创意部门的财务经理)。如果每个层级结构都可以使用面向对象模型表示，那么人就是多重继承的例子。

真实世界中的结构不会强迫遵从面向对象建模中的逻辑规则。有时它们既不是传递的，也不是互斥的，因此不是严格的层级结构关系。但是这并不妨碍层级结构在面向对象开发中的用处。

多态的字面意思是“表现为多种形式的状态”，是指相同的消息被发送到不同类对象的可能性，每一个类对象都会以不同但合理的方式响应消息。这意味着原始对象不需要知道在特定场合即将接收消息的类。多态中关键的一点是，每一个对象都知道如何响应接收到的有效消息。同一条消息被不同的对象接收到时，可能产生完全不同的行为，这就是多态性。多态性支持“同一接口，多种方法”的面向对象原则，使高层代码只写一次而在低层可以多次复用。

实际上，在现实生活中可以看到多态性的许多例子。如学校发布一条消息：8月25日新学期开学。不同的对象接收到该条消息后会做出不同的反应：学生要准备好开学上课的必需物品，教师要备好课，教室管理人员要打扫干净教室，准备好教学设备和仪器，宿舍管理人员要整理好宿舍，等等。显然，对于同一条消息，不同的接收对象做出不同的反应，这就是多态性。可以设想，如果没有多态性，那么学校就要分别给学生、教师、教室管理人员和宿舍管理人员等许多不同对象分别发开学通知，分别告知需要做的具体工作，显然这是一件非常复杂的事情。有了多态性，学校在发消息时，不必一一考虑各类人员的特点，不断发送各种消息，而只需要发送一条消息，各类人员就可以根据学校事先安排的工作机制有条不紊地工作。

从编程角度看，多态提升了代码的可扩展性。编程人员利用多态性，可以在少量修改甚至不修改原有代码的基础上，轻松加入新的功能，使代码更加健壮、易于维护。

这与人群进行通信类似。当一个人向另一个人发送消息的时候，我们通常会忽略另一个人可能的响应方式。例如，一位母亲可能会使用同样的表述告诉她的孩子：“现在去睡觉”，但是根据孩子年龄或者其他性格原因，完成该任务的方式也不一样。5岁的孩子会直接自己上床睡觉，但是之后可能会要求帮他洗脸、刷牙、换睡衣，并且还会期望有人给他阅读睡前故事，而13岁的孩子不会要求这么多，只要到了时间就会去睡觉。

多态在使用面向对象方法鼓励子系统的解耦合方式方面是重要元素。图1-4使用通信图阐述了多态在某种业务场景下的工作方式。图1-4假定存在不同的方式用于计算职员的工资。全职职员的工资取决于员工等级；兼职职员的工资部分取决于员工等级，但是也取决于工时；临时工的工资不需要扣除养老金，除此之外，工资的计算方式与全职职员相同。计算这些职员工资的面向对象系统可能包括表示每一类型职员的单独类，每个类都能进行合适的工资计算。然而，根据多态原则，所有calculatePay操作的消息签名可能是相同的。假定系统的某个输出是打印显示本月总的工资：为了计算总的工资数额，需要对每一个职员发送消息，计算他们各自的工资。既然消息签名在每种情况下都是一样的，因此请求类(这里是MonthlyPayPrint)不需要知道每一个接收对象的类，也仍然能够进行计算。

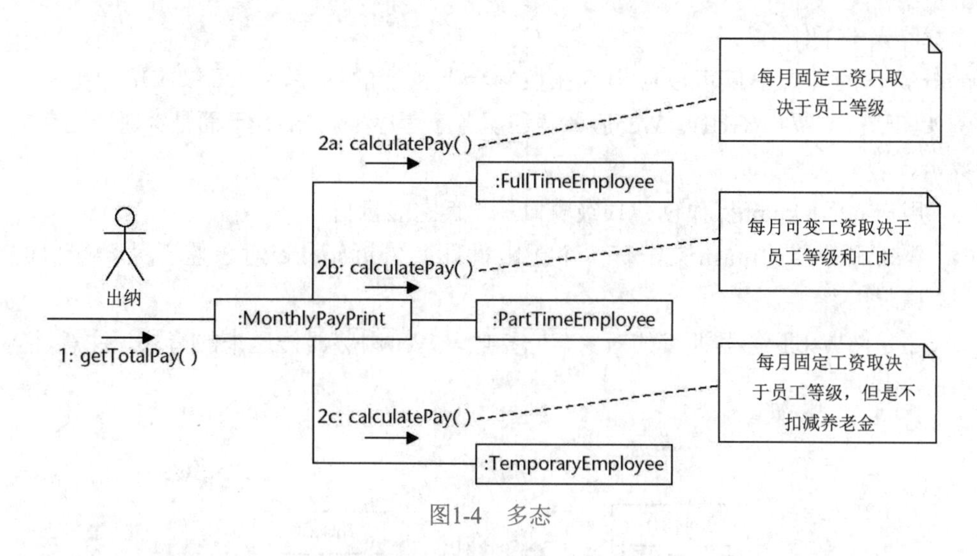

图1-4　多态

多态对于软件系统开发者来说是十分强大的概念。多态与封装和信息隐藏一起，允许子系统之间明确分离，能够按照表面看起来类似的方式处理不同形式的任务。这表明系统修改起来很简单，并且能够扩展以包含附加特征，因为在进行修改的时候，只需要知道类之间的接口。对于开发者来说，除非是自己要开发的部分，否则不需要关注系统任何部分的实现方式(内部结构和行为)。

1.2　面向对象的开发模式

面向对象开发是一种基于现实世界以及程序中的抽象来思考软件的方式。在此背景下，开发(development)指的是软件生命周期，即分析、设计和实现。面向对象开发的本质是识别和组织应用领域中的概念，而不是以一种编程语言最终表示这些概念。因为问题内在的复杂性，软件开发中困难的部分是对其本质进行的操作，而不是将它映射成某种语言的这些次要方面。

1.2.1　面向对象程序的工作原理

面向对象程序在工作时，要创建对象，把它们连接在一起，让它们彼此发送消息，相互协作。谁启动这个过程？谁创建第一个对象？谁发送第一条消息？为了解决这些问题，面向对象程序必须有一个入口点(entry point)。例如，Java在启动程序时，要在用户指定的对象上找到main操作，执行main操作中的所有指令，当main操作结束时，程序就停止。

main操作中的每个指令都可以创建对象，把对象连接在一起，或者给对象发送消息。对象发送消息后，接收消息的对象就会执行操作。这个操作也可以创建对象，把对象连接在一起，或者给对象发送消息。这样，该机制就可以完成我们想完成的任何任务。

图1-5显示了一个面向对象程序。main操作中一般没有很多代码，大多数动作都在其他对象的操作中。如图1-5所示，对象给自己发送消息是有效的，我们也可以问自己一个问

题：“我昨天干了什么？”

main操作的理念不仅可以应用于在控制台上执行的程序，也可以应用于更复杂的程序，例如图形用户界面(GUI)、Web服务器和服务小程序(servlet)。下面是针对其工作方式的一些提示。

- 用户界面的main操作创建顶级窗口，告诉它显示自己。
- Web服务器的main操作有一个无限循环，告诉socket对象监听某个端口的入站请求。

servlet是由Web服务器拥有的对象，它接收从Web浏览器传送来的请求。注意，Web服务器有main操作。

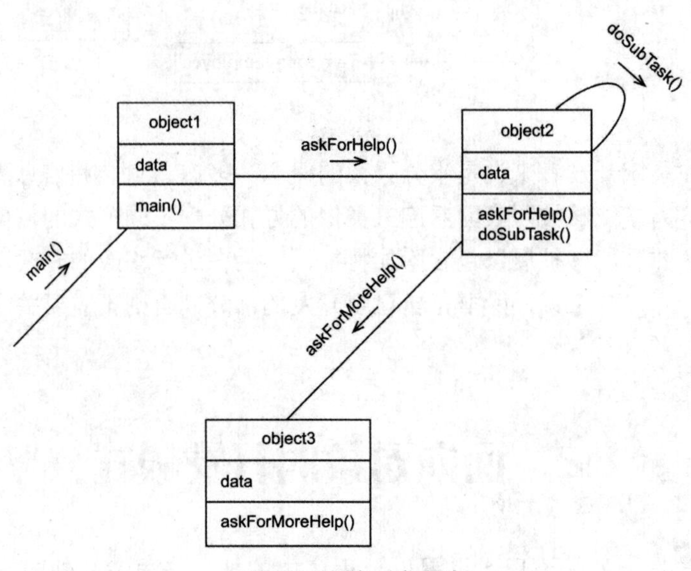

图1-5　面向对象程序

1.2.2　面向对象方法论

根据Budgen(1994年)的定义，软件开发方法主要由表示法、过程和技术3部分组成，如图1-6所示。

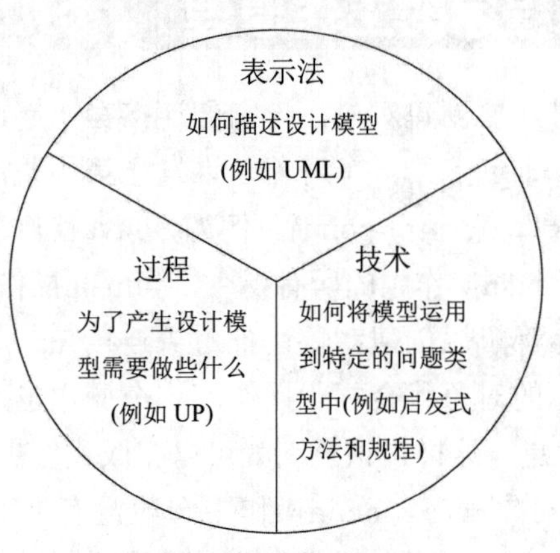

图1-6　软件开发方法

过程对应为从问题空间转到解空间。在这个过程中，为设计师提供了一些选项，必须做出选择或判断。软件开发方法的技术部分为他们提供了一些关于正确选择的启发式方法和规程，通过这种方式可以辅助设计师完成设计。典型的是，这个过程中的每个任务或活动会在结束的时候，产生系统工件(artifact)。这些工件使用推荐的表示法从一个或多个视点(模型)，在不同的抽象级别进行表示，这种表示法既可以为初始问题(需求)的结构建模，也可以为将要实现的解决方案建模。

如果没有规划好规程，那么系统开发将导致开发时间延期、费用超支，甚至导致项目不能完工。因此，开发者特别是初级程序员，在开发系统时一定要遵循经过验证的过程或规程，这样才能够在合理的预算和时间要求下完成可用的系统。然而，没有哪个合适的过程能够适合于所有环境。因此，选中的过程只能用来指导开发者在系统开发过程中应用适当的技术。与此同时，应该允许熟练的开发者能够按照他们自己的方式组织开发步骤，这样能够鼓励创造和创新。理想情况下，过程应该具备以下特性。

- 具有良好管理的迭代和增量式生命周期，在不影响创新的情况下提供必要的控制。
- 在整个软件开发生命周期(software development life cycle，SDLC)内为开发者嵌入方法、规程和启发式方法以完成分析、设计和实现。
- 在迭代和增量式开发过程中，为复杂问题的解决提供指导。
- 根据已知的或已经建模的需求识别那些不是非常明显的需求。

表示法是系统不同涉众之间使用的公共语言。人类大脑在同一时刻只能处理有限的信息。表示法模型通过创建真实系统的抽象层次化描述，有助于降低复杂性。通过抽象创建模型是人类认识世界的一项基本技能，而对于开发大型软件系统而言，这是重要的第一步。对于软件开发而言，表示法模型有助于开发者进行以下活动。

- 捕获系统需求。使用的表示法应该可以被用户和开发者理解。
- 通过开发合适的分析模型分析系统。使用恰当的表示法表达模型，这样开发者就可以快速、方便地从中提取信息。
- 开发系统设计。使用恰当的表示法开发和表达设计模型，使设计师和程序员都可以理解。系统设计师可能要操作分析模型，并在此过程中做出设计决策。
- 实现、测试和部署系统。这也需要使用合适的表示法来表示这些活动的工件，使之可以被系统设计师、程序员和系统测试人员所理解。

为了支持上面这些活动，理想的表示法应该满足以下条件。

- 有利于团队成员和客户之间的高效沟通。
- 能够无歧义地描述用户的需求。
- 提供丰富的语义，以捕获所有重要的战术和战略决策。
- 为人们提供逻辑框架，以便于对模型进行推理。
- 有利于使用工具实现自动化，至少要实现模型构建过程的自动化。

在创建模型时，根据那些经过仔细设计的规则将信息分为不同的层次，使得它们既不太抽象也不会有太多局限。尽管建模对于人类而言是一个很自然的过程，但是为软件系统开发适当的模型则可能是软件工程领域最困难的一个方面。这是因为常常会有多个解决方案，独立工作的不同观察者总会得到不同的模型。因此，开发一个系统化过程来判断在不同级别进行抽象以构造合理的一致模型是非常有用的。如果能够遵循一个经过验证的步骤检查列表来构造模型，就不会忽略重要的特性或关键的需求。

在软件开发过程开始时，一般是从客户那里捕获系统需求，并使用合适的建模表示法(比如UML)来表示这些需求。因为建模表示法提供了丰富的模型，所以很多开发者遇到的一个共同问题是：他们不知道确定设计需要哪些模型，以及在过程中如何创建模型。

技术部分的主要目的是提供一组指导意见和启发式方法，辅助开发者系统地开发必需的设计模型和实现。软件开发方法的技术部分应该包含以下内容。

- 一组用于产生和验证设计、初始需求和规约的指南。
- 一组设计师可用来确保设计结构和设计模型的一致性的启发式方法。如果设计由一支设计团队完成，那么这一点尤为重要，因为这些设计师需要确保他们的模型是一致和连贯的。
- 一个能够捕获设计关键特性的系统，以补充设计师的领域知识。

面向对象的开发模式使用图形化表示法来表示面向对象的概念。这个过程首先构建一种应用模型，然后在设计中增加细节。从分析到设计，再到实现，使用的是统一的可视化模型表示法，这样在某一开发阶段增加的信息在下一阶段就不会丢失或转换。这种方法论包括下面几个阶段。

(1) 系统构思：软件开发始于业务分析人员或用户构思一项应用，并制定临时性需求。

(2) 分析：通过创建模型，分析人员仔细审查并严格地重新描述系统构思阶段的需求。因为问题描述很少会是完整的或正确的，所以分析人员必须与请求者一起工作以理解问题。分析模型是一种简明准确的抽象，它描述目标系统要做哪些事情，而不是要如何来做这些事情。分析模型不应该包含任何实现决策。例如，工作站窗口系统中的Window 类可以用可视化属性和操作来描述。分析模型有两部分：领域模型(domain model)，描述系统内部反映的现实世界中的对象；应用模型(application model)，描述用户可见的应用系统本身的组成部分。例如，对于股票经纪人系统来说，领域对象包括股票、债券、交易和佣金，应用对象会控制交易的执行过程，并给出结果。一些应用专家虽然本身不是程序员，但他们能够理解并评议好的模型。

(3) 系统设计：开发团队设计出一种高层策略，即系统架构(system architecture)，用于解决应用程序的问题。他们也制定策略，默认作为后面更加详细的设计内容。系统设计人员必须确定优化哪些性能特性，选择何种策略来解决问题，完成哪些临时性的资源分配。例如，系统设计人员决定工作站屏幕上的变化必须快速且平滑，即使在窗口移动或删除的情况下也是如此，他们要选择一种适当的通信协议和内存缓冲策略。

(4) 类的设计：根据系统设计策略，类的设计者给分析模型添加细节。类的设计者使用相同的面向对象(object oriented，OO)概念和表示法阐释领域对象和应用对象，尽管它们存在于不同的概念层面上。类设计的焦点在于实现每个类的数据结构和算法。例如，类的设计者现在也要为Window类的每项操作确定数据结构和算法。

(5) 实现：实现人员将类的设计阶段开发的类及其关系转换到某种编程语言、数据库或硬件上。程序设计应该是简单直接的，因为所有困难的决策都已经完成。在实现阶段，遵循良好的软件工程实践是很重要的，这样，设计的可追溯性就非常清晰，系统将保持灵活性和可扩展性。例如，实现人员会借助工作站下层图形系统的调用，用某种语言编写出Window类。

从分析到设计，再到实现，面向对象的概念会被应用到系统开发的整个生命周期中。可在各个阶段使用相同的类，不用改变符号记法，只在后续阶段增添细节。分析和设计模型服务于不同的目标，表示不同的抽象。但在整个开发过程中使用的标识、分类、多态和继承等概念都是相同的。

1.2.3 面向对象建模

建模在所有工程实践中都已得到广泛接受，这主要是因为建模引证了分解、抽象和层次结构的原则。设计中的每个模型都描述了被考虑的系统的某个方面。我们尽可能地在老模型的基础上构建新模型，因为我们对那些老模型已经建立起了信心。模型让我们有机会在受控制的条件下失败。我们分别在预期的情况和特殊的情况下评估每个模型，当它们没能按照我们的期望工作时，我们就修改它们。

为了表达一个复杂系统，必须使用多种模型。例如，当设计一台个人计算机时，电子工程师必须考虑系统的组件视图以及线路板的物理布局。组件视图构成了系统设计的逻辑视图，它帮助工程师思考组件间的协作关系。线路板的物理布局代表了这些组件的物理封装，它受到线路板尺寸、可用电源和组件种类等条件的限制。通过组件视图，工程师可以独立地思考散热和制造等方面的问题。线路板的设计者还必须考虑在建系统的动态方面和静态方面。因此，电子工程师利用一些图示来展示单个组件之间的静态连接，也用一些时间图来展示这些组件随时间变化的行为。然后，工程师就可以利用示波器和数字分析设备来验证静态模型和动态模型的正确性。

面向对象建模是一种新的思维方式，是一种关于计算和信息结构化的新思维。面向对象建模把系统看作相互协作的对象，这些对象是结构和行为的封装，都属于某个类，那些类具有某种层次化的结构。系统的所有功能通过对象之间相互发送消息来获得。面向对象建模可被视为包含以下元素的概念框架：抽象、封装、模块化、层次、分类、并行、稳定、可重用和可扩展性。

面向对象建模的出现，并不能算是一场计算革命。更恰当地讲，它是面向过程和严格数据驱动的软件开发方法的渐进演变结果。软件开发的新方法受到来自两个方面的推动：编程语言的发展以及日趋复杂的问题域的需求驱动。尽管在实际中分析和设计在编程阶段之前进行，但从发展历史看却是编程语言的革新带来了设计和分析技术的改变。同样，语言的演变也是对计算机体系的增强和需求的日益复杂的自然响应。

影响面向对象开发产生的诸多因素中，最重要的可能要算是编程方法的进步了。在过去的几十年中，编程语言中对抽象机制的支持已经发展到一个较高的水平。这种抽象的进化从地址(机器语言)到名字(汇编语言)，再到表达式(第一代高级语言，如FORTRAN)，到控制(第二代高级语言，如COBOL)，到过程和函数(第二代和早期第三代高级语言，如Pascal)，到模块和数据(晚期第三代高级语言，如Modula)，最后到对象(基于对象和面向对象的语言)。Smalltalk和其他面向对象语言的发展，使得新的分析和设计技术的实现成为可能。

这些新的面向对象技术实际上是结构化和数据库方法的融合。面向对象的方法中，小范围内对面向数据流的关注，如耦合和聚合，也是很重要的。同样，对象内部的行为最终也需要面向过程的设计方法。数据库技术中实体-关系(E-R)图的数据建模思想也在面向对象的方法中得以体现。

计算机硬件体系结构的进步，性价比的提高和硬件设计中对象概念的引入，都对面向对象的发展产生了一定的影响。面向对象的程序通常要更加频繁地访问内存，需要更高的处理速度。它们需要并且也正在利用强大的计算机硬件功能。哲学和认知科学的层次和分类理论也促进了面向对象的产生和发展。最后，计算机系统不断增长的规模、复杂度和分布性都对面向对象技术起了或多或少的推动作用。

因为影响面向对象发展的因素很多，面向对象技术本身还未成熟，所以在思想和术语上有很多不同的提法。所有的面向对象语言并非生而平等，它们在术语、概念的运用上也各不相同。尽管也存在统一的趋势，但就如何进行面向对象的分析、设计而言还没有完全达成共识，更没有统一的符号来描述这些活动(说明：UML正在朝这方面努力)。但是，面向对象的开发已经在以下领域被证明是成功的：空中交通管理、动画设计、银行、商业数据处理、命令和控制系统、计算机辅助设计(CAD)、计算机集成制造(CIM)、数据库、专家系统、图像识别、数学分析、音乐合成、操作系统、过程控制、空间站软件、机器人、远程通信、界面设计和超大规模集成电路(VLSI)设计。毫无疑问，面向对象技术的应用已经成为软件工业发展的主流。

1.2.4 对概念而非实现建模

随着计算科学的发展，软件开发的抽象级别爆炸性增长。所谓“抽象”，是指程序员与执行程序的计算机在物理细节上的隔离。程序员可以写出单个指令，指令的含义通常接近于英语单词的意义，指令会被翻译为冗长的“机器码”指令序列。此时，执行程序的计算机的目的就变得相当复杂，需求也急剧增加，因此大大增加了系统自身的复杂度。

GUI在20世纪80年代和90年代的快速普及，给现代开发方法带来了特殊的困难。GUI的引入使得软件开发遇到新的难题。原因在于，展示给GUI用户的是计算机显示屏上高度视觉化的界面，一次性提供很多选项操作，每一种选项都可以通过单击鼠标实现。通过下拉菜单、列表框和其他对话框技术，很多其他的选项也可以通过两次或三次单击鼠标来实现。界面开发者自然会探索新技术带来的机遇。结果是，系统设计者几乎不可能预测用户通过系统界面执行的任何可能的任务。这意味着计算机应用程序现在很难以过程方式进行设计或控制。面向对象为设计软件提供了自然而然的方法，软件的每一个组件都提供明确的服务，而这些服务可以被系统的其他部分通过任务序列或控制流独立使用。

在精心设计的面向对象系统中，信息隐藏表明类有两种定义。外在地，类可以根据接口定义。其他的对象(以及程序员)只需要知道类对象能提供的服务，以及用于请求服务的签名即可。内在地，类可以根据知道的和完成的事情进行定义，但是只有类的对象(以及程序员)需要知道内部定义的详情。遵循以下思路：面向对象的系统可以被构建，以便每一部分的实现基本上独立于其他部分的实现。这就是模块化的思想，并且有助于解决信息系统开发中最棘手的一些问题。模块化的方法可以帮助以多种方式解决软件开发面临的问题。

- 按照模块化方式构建的系统易于维护，子系统的改变很可能会对系统的其他部分产生不可预测的影响。
- 基于同样的原因，更新模块化的系统也更加简单。只要替换之前的模块，根据规范采用新的模块，就不会对其他模块产生影响。
- 构建可靠的系统更加容易。子系统可以被单独完整测试多次，而在之后系统集成的时候，需要解决的问题就会少得多。
- 模块化系统可以被开发为小型可管理的增量。假定每一个增量被设计用来提供有用且前后一致的功能包，就可以依次进行部署。

众所周知，编码并非软件开发中问题的主要来源。相比之下，需求和分析的问题更加普遍，而且它们的纠错代价更加昂贵。因此，对面向对象开发技术的关注就不能仅仅集中在编码上面，更应集中关心系统开发的其他方面。过去，面向对象界的大多数人都专注于编程语言，而不是分析和设计。最初在解决传统开发语言中那些不灵活的问题时，面向对象编程语言显示出强大的威力。对于软件工程来说，这种专注可以说是某种意义上的倒退，因为其过度注重实现机制，而不是它们所支持的底层思维过程。

真正的高效来源于解决前端的概念性问题，而不是后端的实现细节。修正在实现过程中显现出来的设计缺陷要花费高昂的代价，不如在早期发现它们。过早专注于实现会限制设计决策，常常会导致劣质产品的出现。面向对象开发方法鼓励软件开发者在软件生命周期内应用其概念来工作和思考。只有较好地识别、组织和理解应用领域的内在概念，才能有效表达出数据结构和函数的细节。

面向对象开发只有到了最后几个阶段才不是独立于编程语言的概念过程。从根本上讲，面向对象开发是一种思维方式，而不是一种编程技术。它的最大好处在于，帮助规划人员、开发者和客户清晰地表达抽象的概念，并将这些概念互相传达。它可以充当规约、分析、文档、接口以及编程的一种媒介。

1.2.5 面向对象分析与面向对象设计

面向对象分析(object oriented analysis，OOA)建立于以前的信息建模技术的基础之上，可以定义为一种分析方法，通过从问题域词汇中发现的类和对象的概念来考查需求。OOA的结果是一系列从问题域导出的“黑箱”对象。OOA通常使用“剧情”来帮助确定基本的对象行为。剧情是发生在问题域的连续的活动序列。在对给定的问题域进行面向对象分析时，“框架”的概念非常有用。框架是应用或应用子系统的骨架，包含一些具体或抽象的类。或者说，框架是一种特定的层次结构，包含描述某一问题域的抽象父类。当下流行的所有OOA方法的一个缺点就是都缺乏一种固定的模式。

在面向对象设计(object oriented design，OOD)阶段，注意的焦点从问题空间转移到解空间。OOD是一种包含对所设计系统的逻辑和物理的过程描述，以及系统的静态和动态模型的设计方法。

在OOA和OOD中，都存在着对重用性的关注。目前，面向对象技术的研究人员正在尝试定义“设计模式”这一概念。它是一种可重用的“财富”，可以应用于不同的问题域。通常，设计模式指的是一种多次出现的设计结构或解决方案。如果对它们进行系统的归类，就可以构成不同设计之间通信的基础。

OOD技术实际上早于OOA技术出现。目前OOA和OOD之间已经很难画出一条清晰的界线。因此，下面的描述给出一些常用OOA/OOD技术的(联合)概貌。

Meyer用语言作为表达设计的工具。

Booch的OOD技术扩展了他以前在Ada方面所做的工作。他采用一种“反复综合”的方法，包括以下过程：识别对象，识别对象的语义，识别对象之间的关系，实施，同时包含一系列迭代。Booch是最先使用类图、类分类图、类模板和对象图来描述OOD的人。

Wrifs-Brock的OOD技术是由职责代理驱动的。类职责卡(class responsibilities card)被用来记录负责特定功能的类。在确定类及其职责之后，再进行更详细的关系分析和子系统实施。

Rumbaugh使用3个模型来描述系统：①对象模型，描述系统中对象的静态结构；②动态模型，描述系统状态随时间变化的情况；③功能模型，描述系统中各个数据值的转变。对象图、状态转换图和数据流图分别被用于描述这3个模型。

Coad和Yourdon采用以下OOA步骤来确定多层的面向对象模型(包含5个层次)：找出类和对象，识别结构和关系，确定主题，定义属性，定义服务。这5个步骤分别对应模型的5个层次：类和对象层、主题层、结构层、属性层和服务层。他们的OOD方法既是多层次的，又是多方面的。层次结构和OOA一样。多方面包括：问题域，人与人的交互，任务管理和数据管理。

Ivar Jacobson 提出了Objectory方法(或Jacbson方法)，这是一种在瑞典Objective系统中开发的面向对象软件工程方法。Jacbson方法特别强调“Use Case”的使用。Use Case成为分析模型的基础，用交互图(interaction diagram)进一步描述后就形成设计模型。Use Case同时也驱动测试阶段的测试工作。到目前为止，Jacbson方法是最为完整的工业方法。

以上所述方法还有许多变种，无法一一列出。近年来，随着各种方法的演变，它们之间也互相融合。1995年，Booch、Rumbaugh和Jacbson联手合作，提出了第一版的UML(unified modelling language，统一建模语言)，目前已经成为面向对象建模语言的事实标准。

当组织向面向对象开发技术转向时，支持软件开发的管理活动也必然要有所改变。承诺使用面向对象技术意味着要改变开发过程、资源和组织结构。面向对象开发的迭代、原型以及无缝性，消除了传统开发模式不同阶段之间的界限。新的界限必须重新确定。同时，一些软件测度方法也不再适用。“代码行数”(lines of code，LOC)绝对过时了。重用类的数目，继承层次的深度，类与类之间关系的数目，对象之间的耦合度，类的个数以及大小显得更有意义。在面向对象的软件测度方面的工作还是相当新的，但也已经有了一些参考文献。

资源分配和人员配置都需要重新考虑。开发小组的规模逐步变小，擅长重用的专家开始吃香。重点应该放在重用而非LOC上。重用的真正实现需要一套全新的准则。在执行软件合同的同时，库和应用框架也必须建立起来。长期的投资策略，以及对维护这些可重用财富的承诺和过程，变得更加重要。

至于软件质量保证，传统的测试活动仍是必需的，但它们的计时和定义必须有所改变。例如，将某个功能“走一遍”将牵涉激活剧情、一系列对象互相作用、发送消息、实现某个特定功能。测试面向对象系统是另一个需要进一步研究的课题。发布稳定的原型需要不同于以往控制结构化开发的产品的配置管理。

另一个关于管理方面需要注意的问题是合适的工具支持。面向对象的开发环境是必需的。同时需要的东西还包括：类库浏览器、渐增型编译器、支持类和对象语义的调试器、对设计和分析活动的图形化支持和引用检查、配置管理和版本控制工具，以及像类库一样的数据库应用。

除非面向对象开发的历史足以提供有关资源和消耗的数据，否则成本估算也是问题。计算公式中应该加入目前和未来的重用成本。最后，管理也必须明白在向面向对象方法转变的过程中可能遇到的风险，如消息传递、消息传递的爆炸性增长、动态内存分配和释放的代价。还有一些起步风险，比如对合适的工具、开发战略的熟悉，以及适当的培训、类库的开发等。

1.3　UML带来了什么

目前，面向对象已经成为软件开发的最重要方法。面向对象的兴起是从编程领域开始的。第一门面向对象语言 Smalltalk 的诞生宣告了面向对象开始进入软件领域。最初，人们只是为了改进开发效率，编写更容易管理、能够重用的代码，在编程语言中加入了封装、继承、多态等概念，以求得代码的优化。但分析和设计仍然以结构化的面向过程方法为主。

在实践中，人们很快就发现了问题：编程需要的对象不但不能从设计中自然而然地推导出来，而且强调连续性和过程化的结构化设计与事件驱动型的离散对象结构之间有着难以调和的矛盾。由于设计无法自然推导出对象结构，使得对象结构到底代表什么样的含义变得模糊不清；同时，设计如何指导编程，也成为困扰在人们心中的一大疑问。

为了解决这些困难，一批面向对象设计(OOD)方法开始出现，例如Booch 86、GOOD(通用面向对象开发)、HOOD(层次化面向对象设计)、OOSE(面向对象结构设计)等。这些方法作为面向对象设计方法的奠基者和开拓者，在不同的范围内拥有着各自的用户群，它们的应用为面向对象理论的发展提供了非常重要的实践和经验。

然而，随着应用程序变得进一步复杂，需求分析成为比设计更为重要的问题。这是因为人们虽然可以写出漂亮的代码，却常常被客户指责不符合需要而推翻重来。事实上如果不符合客户需求，再好的设计也没用。于是OOA(面向对象分析)方法开始走上舞台，其中最为重要的方法便是UML的前身：由Booch创造的Booch方法，由Jacobson创造的OOSE、Martin/Odell方法，以及由Rumbaugh创造的OMT、Shlaer/Mellor 方法。这些方法虽然各不相同，但它们的理念却是非常相似的。于是三位面向对象大师决定将他们各自的方法统一起来，在1995年10月推出了第一个版本，称为“统一方法”(Unified Method 0.8)。随后，又以“统一建模语言”(UML)作为正式名称提交到OMG(对象管理组织)，在1997年1月正式成为一种标准建模语言。

1.3.1 什么是UML

UML(unified modeling language，统一建模语言)是一种建模语言，是一种用来为面向对象开发系统的产品进行可视化说明和编制文档的建模方法。在面向对象编程中，数据被封装(或绑定)到使用它们的函数中，形成整体，称为对象，对象之间通过消息相互联系。面向对象建模与设计是使用现实世界中的概念模型来思考问题的一种方法。对于理解问题、与应用领域专家交流、建模企业级应用、编写文档、设计程序和数据库来说，面向对象模型都非常有用。

UML 的应用领域很广泛，可以用于商业建模、软件开发建模的各个阶段，也可以用于其他类型的系统。UML是一种通用的建模语言，具有创建系统的静态结构和动态行为等多种结构模型的能力。UML本身并不复杂，具有可扩展性和通用性，适合为各种多变的系统建模。

UML是一种图形化建模语言，是面向对象分析与设计模型的一种标准表示。UML的目标如下。

- 易于使用，表达能力强，能进行可视化建模。
- 与具体的实现无关，可应用于任何语言平台和工具平台。
- 与具体的过程无关，可应用于任何软件开发过程。
- 简单并且可扩展，具有扩展和专有化机制以便于扩展，无须对核心概念进行修改。
- 为面向对象设计与开发中涌现出的高级概念(例如协作、框架、模式和组件)提供支持，强调在软件开发中对框架模式和组件的重用。
- 与最好的软件工程实践经验集成。
- 可升级，具有广阔的适用性和可用性。
- 有利于面对对象工具的市场成长。

需要说明的是，UML不是一种可视化的程序设计语言，而是一种可视化的建模语言；UML不是工具或知识库的规格说明，而是一种建模语言规格说明，是一种表示标准；UML既不是过程也不是方法，但允许任何一种过程和方法使用。

1.3.2 UML与面向对象软件开发

UML是一种建模语言，是一种标准表示，而不是一种方法(或方法学)。方法是一种把人的思考和行动结构化的明确方式，方法需要定义软件开发的步骤，告诉人们做什么，如何做，什么时候做，以及为什么要这么做。UML只定义了一些图以及它们的意义，UML的思想与方法无关。因此，我们会看到人们用各种方法来使用UML，而无论方法如何变化，它们的基础是UML视图，这就是UML的最终用途：为不同领域的人们提供统一的交流标准。

软件开发的难点在于项目的参与者包括领域专家、软件设计开发人员、客户以及用户，他们之间交流的难题成为软件开发的最大难题。UML的重要性在于，表示方法的标准化有效地促进了拥有不同背景的人们的交流，有效地促进软件设计、开发和测试人员的相互理解。无论分析、设计和开发人员采取何种不同的方法或过程，他们提交的设计产品都是用UML描述的，这促进了相互的理解。

UML尽可能结合了世界范围内面向对象项目的成功经验，因而UML的价值在于体现了世界上面向对象方法实践的最好经验，并以建模语言的形式把它们打包，以适应开发大型复杂系统的要求。

在众多成功的软件设计与实现经验中，最突出的有两条，一条是注重系统架构的开发，另一条是注重过程的迭代和递增性。尽管UML本身对过程没有任何定义，但UML对任何使用它的方法(或过程)提出的要求是：支持用例驱动(use-case driven)、以架构为中心(architecture-centric)以及递增(incremental)和迭代(iterative)地开发。

注重架构意味着不仅要编写出大量的类和算法，还要设计出这些类和算法之间简单而有效的协作。所有高质量的软件中似乎含有大量这类协作，而近年来出现的软件设计模式也正在为这些协作起名和分类，使它们更易于重用。最好的架构就是概念集成(conceptual integrity)，它驱动整个项目注重开发模式并力图使它们简单。

迭代和递增的开发过程反映了项目开发的节奏。不成功的项目没有进度节奏，因为它们总是机会主义的，在工作中是被动的；成功的项目有自己的进度节奏，反映在它们有定期的版本发布过程，注重于对系统架构进行持续的改进。

UML的应用贯穿于软件开发的5个阶段，具体如下。

- 需求分析阶段。UML的用例视图可以表示客户的需求。通过用例建模，可以对外部的角色以及它们所需要的系统功能建模。角色和用例是用它们之间的关系、通信建模的。每个用例都指定了客户的需求：他或她需要系统干什么。不仅要对软件系统，对商业过程也要进行需求分析。
- 分析阶段。分析阶段主要考虑所要解决的问题，可用UML 的逻辑视图和动态视图来描述。类图描述系统的静态结构，协作图、序列图、活动图和状态图描述系统的动态特征。在分析阶段，只为问题域的类建模，不定义软件系统的解决方案的细节(如用户接口的类、数据库等)。
- 设计阶段。在设计阶段，把分析阶段的结果扩展成技术解决方案。加入新的类来提供技术基础结构，如用户接口、数据库操作等。分析阶段的领域问题类被嵌入这个技术基础结构中。设计阶段的结果是构造阶段的详细规格说明。
- 构造阶段。在构造(或程序设计)阶段，把设计阶段的类转换成某种面向对象程序设计语言的代码。在对UML表示的分析和设计模型进行转换时，最好不要直接把模型转换成代码。因为在早期阶段，模型是理解系统并对系统进行结构化的手段。
- 测试阶段。对系统的测试通常分为单元测试、集成测试、系统测试和接受测试几个不同级别。单元测试是针对几个类或一组类的测试，通常由程序员进行；集成测试集成组件和类，确认它们之间是否能够恰当地协作；系统测试把系统当作

"黑箱"，验证系统是否具有用户所要求的所有功能；接受测试由客户完成，与系统测试类似，验证系统是否满足所有的需求。不同的测试小组使用不同的UML图作为他们工作的基础：单元测试使用类图和类的规格说明，集成测试典型地使用组件图和协作图，而系统测试实现用例图来确认系统的行为符合这些图中的定义。

UML模型在面向对象软件开发中的使用非常普遍。软件开发通常按以下方式进行：一旦决定建立新的系统，就要写一份非正式的描述，说明软件应该做什么，这份描述被称作需求说明书(requirements specification)，通常与系统未来的用户磋商制定，并且可以作为用户和软件供应商之间正式合同的基础。

将完成后的需求说明书移交给负责编写软件的程序员或项目组，他们相对隔离地根据需求说明书编写程序。幸运的话，程序能够按时完成，不超出预算，而且能够满足最初方案下目标用户的需要。但在许多情况下，事情并不是这样。

许多软件项目的失败引发人们对软件开发方法的研究，他们试图了解项目为何失败，结果得到许多对如何改进软件开发过程的建议。这些建议通常以过程模型的形式，描述了开发所涉及的多个活动及其应该执行的次序。

软件开发过程模型可以用图解的形式表示。例如，图1-7表示一个非常简单的软件开发过程模型，其中直接从系统需求开始编写代码，没有中间步骤。图1-7中除了圆角矩形表示的过程之外，还显示了过程中每个阶段的产物。如果过程中的两个阶段顺次进行，一个阶段的输出通常就作为下一个阶段的输入，如虚线箭头所示。

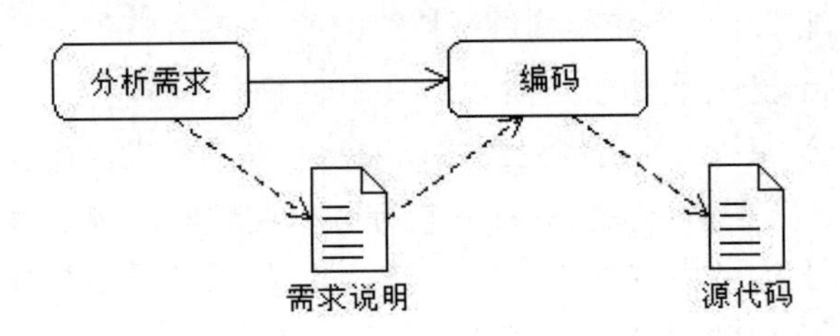

图1-7　软件开发过程模型

开发初期产生的需求说明书可以采取多种形式。书面的需求说明书可以是所需系统的非常不正规的概要轮廓，也可以是非常详细、井井有条的功能描述。在小规模的开发中，最初的系统描述甚至可能不会写下来，而只是程序员对需要什么的非正式理解。在有些情况下，可能会和未来的用户一起合作开发原型系统，成为后续开发工作的基础。上面所述的所有可能性都包括在"需求说明书"这个一般术语中，但并不意味着只有书面的文档才能够作为后继开发工作的起点。还要注意的是，图1-7没有描述整个软件生命周期。完整的项目计划还应该提供诸如项目管理、需求分析、质量保证和维护等关键活动。

单个程序员在编写简单的小程序时，几乎不需要相比图1-7更多的组织开发过程。有经验的程序员在写程序时心中会很清楚程序的数据和子程序结构，如果程序的行为不像预期的那样，他们能够直接对代码进行必要的修改。在某些情况下，这是完全适宜的工作方式。

然而，对比较大的程序，尤其是不止一个人参与开发时，在过程中引入更多的结构通常是必要的。软件开发不再被看作单独的自由活动，而是分割为多个子任务，每个子任务一般都涉及一些中间文档资料的产生。

图1-8描述的是相比图1-7稍微复杂一些的软件开发过程模型。在这种情况下，程序员不再只是根据需求说明书编写代码，而是先创建结构图，用以表示程序的总体功能如何划分为一些模块或子程序，并说明这些子程序之间的调用关系。

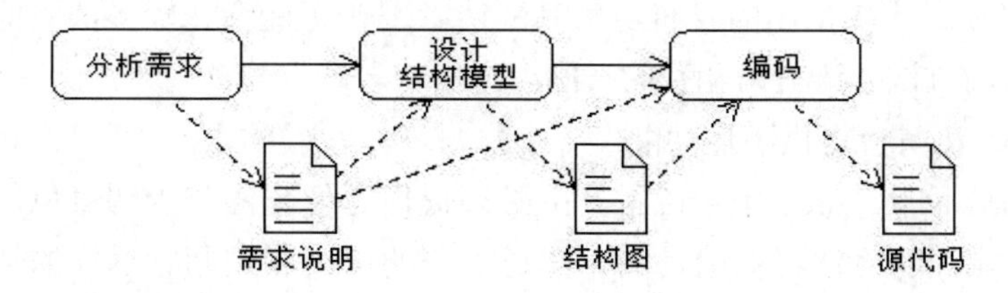

图1-8　稍复杂的软件开发过程模型

这个软件开发过程模型表明，结构图以需求说明书中包含的信息为基础，需求说明书和结构图在编写最终代码时都要使用。程序员可以使用结构图使程序的总体结构清楚明确，并在编写各个子过程的代码时参考需求说明书来核对所需功能的详细说明。

在软件开发期间产生的中间描述或文档称为模型。图1-8中给出的结构图在此意义上就是模型。模型展现系统的抽象视图，突出系统设计的某些重要方面，如子程序和它们的关系，而忽略大量的底层细节，如各个子程序代码的编写。因此，模型比系统的全部代码更容易理解，通常用来阐明系统的整体结构或体系结构。上面的结构图中包含的子程序调用结构就是这里所指的结构。

随着开发的系统规模更大、更复杂以及开发组人数的增加，需要在过程中引入更多的规定。这种复杂性不断增加的外部表现就是在开发期间使用更广泛的模型。实际上，软件设计有时就定义为构造一系列模型，这些模型越来越详细地描述系统的重要方面，直到获得对需求的充分理解，能够开始编程为止。

因此，使用模型是软件设计的中心，模型具有两个重要的优点，有助于处理重大软件开发中的复杂性。第一，系统要作为整体来理解可能过于复杂，模型则提供了对系统重要方面的简明描述。第二，模型为开发组的不同成员之间以及开发组和外界(如客户)之间提供了一种颇有价值的通信手段。

1.4　UML建模工具

使用建模语言需要相应的工具支持，即使手工在白板上画好了模型的草图，建模者也需要使用工具。因为模型中很多图的维护、同步和一致性检查等工作，人工做起来几乎是不可能的。

1.4.1　UML建模工具概述

自从用于产生程序的第一个可视化软件问世以来，建模工具(又称CASE 工具)一直不很成熟，许多CASE 工具几乎和画图工具一样，仅提供建模语言和很少的一致性检查，增加一些方法的知识。经过人们不断地改进，今天的CASE 工具正在接近图的原始视觉效果，比如Rational Rose 工具，就是一种比较现代的建模工具。但是还有一些工具仍然比较粗糙，比如一般软件中很好用的“剪切”和“粘贴”功能，在这些工具中尚未实现。另外，每种工具都有属于自己的建模语言，或至少有自己的语言定义，这也限制了这些工具的发展。随着统一建模语言(UML)的发布，工具制造者现在可能会花较多的时间来提高工具质量，减少定义新的方法和语言所花费的时间。

现代的CASE 工具应提供下述功能。

- 画图(draw diagram)：CASE工具中必须提供方便作图和为图着色的功能，也必须具有智能，能够理解图的目的，知道简单的语义和规则。这样的特点带来的便利是，当建模者不适当或错误地使用模型元素时，工具能自动告警或禁止其操作。
- 积累(repository)：CASE工具中必须提供普通的积累功能，以便系统能够把收集到的模型信息存储下来。如果在某个图中改变某个类的名称，那么这种变化必须及时地反映到使用该类的所有其他图中。
- 导航(navigation)：CASE工具应该支持易于在模型元素之间导航的功能，也就是使建模者能够容易地从一个图到另一个图，跟踪模型元素或扩充对模型元素的描述。
- 多用户支持：CASE工具应能够使多个用户可以在一个模型上工作，且彼此之间没有干扰。
- 产生代码(generate code)：高级的CASE 工具一定要有产生代码的能力，该功能可以把模型中的所有信息翻译成代码框架，把代码框架作为实现阶段的基础。
- 逆转(reverse)：高级的CASE 工具一定要有阅读现成代码并依代码产生模型的能力，即模型可由代码生成。它与产生代码是互逆的两个过程。对开发者来说，可以用建模工具或编程方法建模。
- 集成(integrate)：CASE工具一定要能与其他工具集成，也就是与开发环境(比如编辑器、编译器和调试器)和企业工具(比如配置管理和版本控制系统)等的集成。
- 覆盖模型的所有抽象层：CASE工具应该能够容易地从对系统最上层的抽象描述向下导航至最低的代码层。这样，如果需要获得类中某个具体操作的代码，只需要在图中单击这个操作的名字即可。
- 模型互换：模型或来自某个模型的个别图应该能够从一个工具输出，然后再输入另一个工具。就像Java代码可在一个工具中产生，而后用在另一个工具中一样。模型互换功能也应该支持用明确定义的语言描述的模型之间的互换(输出/输入)。

1.4.2 常用的UML建模工具

目前，Rational Rose、PowerDesigner、Visio是三个比较常用的建模工具软件。

1. Rational Rose

Rational Rose是直接伴随UML发展而诞生的设计工具，它的出现就是为了对UML建模提供支持，Rational Rose一开始没有对数据库端建模提供支持，但是现在的版本中已经加入数据库建模功能。Rational Rose对开发过程中的各种语义、模块、对象以及流程、状态等描述得比较好，主要体现在能够从各个方面和角度进行分析和设计，使软件的开发蓝图更清晰、内部结构更加明朗(但是仅仅对那些掌握UML的开发人员有效，对客户了解系统的功能和流程等并不一定很有效)，对系统的代码框架生成有很好的支持，但对数据库的开发管理和数据库端的迭代不是很好。

2. PowerDesigner

PowerDesigner原来是伴随数据库建模而发展起来的一种数据库建模工具。直到7.0版本才开始对面向对象开发提供支持，后来又引入对UML的支持。但是由于PowerDesigner侧重不一样，因此对数据库建模的支持很好，支持能够看到90%左右的数据库，对UML建模用到的各种图的支持比较滞后，但是最近得到加强。所以使用PowerDesigner进行UML开发的人并不多，很多人都用它进行数据库建模。如果使用UML，PowerDesigner的优点是生成代码时对Sybase产品PowerBuilder的支持很好(其他UML建模工具则不支持或者需要一定的插件)，对其他面向对象语言(如C++、Java、VB、C#等)的支持也不错。但是PowerDesigner好像继承了Sybase公司的一贯传统，对中国市场不是很看好，所以对中文的支持总是有这样或那样的问题。

3. Visio

UML建模工具Visio原来仅仅是一种画图工具，能够用来描述各种图形(从电路图到房屋结构图)，也是到了Visio 2000才开始引入软件分析和设计功能，直到代码生成的全部功能，可以说是目前能够用图形方式表达各种商业图形的最好工具(对软件开发中的UML支持仅仅是其中很少的一部分)。Visio跟微软Office产品能够很好兼容，能够把图形直接复制或内嵌到Word文档中。对于代码的生成，更多的是支持微软的产品，如VB、VC++、SQL Server等(这也是微软的传统)，所以Visio适合用于图形语义的描述，但是用于软件开发过程的迭代开发则有点牵强。

1.4.3 三种常用UML建模工具的性能对比

建模工具的基本功能就是作图。Rational Rose、PowerDesigner、Visio三种建模工具都支持UML模型图。其中，Rational Rose支持全系列的UML模型图，而且很容易体现迭代、用例驱动等特性，相关性最好；缺点是图形质量差，逻辑检查与控制差，没有Name和Code的区分(PowerDesigner的特性)，不太适合中国人，生成的文档不好也不适合自定义，也没有设计对象的字典可以快速查找。PowerDesigner也支持全系列的UML模型图，优点是图形质量好，生成的文档容易自定义，逻辑检查与控制好，有设计对象的字典可以快速查找和快速在图形中定位；缺点是相互之间的衔接比较麻烦，对UML和RUP不熟练的人使用PowerDesigner，体现不出迭代和用例驱动。相比起来，Visio的图形质量是最好的，但是衔接和相关性也是最差的，逻辑检查和控制也比较差。

另外，好的建模工具支持模型文档与代码、模型文档与数据库之间的双向转换。常用的UML工具Rational Rose通过中间插件能够实现文档与代码、数据库的双向转换，该功能是通过中间插件实现的。PowerDesigner支持模型文档与代码、模型文档与数据库之间的双向转换，而且不需要插件。Visio通过VBA和宏实现模型文档与代码、模型文档与数据库之间的双向转换，用起来稍微麻烦。

Rational Rose提供相对最新、最完整的UML支持，PowerDesigner和Visio稍微滞后一点。Rational Rose有RUP体系的支持和一系列支持RUP的软件与Rational Rose协作，这一点PowerDesigner和Visio望尘莫及。

1.5 小结

本章介绍了面向对象和UML的基本概念，并结合软件系统和软件工程的概念，介绍了面向对象软件开发过程、UML与面向对象软件开发、UML建模工具等内容。希望通过本章的学习，读者能够理解并掌握面向对象、UML等概念，了解面向对象软件开发的过程，理解面向对象分析和设计建模的含义及目的，为学习统一建模语言(UML)打下基础。

1.6 思考练习

1. 面向对象的含义和特点是什么？
2. 比较面向过程方法和面向对象方法，并说明面向对象方法的有效性？
3. 通用的软件工程过程框架通常包含哪些活动？
4. 什么是对象？
5. 类和对象的关系是什么？
6. 封装的含义是什么？
7. 什么是信息隐藏？
8. 面向对象编程语言如何实现一般化和特殊化？
9. 举例说明多态的含义。
10. 什么是UML？
11. 常用的UML建模工具有哪些？各自的特点是什么？

第 2 章

UML 构成与建模工具 Rational Rose 简介

UML(统一建模语言)是为软件系统的制品进行详述(specifying)、可视化(visualizing)、构造化(constructing)、文档化(documenting)的一种语言。UML目前是软件行业标准的建模语言。可以利用UML对需求、分析、设计、实现、部署等软件开发工作进行标准的形式化描述，达到共同交流的作用。UML是一种标准的图形化建模语言，是面向对象分析与设计的一种标准表示。Rational Rose是基于UML的可视化建模工具，具有能满足所有建模环境中灵活性需求的一套解决方案。

本章的学习目标：

- 理解UML定义的9种图的含义
- 理解UML视图
- 掌握UML的基本元素
- 掌握Rational Rose的基本操作
- 掌握Rational Rose双向工程

2.1 UML表示法

UML是当前流行的建模语言，该语言可以用于创建各种类型的项目需求、分析、设计乃至上线文档。UML的设计动机是，让开发者用统一和可视化的方式完成项目的前期需求和设计文档，而这些需求和设计文档能够让项目的开发变得便捷和清晰。UML获得了广泛认同，目前已经成为主流的项目需求和分析建模语言。

UML模型通常作为一组图(diagram)呈现给设计人员。图是一组模型元素的图形化表示。不同类型的图表示不同的信息，一般是它们描述的模型元素的结构或行为。各种图都有一些规则，规定哪些模型元素能够出现在这种图中以及如何表示这些模型元素。UML作为一种可视化的软件分析与设计工具，主要表现形式就是将模型表示为各种图形，UML视图使用各种UML图形诉说关于软件的故事。

UML定义了9种不同类型的图：用例图、类图、对象图、序列图、协作图、状态图、活动图、构件图、部署图。

2.1.1 用例图

用例图(use-case diagram)用于显示若干角色(actor)以及这些角色与系统提供的用例之间的连接关系，如图2-1所示。用例是系统提供的功能(即系统的具体用法)的描述。通常，实际的用例采用普通的文字描述，作为用例符号的文档性质。用例图仅仅从角色(触发系统功能的用户等)使用系统的角度描述系统中的信息，也就是站在系统外部察看系统功能，并不描述系统内部对该功能的具体操作方式。用例图定义的是系统的功能需求。

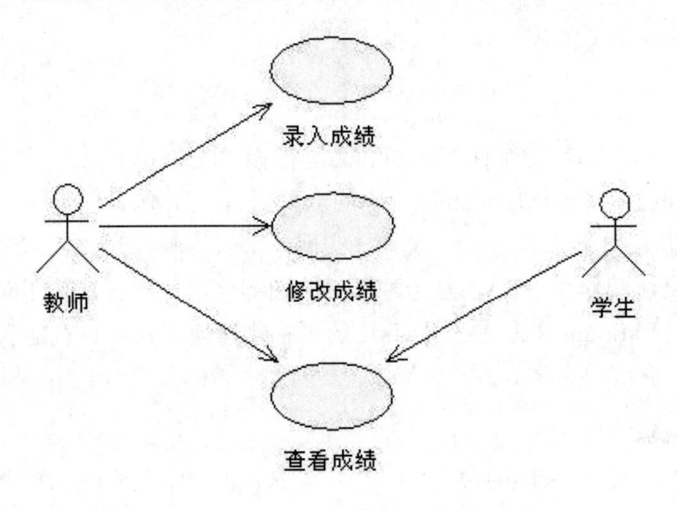

图2-1　用例图示例

2.1.2 类图

类图(class diagram)用来表示系统中的类以及类与类之间的关系，是对系统静态结构的描述，如图2-2 所示。

类用来表示系统中需要处理的事物。类与类之间有多种连接方式(关系)，比如：关联(彼此间的连接)、依赖(一个类使用另一个类)、泛化(一个类是另一个类的特殊化)等。类与类之间的这些关系都体现在类图的内部结构之中，通过类的属性(attribute)和操作(operation)这些术语反映出来。在系统的生命周期中，类图所描述的静态结构在任何情况下都是有效的。

典型的系统中通常有若干类图。一个类图不一定包含系统中所有的类，一个类还可以加到多个类图中。

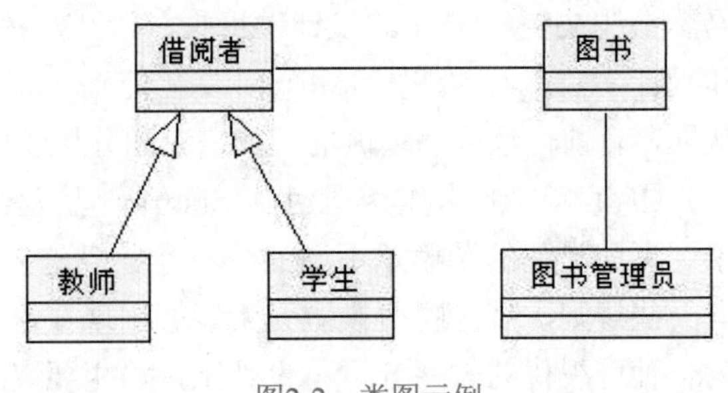

图2-2　类图示例

2.1.3 对象图

对象图是类图的实例，它及时、具体地反映了系统执行到某处时系统的工作状况。对象图中使用的图示符号与类图几乎完全相同，只不过对象图中的对象名加了下画线，而且类与类之间关系的所有实例也都画了出来，如图2-3 所示。

对象图没有类图重要，对象图通常用来表示复杂的类图，通过对象图反映真正的实例是什么，它们之间可能具有什么样的关系，有助于对类图的理解。对象图也可以用在协作图中作为组成部分，用来反映一组对象之间的动态协作关系。

图2-3　对象图示例

2.1.4 序列图

序列图用来反映若干对象之间的动态协作关系，也就是随着时间的流逝，对象之间是如何交互的，如图2-4所示。序列图主要反映对象之间已发送消息的先后次序，说明对象之间的交互过程，以及系统执行过程中，在某一具体位置将会有什么事件发生。

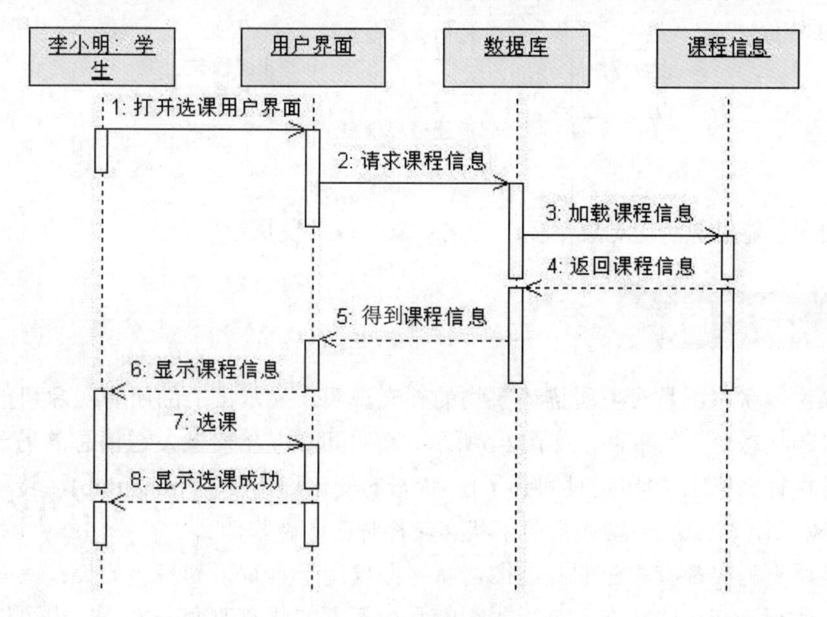

图2-4　序列图示例

序列图由若干对象组成，每个对象用一条垂直的虚线表示(虚线的上方是对象名)，每个对象的正下方有一个矩形条，它与垂直的虚线相叠，矩形条表示对象随时间流逝的过程(从上至下)，对象之间传递的消息用消息箭头表示，它们位于表示对象的垂直线条之间。时间说明和其他注释作为脚本放在图的边缘。

2.1.5 协作图

协作图和序列图的作用一样，反映的也是动态协作。除了显示消息变化(称为交互)外，协作图还显示对象和它们之间的关系(称为上下文相关)。由于协作图或序列图都反映对象之间的交互，因此建模者可以任意选择一种来反映对象间的协作。如果需要强调时间和序列，最好选择序列图；如果需要强调上下文相关，最好选择协作图。

协作图与对象图的画法一样，图中含有若干对象及它们之间的关系(使用对象图或类图中的符号)，对象之间流动的消息用消息箭头表示，箭头中间用标签标识消息被发送的序号、条件、迭代(iteration)方式、返回值等，如图2-5所示。通过消息识别标签的语法，开发者可以看出对象间的协作，也可以跟踪执行流程和消息的变化情况。

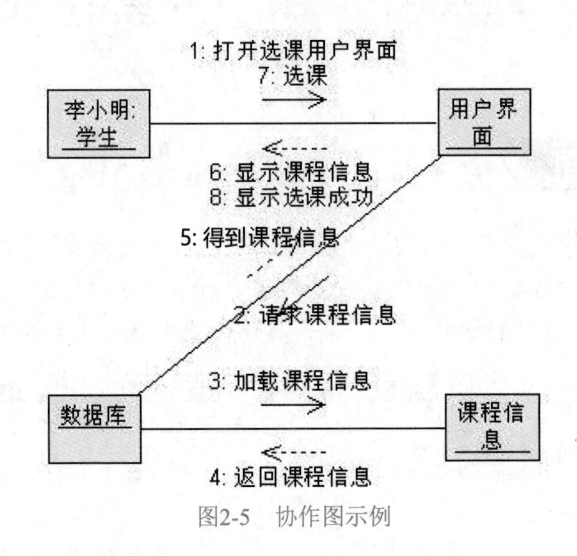

图2-5　协作图示例

协作图中也能包含活动对象，多个活动对象可以并发执行。

2.1.6 状态图

一般来说，状态图是对类所描述事物的补充说明，显示了类的所有对象可能具有的状态，以及引起状态变化的事件，如图2-6所示。事件可以是给对象发送消息的另一个对象或者某个任务执行完毕(比如指定时间到了)。状态的变化称作转移(transition)，转移可以有一个与之相连的动作(action)，动作指明了状态转移时应该做些什么。

并不是所有的类都有相应的状态图。状态图仅用于具有下列特点的类：具有若干确定的状态，类的行为在这些状态下会受到影响且被不同的状态改变。另外，也可以为系统描绘整体状态图。

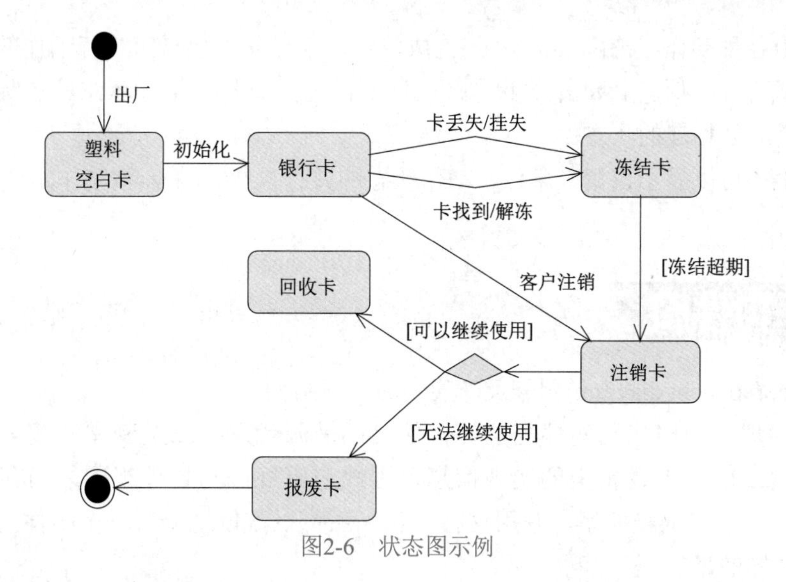

图2-6　状态图示例

2.1.7　活动图

活动图(activity diagram)反映连续的活动流，如图2-7所示。相对于描述活动流(比如，用例或交互)来说，活动图更常用于描述某个操作执行时的活动状况。

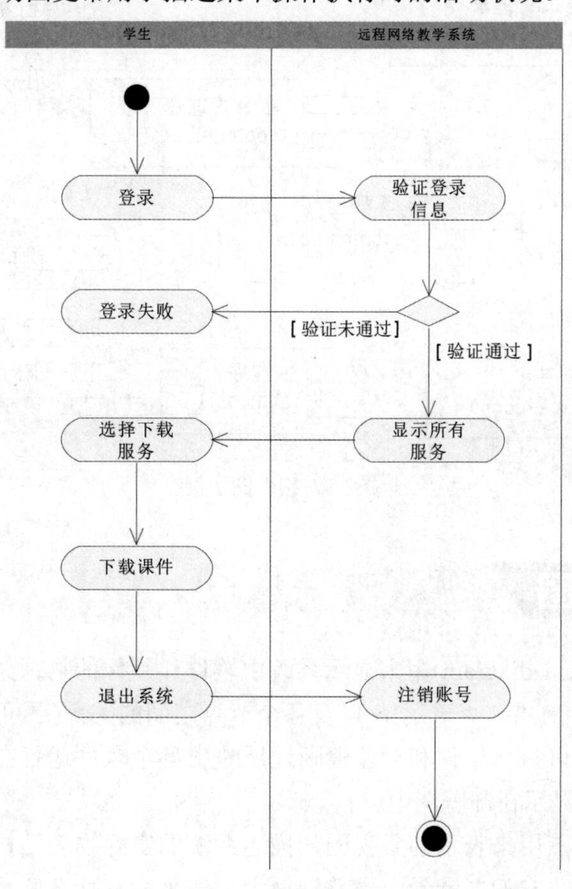

图2-7　活动图示例

活动图由各种动作状态(action state)构成，每个动作状态包含可执行动作的规范说明。当某个动作执行完毕时，该动作的状态就会随着改变。这样，动作状态的控制就从一个状态流向另一个与之相连的状态。

活动图中还可以显示决策、条件、动作状态的并行执行、消息(被动作发送或接收)的规范说明等内容。

2.1.8 构件图

构件图(component diagram)用来反映代码的物理结构。

代码的物理结构用代码构件表示，构件可以是源代码、二进制文件或可执行文件构件。构件包含逻辑类或逻辑类的实现信息，因此逻辑视图与构件视图之间存在着映射关系。构件之间也存在依赖关系，利用这种依赖关系可以方便地分析一个构件的变化会给其他构件带来怎样的影响。

构件可以与公开的任何接口(比如OLE/COM接口)一起显示，也可以把它们组合起来形成包(package)，在构件图中显示这种组合包。实际编程工作中经常使用构件图，如图2-8所示。

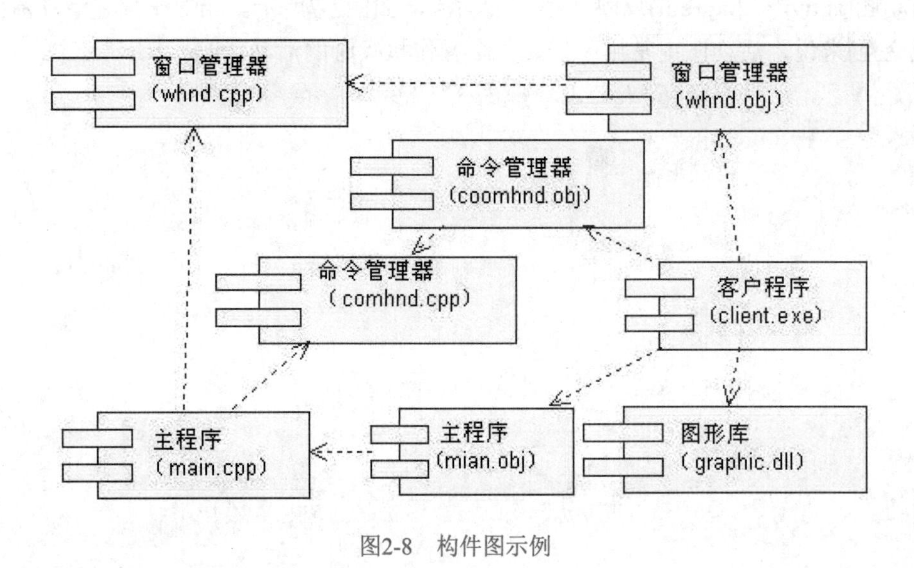

图2-8 构件图示例

2.1.9 部署图

部署图(deployment diagram)用来显示系统中软件和硬件的物理架构。通常部署图中显示实际的计算机和设备(用节点表示)，以及各个节点之间的关系(还可以显示关系的类型)。每个节点内部显示的可执行构件和对象清晰地反映出哪个软件运行在哪个节点上。构件之间的依赖关系也可以显示在部署图中。

如前所述，部署图用来表示部署视图，描述系统的实际物理结构。用例视图是对系统应具有的功能的描述，它们二者看上去差别很大，似乎没有什么联系。然而，如果对系统的模型定义明确，那么从物理架构的节点出发，找到含有的构件，再通过构件到达实现的类，进而到达类的对象参与的交互，直至最终到达用例也是可能的。从整体上说，系统的不同视图对系统的描述应当是一致的，如图2-9所示。

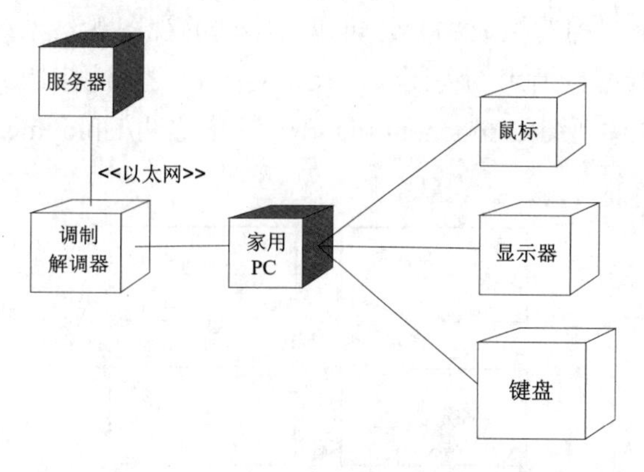

图2-9 部署图示例

2.2 UML视图

UML是用来描述模型的，它用模型来描述系统的结构或静态特征，以及动态或行为特征。它从不同的视角为系统的架构建模，形成系统的不同视图。

- 用例视图(use-case view)：强调从用户的角度看到的或需要的系统功能。
- 逻辑视图(logical view)：展现系统的静态或结构组成及特征，也称为结构模型视图(structural model view)或静态视图(static view)。
- 并发视图(concurrency view)：体现系统的动态或行为特征，也称为行为模型视图(behavioral model view)或动态视图(dynamic view)。
- 构件视图(component view)：体现系统实现的结构和行为特征，也称为实现模型视图(implementation model view)。
- 部署视图(deployment view)：体现系统实现环境的结构和行为特征。

每一种UML视图都是由一个或多个图(diagram)组成的。图是系统架构在某个侧面的表示，并且与其他图是一致的，所有的图一起组成系统的完整视图。

2.2.1 UML视图概述

为复杂的系统建模是一件困难且耗时的事情。从理想化的角度来说，整个系统就像一张图，这张图清晰而又直观地描述了系统的结构和功能，既易于理解又易于交流。但事实上，要画出这张图几乎是不可能的，因为简单的图并不能完全反映出系统中需要的所有信息。描述一个系统时涉及该系统的许多方面，比如功能性方面(包括静态结构和动态交互)、非功能性方面(可靠性、扩展性和安全性等)和组织管理方面(工作组、映射代码模块等)。

为完整地描述系统，通常的做法是用一组视图反映系统的各个方面，每个视图代表完整系统描述中的一个抽象，显示这个系统中的某个特定方面。每个视图由一组图构成，图中包含强调系统中某一方面的信息。视图与视图之间有时会产生轻微的重叠，从而使得一个图实际上可能是多个视图的组成部分。可以用不同的视图观察系统，每次只集中观察系统的一个方面。UML视图包括用例视图(use-case view)、逻辑视图(logical view)、并发视图(concurrency view)、构件视图(component view)和部署视图(deployment view)5种，如图2-10所示。

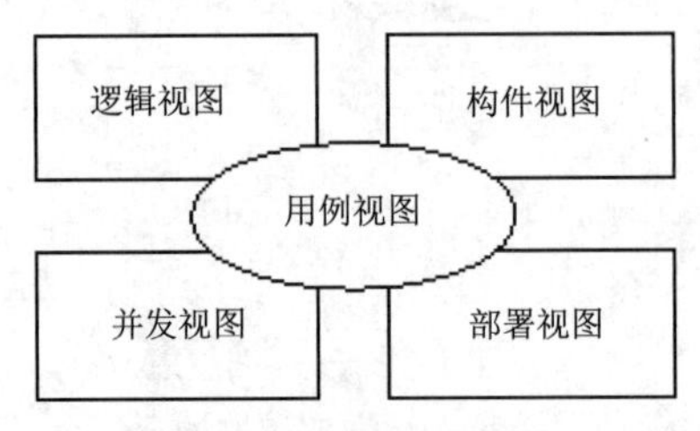

图2-10　5种UML视图

图2-10中的5种视图并不对应于UML中描述的特定形式的构造或图，体现的是每个视图对应特定的研究系统的观点。不同的视图突出特定的参与群体所关心的系统的不同方面，通过合并所有5种视图中得到的信息就可以形成系统的完整描述，而为了特殊的目的，只考虑这些视图的子集中包含的信息可能就足够了。从图2-10中可以清晰地看到，用例视图具有将其他4种视图的内容结合到一起的特殊作用。

视图是 UML 建模中非常重要的概念。视图用于组织 UML 元素，表达出模型某一方面的含义。视图的准确应用是建立好模型的关键因素之一。视图的应用看上去似乎并不太复杂，但是在实际工作中很多人并不知道应该在什么地方应用视图、应用哪一种视图、总共需要哪些视图。例如想要绘制流程图时，到底是用活动图还是交互图？

现实世界中的每个事物都有很多种不同的属性，每个属性(或者说方面)都属于这个事物并且仅能够表达这个事物的一部分。人们在认识这样一种事物的时候，只有在了解很多方面后才能够对这种事物真正理解。在生活中这样的例子比比皆是。例如一辆汽车，人们需要了解它的大小、重量、外观、性能、安全等才会决定是否购买。上述每个属性都是这辆汽车的一个视图，每个视图都向观察者展示了目标对象的一个方面。只有将必要的方面都用视图展示出来，观察者才会真正理解这个事物。

但是很多时候，仅仅给出所有属性的视图并不足够，观察者会抱怨视图表达的信息不是很清晰，希望从更多角度来查看事物的信息。这就引出视图中另一个被很多人忽视的重要概念：视角。视角是人们观察事物的角度。不同的人或同一个人出于不同的目的，会对同一信息从不同的角度加以审视和评估。视角是针对每一个视图来说的，不同的视角展示了同一信息的不同认知角度以便于理解。例如，我们刚刚说过对汽车而言，外观是汽车属性的一部分，那么是不是一个视图就足够了呢？不是的，同样是查看外观，人们有时候从前面看汽车的前脸什么样，有时候从侧面看车身什么样，有时候从后面看车尾什么样。每一个不同的观察角度都展示了整体信息的一部分，这部分也满足了观察者的某个审视要求。

一方面，从信息的展示角度说，恰当的视角可以让观察者更容易抓住信息的本质；另一方面，从观察者角度说，观察者只会关心信息中感兴趣的那一部分视角，其他视角的信息是没有多少用处的。因此，在展示信息时选择适当的视角并展示给适当的观察者是十分重要的。就拿汽车来说，放在网络上供查看的照片中，关心汽车车身的观察者会选择侧面视角照片来观看；关心内饰的，会选择车内视角的照片来观看。虽然底盘也是汽车外观的有效视角，但大家并不会关心底盘什么样。将底盘视角提供给做汽车评估的专业人士，可能才是合适的。

回到建模工作中，建立模型的目的是向相关的人(干系人)展示将要生产的软件产品，软件产品也和汽车一样，有着很多不同的方面。只有把这些方面都描述清楚，用多个不同的视图去展示软件这些不同的方面(如静态的、动态的、结构性的、逻辑性的，等等)才能够说建立了一个完整的模型。为了说明这些不同的方面，UML定义了用例图、对象图、类图、包图、活动图等不同的视图。这些视图从不同的方面描述了一个软件的结构和组成，所有这些视图的集合表达了一个软件的完整含义。所以，建模的最主要工作就是为软件绘制那些用于表达软件含义的视图，从而完整地表达软件的含义。

同时，由于软件的干系人很多，有客户、系统分析人员、架构师、设计师、开发人员、测试人员、项目经理等，他们对同样信息的审视角度是不同的。即便是客户，普通业务员和经理要求的视角也不尽相同，例如针对同一个业务模块，经理更关心整体业务流程，业务员更关心表单填写。因此，建模的另一项重要工作就是为不同的干系人展示他们所关心的那部分视角。比如用例图，到底是按业务部门划分呢？还是按业务流程划分呢？是按业务人员划分呢？还是按业务模块划分呢？这里仍然需要做一定的思考，如果视角选择错误，就很有可能带来信息的缺失和误解。如果把按跨部门业务流程划分的用例图展示给普通的业务人员看，就不得不另外费劲向他解释那些他不熟悉的业务，而且可能由于他并不完全理解整个业务，又给你提供错误的反馈。错误的视角选择既费力又不讨好，常常导致需求改来改去难以确定。对于抱怨客户总是提出相互矛盾的需求的分析人员，请先思考一下是否向正确的客户询问了正确的问题，并且给他看了正确视角的内容。

视图和视角是两个被忽略的关键概念，对建立好的模型起着很重要的作用。为特定的信息选择正确的视图，为特定的干系人展示正确的视角并不容易，需要因时、因地、因人制宜。

2.2.2 用例视图

用例视图(use-case view)用于描述系统应该具有的功能集，是从系统的外部用户角度出发对系统的抽象表示。

用例视图所描述的系统功能依靠外部用户或另一个系统触发激活，为用户或另一个系统提供服务，实现用户或另一个系统与该系统的交互。系统实现的最终目标是提供用例视图中描述的功能。

用例视图中可以包含若干用例(use-case)。用例用来表示系统能够提供的功能(系统用法)，用例是对系统用法(功能请求)的通用描述。

用例视图是其他视图的核心和基础。其他视图的构造和发展依赖于用例视图中所描述的内容。因为系统的最终目标是提供用例视图中描述的功能，同时附带一些非功能性的性质。因此，用例视图影响着所有其他的视图。

用例视图还可用于测试系统是否满足用户的需求和验证系统的有效性。

用例视图主要为用户、设计人员、开发人员和测试人员而设置。用例视图静态地描述系统功能。

用例驱动是统一过程的重要概念，或者说整个软件生产过程就是用例驱动的。用例驱动软件生产过程是非常有道理的。要解决问题域，就要归纳出所有必要的抽象角度(用例)，为这些用例描述出可能的特定场景，并找到实现这些场景的事物、规则和行为。也就是说，如果我们找到的那些事物、规则和行为实现了所有必要的用例，那么问题域就被解决了。总之，实现用例是必须做的工作，一旦用例实现了，问题域就解决了。这就是用例驱动方法的原理。

在实际的软件项目中，软件要实现的功能通过用例来捕获，接下来的所有分析、设计、实现、测试都由用例驱动，即以实现用例为目标。在统一过程中，用例就是分析单元、设计单元、开发单元、测试单元，甚至是部署单元。

用例视图中包括系统的所有参与者、用例和用例图，必要时还可以在用例视图中添加顺序图、协作图、活动图和类图等。用例视图与系统中的实现是不相关的，它关注的是系统功能的高层抽象，适合于对系统进行分析和获取需求，而不关注于系统的具体实现方法。

用例用来表示系统中所提供的各种服务，它定义了系统是如何被参与者使用的，描述的是参与者为了使用系统所提供的某一完整功能而与系统之间发生的一段对话。在用例中，可以再创建各种图，包括协作图、序列图、类图、用例图、状态图和活动图等。

参与者是指存在于被定义系统外部并与该系统发生交互的人或其他系统，参与者代表系统的使用者或使用环境。在参与者的下面，可以创建参与者的属性(attribute)、操作(operation)、嵌套类(nested class)、状态图(state diagram)和活动图(activity diagram)等。

类是对某个或某些对象的定义。它包含有关对象动作方式的信息，包括名称、方法、属性和事件。在用例视图中可以直接创建类。在类的下面，也可以创建其他的模型元素，这些模型元素包括类的属性(attribute)、类的操作(operation)、嵌套类(nested class)、状态图(state diagram)和活动图(activity diagram)等。在浏览器中选择某个类，用鼠标右击，可以看到在该类中允许创建的模型元素。我们注意到，在类的下面可以创建的模型元素，与在参与者的下面可以创建的模型元素是相同的。事实上，参与者也是类。

在用例视图下，允许创建类图。类图提供了结构图类型的一个主要实例，并提供了一组记号元素的初始集，供所有其他结构图使用。在用例视图中，类图主要提供了各种参与者和用例中对象的细节信息。

在用例视图下，也允许创建协作图，来表达各种参与者和用例之间的交互协作关系。在用例视图下，创建序列图也和协作图一样，能表达各种参与者和用例之间的交互序列关系。在用例视图下，状态图主要用来表达各种参与者或类的状态之间的转换。在状态图下也可以创建各种元素，包括状态、开始状态和结束状态以及连接状态图的文件和URL地址等。在用例视图下，活动图主要用来表达参与者的各种活动之间的转换。同样，在活动图下也可以创建各种元素，包括状态(state)、活动(activity)、开始状态(start state)、结束状态(end state)、泳道(swimlane)和对象(object)等，还有包括连接活动图的相关文件和URL地址。

- 文件。文件是指能够连接到用例视图的一些外部文件。它可以详细介绍用例视图的各种使用信息，甚至可以包括错误处理等信息。
- URL地址。URL地址是指能够连接到用例视图的一些外部URL地址。这些URL地址用于介绍用例视图的相关信息。

包是用例视图和其他视图中最通用的模型元素组的表达形式。使用包可以将不同的功能区分开来。但是在大多数情况下，在用例视图中使用包的场合很少，基本上不用。这是因为用例视图基本上是用来获取需求的，把这些功能集中到一个或多个用例视图中才能更好地把握，而一个或多个用例视图通常不需要使用包来划分。如果需要对多个用例视图进行组织，这时候才需要使用包的功能。在用例视图的包中，可以再次创建用例视图内允许的所有图形。事实上，也可以将用例视图看成包。

在项目开始的时候，项目开发小组可以选择用例视图来进行业务分析，确定业务功能模型，完成系统的用例模型。客户、系统分析人员和系统管理人员根据系统的用例模型和相关文档确定系统的高层视图。一旦客户同意分析用例模型，就确定了系统的范围。然后就可以在逻辑视图(logical view)中继续开发，关注在用例中提取的功能。

2.2.3 逻辑视图

用例视图只考虑系统应提供什么样的功能，对这些功能的内部运作情况不予考虑，为了揭示系统内部的设计和协作状况，要使用逻辑视图描述系统。

逻辑视图用来显示系统内部的功能是怎样设计的，它利用系统的静态结构和动态行为来刻画系统功能。静态结构描述类、对象和它们之间的关系等。动态行为主要描述对象之间的动态协作，当对象之间彼此发送消息时产生动态协作，接口和类的内部结构都要在逻辑视图中定义。逻辑视图以图形方式说明关键的用例实现、子系统、包和类，它们包含在架构方面具有重要意义的行为，即建模公式中的那些“人”“事”“物”“规则”是如何分类组织的。

逻辑视图关注系统如何实现用例中所描述的功能，主要是对系统功能性需求提供支持，即在为用户提供服务方面系统所应提供的功能。在逻辑视图中，用户将系统更加仔细地分解为一系列的关键抽象，将这些大多数来自问题域的事物，通过采用抽象、封装和继承的方式，使之表现为对象或对象类的形式，借助于类图和类模板等手段，提供系统的详细设计模型图。类图用来显示类的集合和它们的逻辑关系，有关联、使用、组合、继承关系等。相似的类可以划分成类的集合。类模板关注于单个类，它们强调主要的类操作，并且识别关键的对象特征。如果需要定义对象的内部行为，则使用状态转换图或状态图来完成。公共机制或服务可以在工具类(class utility)中定义。对于数据驱动程度高的应用程序，可以使用其他形式的逻辑视图，例如E-R图，以代替面向对象方法。

逻辑视图下的模型元素包括类、类工具、接口、包、类图、用例图、协作图、序列图、状态图和活动图等。

(1) 类(class)。在逻辑视图中主要是对抽象出来的类进行详细定义，包括确定类的名称、方法和属性等。系统的参与者在这个地方也可以作为类存在。在类下，也可以创建其他的模型元素，这些模型元素包括类的属性(attribute)、操作(operation)、嵌套类(nested class)、状态图(state diagram)和活动图(activity diagram)等，与前面在用例视图中创建的信息相同。

(2) 类工具(class utility)。类工具仍然是类的一种，是对公共机制或服务的定义，通常存放一些静态的全局变量，用来方便其他类对这些信息进行访问。

(3) 接口(interface)。接口和类不同，类可以有真实的实例，然而接口必须至少有一个类来实现。和类相同，可以创建接口的属性(attribute)、操作(operation)、嵌套类(nested class)、状态图(state diagram)和活动图(activity diagram)等。

(4) 包(package)。使用包可以将逻辑视图中的各种图或模型元素按照某种规则划分。在逻辑视图的包下，仍然可以创建所有能够在逻辑视图下创建的各种图和模型元素。

(5) 类图(class diagram)。类图用于浏览系统中的各种类、类的属性和操作，以及类与类之间的关系。类图在建模过程中是一个非常重要的概念，必须了解类图的重要理由有两个：第一个理由是它能够显示系统分类器的静态结构，系统分类器是类、接口、数据类型和构件的统称；第二个理由是类图为UML描述的其他结构图提供了基本标记功能。开发者可以认为类图是为他们特别建立的一张描绘系统各种静态结构代码的表，但是其他的团队成员将会发现它们也是有用的，比如业务分析师可以用类图为系统的业务远景建模等。其他的图，包括活动图、序列图和状态图等，也可以参考类图中的类进行建模和文档化。与在用例视图下相同，在类图下也可以创建连接类图的相关文件和URL地址。在浏览器中选择某个类图，用鼠标右击，可以看到在该类图中允许创建的元素。

(6) 用例图(use case diagram)。在逻辑视图中也可以创建用例图，功能和在逻辑视图中介绍的一样，只是放在不同的视图区域中罢了。与在用例视图下相同，在用例图下可以创建连接用例图的相关文件和URL地址。在浏览器中选择某个用例图，用鼠标右击，可以看到在该用例图中允许创建的元素。

(7) 协作图(collaboration diagram)。协作图主要用于按照各种类或对象交互发生的一系列协作关系，显示这些类或对象之间的交互。协作图中可以有对象和主角实例，以及描述它们之间关系和交互的连接和消息，通过说明对象间是如何通过互相发送消息来实现通信的，协作图描述了参与对象中发生的情况。可以为用例事件流的每一种变化形式制作一个协作图。与在用例视图下相同，在协作图下也可以创建连接协作图的相关文件和URL地址。在浏览器中选择某个协作图，用鼠标右击，可以看到在该协作图中允许创建的元素。

(8) 序列图(sequence diagram)。序列图主要用于按照各种类或对象交互发生的一系列顺序，显示各种类或对象之间的交互。它的重要性和类图相似，开发者通常认为序列图对他们非常有意义，因为序列图显示了程序是如何在时间和空间中，在各个对象的交互作用下逐步执行下去的。当然，对于组织的业务人员来讲，序列图显示了不同的业务对象如何交互，对于交流当前业务如何进行也是很有帮助的。这样，除了记录组织的当前事件外，业务级的序列图还能被当作需求文件使用，为实现未来系统传递需求。在项目的需求分析阶段，分析师能通过提供更加正式的表达，把用例带入下一层次。在那种情况下，用例常常被细化为一个或多个序列图，这对于组织的技术人员来讲，序列图在记录未来系统的行为应该如何表现时非常有用。在设计阶段，架构师和开发者能使用序列图，挖掘出系统对象间的交互，如何充实整个系统设计，这就是序列图的主要用途之一，即把用例表达的需求转换为进一步、更加正式的精细表达。序列图除了用于设计新系统，还能用来记录遗留系统中的对象现在是如何交互的。当把这个系统移交给另一个人或组织时，这个文档很有用。与在用例视图下相同，在序列图下也可以创建连接序列图的相关文件和URL地址。在浏览器中选择某个序列图，用鼠标右击，可以看到在该序列图中允许创建的元素。

(9) 状态图(state diagram)。状态图主要用于描述各个对象自身所处状态的转换，用于对模型元素的动态行为进行建模。更具体地说，就是对系统行为中受事件驱动的方面进行建模。状态机专门用于定义依赖于状态的行为(即根据模型元素所处的状态而有所变化的行为)。其行为不会随着元素状态发生变化的模型元素不需要用状态机来描述行为(这些元素通常是主要负责管理数据的被动类)。状态机由状态组成，各状态由转移标记连接在一起。状态是对象执行某项活动或等待某个事件时的条件。转移是两个状态之间的关系，由某个事件触发，然后执行特定的操作或评估并导致特定的结束状态。与在用例视图下相同，在状态图下也可以创建各种元素，包括状态、开始状态和结束状态以及连接状态图的相关文件和URL地址等。在浏览器中选择某个状态图，用鼠标右击，可以看到在该状态图中允许创建的元素。

(10) 活动图(activity diagram)。在活动图中可以包括以下元素。

- 活动状态，表示在工作流程中执行某个活动或步骤。
- 状态转移，表示各种活动状态的先后顺序。这种转移可称为完成转移，这不同于一般的转移，因为不需要明显的触发器事件，而是通过完成活动(用活动状态表示)来触发。
- 活动决策，定义一组警戒条件，这些警戒条件决定在活动完成后将执行一组备选转移中的哪一个转移。我们也可以使用判定图标来表示线程重新合并的位置。决策和警戒条件使得能够显示业务用例的工作流程中的备选线程。
- 同步连接，用于连接平行分支流。

与在用例视图下相同，在活动图下也可以创建各种元素，包括状态(state)、活动(activity)、开始状态(start state)、结束状态(end state)、泳道(swimlane)和对象(object)等，还包括连接活动图的相关文件和URL地址。在浏览器中选择某个活动图，用鼠标右击，可以看到在该活动图中允许创建的元素。

在逻辑视图中关注的焦点是系统的逻辑结构。在逻辑视图中，不仅要认真抽象出各种类的信息和行为，还要描述类的组合关系等，尽量产生能够重用的各种类和构件，这样就可以在以后的项目中，方便地添加现有的类和构件，而不需要一切从头开始一遍。一旦标识出各种类和对象并描绘出这些类和对象的各种动作和行为，就可以转入构件视图，以构件为单位勾画出整个系统的物理结构。

2.2.4 并发视图

并发视图(concurrency view)用来显示系统的并发工作状况。并发视图将系统划分为进程和处理机方式，通过划分引入并发机制，利用并发高效地使用资源，以及并行执行和处理异步事件。除了划分系统为并发执行的控制线程外，并发视图还必须处理通信和这些线程之间的同步问题。并发视图所描述的方面属于系统中的非功能性方面。

并发视图供系统开发者和集成者使用，由动态图(状态图、序列图、协作图、活动图)和执行图(构件图、部署图)构成。

2.2.5 构件视图

构件视图(component view)用来显示代码构件的组织方式，描述了实现模块(implementation module)和它们之间的依赖关系。

构件视图由构件图构成。构件是代码模块，不同类型的代码模块形成不同的构件，构件按照一定的结构和依赖关系呈现。构件的附加信息(比如，为构件分配资源)或其他管理信息(比如，工作的进展报告)也可以加入构件视图中。构件视图主要供开发者使用。

构件视图的作用是获取为实施制定的系统构架决策。构件视图通常包括以下内容。

- 列举实施模型中的所有子系统。
- 描述子系统如何组织为层次和分层结构的构件图。
- 描述子系统间导入依赖关系的图解。

构件视图用于：

- 为个人、团队或分包商分配实施工作；
- 估算要开发、修改或删除的代码数量；
- 阐明大规模复用的理由；
- 考虑发布策略。

在以构件为基础的开发中，构件视图为架构设计师提供了一种开始为解决方案建模的自然形式。构件视图允许架构设计师验证系统的必需功能是否是由构件实现的，这可确保最终系统会被接受。除此之外，构件视图在不同小组的交流中还担当交流工具。对于项目负责人来讲，当构件视图将系统的各种实现连接起来的时候，构件视图能够展示对将要被建立的整个系统的早期理解。对于开发者来讲，构件视图给他们提供了将要建立的系统的高层次的架构视图，这将帮助开发者开始建立实现的路标，并决定任务分配及(或)增进需求技能。对于系统管理员来讲，他们可以获得将运行于系统上的逻辑软件构件的早期视图。虽然系统管理员无法从中确定物理设备或物理的可执行程序，但是，他们仍然能够通过构件视图较早地了解关于构件及其关系的信息，了解这些信息能够帮助他们轻松地计划后面的部署工作。

2.2.6 部署视图

部署视图(deployment view)用来显示系统的物理架构。比如，计算机和设备以及它们之间的连接方式，其中计算机和设备称为节点，由部署视图表示。部署视图还包括映射，映射显示在物理架构中构件是怎样部署的，比如，在独立的计算机上哪一个程序或对象在运行。

部署视图被提供给开发者、集成者和测试者。系统只有一个部署视图，它以图形方式说明处理活动在系统中各节点的分布，包括进程和线程的物理分布，即建模公式中的那些“人”“事”“物”“规则”是如何部署在物理节点(主机、网络环境)上的。部署视图中包括进程、处理器和设备。进程在自己的内存空间中执行；处理器是任何有处理功能的机器，一个进程可以在一个或多个处理器上运行；设备是指没有任何处理功能的机器。

部署视图考虑的是整个解决方案的实际部署情况，描述的是在当前系统结构中存在的设备、执行环境以及软件运行时的体系结构，是对系统拓扑结构的最终物理描述。系统的拓扑结构描述了所有硬件单元，以及在每个硬件单元上执行的软件的结构。在这样的一种体系结构中，可以通过部署视图查看拓扑结构中任何特定的节点，了解节点上构件的执行情况，以及构件中包含哪些逻辑元素(例如类、对象、协作等)，并且最终能够从这些元素追溯到系统初始的需求分析阶段。

2.3 UML元素

在UML图中使用的概念统称为模型元素。模型元素用语义、元素的正式定义或确定的语句所代表的准确含义来定义。模型元素在图中用相应的视图元素(符号)表示。利用视图元素可以把图形直观地表示出来。一个元素(符号)可以存在于多个不同类型的图中，但是具体以怎样的方式出现在哪种类型的图中，要符合(依据)一定的规则。图2-11 给出了类、对象、用例、状态、节点、包和构件等模型元素的符号图例。

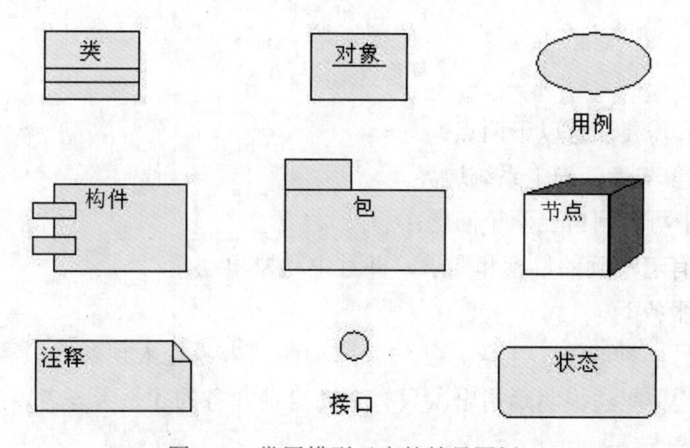

图2-11　常用模型元素的符号图例

模型元素与模型元素之间的连接关系也是模型元素，常见的关系有关联、泛化、依赖和实现，如图2-12所示。

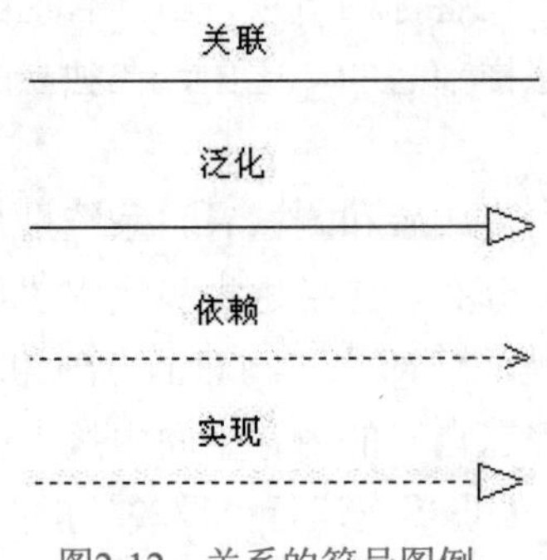

图2-12　关系的符号图例

在UML中，图作为一种可视化方式聚集了相关需要表达的事物，并且表达了这些事物之间的关系。事物是对模型中最具代表性的成分的抽象，关系描述了事物之间是如何彼此关联、相互依赖或作用的。关系把构成系统的诸多事物结合成有机的整体。

2.3.1　参与者

建模是从寻找抽象角度开始的。定义参与者，就是寻找抽象角度的开始。参与者指存在于被定义系统外部并与该系统发生交互的人或其他系统，参与者代表系统的使用者或使用环境。参与者在建模过程中处于核心地位，是在系统之外与系统交互的某人或某物。“系统之外”说明参与者和系统之间有明显的边界，参与者只可能存在于边界之外，边界之内的所有人或事物都不是参与者。

参与者的符号图例如图2-13所示。

图2-13　参与者

对于参与者，需要注意以下两点。

(1) 如何找到参与者，确定系统边界。

在一个业务中可以问自己两个问题：

A. 谁对系统有着明确的目标和要求，并且主动发出动作？

B. 系统为谁服务？

参与者还有另一种叫法：主角。参与者这种叫法容易让人误解为只要参与业务的都是参与者，而主角这种叫法很明确指出，只有主动启动业务的才是参与者。

(2) 参与者不一定是人。

例如，每天自动统计网页访问量，生成统计表，并发送至管理员信箱。

上述需求是每天自动统计网页访问量，这个需求的参与者或主角是一个计时器，它每天在某一固定时刻启动这个需求。

2.3.2　用例

软件系统由各种各样的功能服务组成。用例用来表示软件系统所提供的各种功能服务，定义了系统是如何被参与者使用的，描述的是参与者为了使用系统所提供的某一完整功能而与系统之间发生的一段对话。用例与参与者交互，并且给参与者提供可观测的、有意义结果的一系列活动的集合。例如想做一顿饭吃，需要完成煮饭和炒菜两件事情，这两件事情就是两个用例。

用例在本质上体现了参与者的愿望，不能完整达到参与者愿望的不能称为用例。如果目的是取到钱，那么取钱是有效的用例，填写取款单却不是。用例必须由参与者发起。用例的定义必然以动宾短语形式出现，比如喝水是有效的用例，而“喝”却不是。用例是需求单元。

用例的符号图例如图2-14所示。

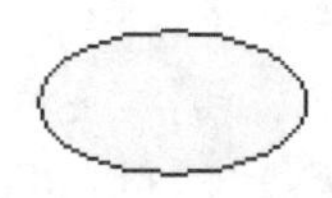

图2-14　用例

用例与功能紧密相关，但二者并不等同，二者的区别如下。

(1) 功能脱离使用者的愿望而存在，而用例不是。

(2) 功能是孤立的，给定输入，通过计算机就有固定的输出，例如按下开关灯就亮或灭；而用例是系统性的，需要描述谁在什么情况下通过什么方式开灯，结果是什么。

(3) 非要从功能的角度解释的话，用例可以解释为一系列完成某个特定目标的“功能”组合。例如，从功能的角度出发，对电视的描述是“能开关，能显示，可以调频道，可以调声音”；从用例的角度出发，对电视的描述是“有个人要看电视节目”。要完成这个用例，第一步需要先打开开关，调到自己喜欢的频道，如果声音不合适，可以调一下。

2.3.3　关系

关系抽象出对象之间的联系，让对象集合构成某个特定的结构。UML定义的关系主要有关联、聚合、组合、泛化、实现、依赖等。

1. 关联

关联关系表示类与类之间的连接，关联是一种结构化的关系，指一种对象和另一种对象有联系。给定有关联的两个类，可以从一个类的对象得到另一个类的对象。

关联有两元关系和多元关系。两元关系是一对一关系，多元关系是一对多或多对一关系。一般用实线连接有关联的同一个类或不同的两个类。当想要表示结构化关系时使用关联，如果几个类元的实例之间有联系，那么这几个类元之间的语义关系是关联。

关联描述了系统中对象或实例之间的离散连接。关联将一个含有两个或多个有序表的类元，在允许复制的情况下连接起来。最普通的关联是一对类元之间的二元关联。关联的实例之一是链。每个链由一组对象(一个有序列表)构成，每个对象来自相应的类。二元链包含一对对象。关联带有系统中各个对象之间关系的信息。当系统执行时，对象之间的连接被建立和销毁。

关联关系是整个系统中使用的“黏合剂”，如果没有它，那么只剩下不能一起工作的孤立的类。在关联中如果同一个类出现不止一次，那么一个单独的对象就可以与自己关联。如果同一个类在一个关联中出现两次，那么两个实例就不必是同一个对象，通常情况都是如此。二元关联用一条连接两个类的连线表示，如图2-15所示。

2. 聚合

聚合是关联关系的一种特例，体现的是整体与部分、拥有的关系，此时整体与部分之间是可分离的，它们可以具有各自的生命周期，部分可以属于多个整体对象，也可以为多个整体对象共享，比如计算机与CPU、公司与员工的关系等。体现在代码层面，聚合关系和关联关系是一致的，只能从语义级别来区分。聚合关系用尾部为空心菱形的实线表示(菱形指向整体)，如图2-16所示。

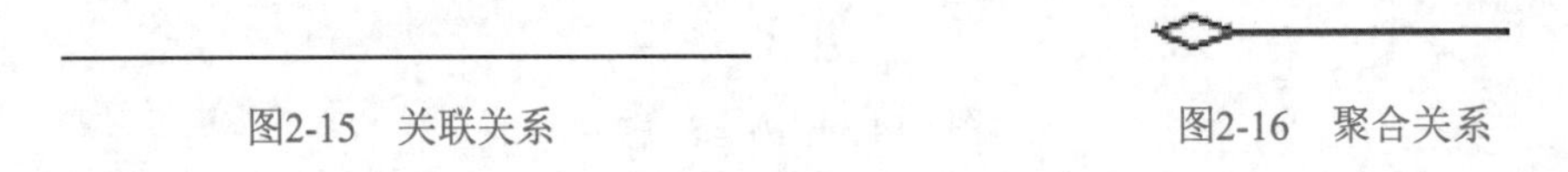

图2-15　关联关系　　图2-16　聚合关系

3. 组合

组合也是关联关系的一种特例，体现的是一种contain-a关系，比聚合更强，是一种强聚合关系。组合同样体现整体与部分的关系，但此时整体与部分是不可分的，整体生命周期的结束也意味着部分生命周期的结束，反之亦然，比如大脑和人类。体现在代码层面，组合关系与关联关系是一致的，只能从语义级别来区分。组合与聚合几乎完全相同，唯一区别就是对于组合，“部分”不能脱离“整体”而单独存在，两者的生命周期应该是一致的。

组合关系用尾部带实心菱形的实线表示(菱形指向整体)，如图2-17所示。

4. 泛化

泛化是一种继承关系，体现的是一般与特殊的关系，指定了子类如何特化父类的所有特征和行为。例如，老虎是动物的一种，既有老虎的特性也有动物的共性。泛化关系用带三角箭头的实线表示(箭头指向父类)，如图2-18所示。

图2-17　组合关系　　图2-18　泛化关系

5. 实现

实现体现的是一种类与接口的关系，表示类是接口所有特征和行为的实现。实现关系使用带三角箭头的虚线表示(箭头指向接口)，如图2-19所示。

6. 依赖

依赖体现的是一种使用关系，特定事物的改变有可能会影响到使用该事物的事物，反之不成立。在想显示一个事物而使用另一个事物时，其中一个事物(服务者)的变化将影响另一个事物(客户)，或向它(客户)提供所需信息。这是一种组成不同模型关系的简便方法。依赖表示两个或多个模型元素之间语义上的关系，它只将模型元素本身连接起来，而不需要用一组实例来表达意思。根据这个定义，关联和泛化都是依赖关系，但是它们有更特别的语义，依赖关系使用从客户指向提供者的虚箭头表示，如图2-20所示。通常情况下，依赖关系体现在某个类的方法使用另一个类作为参数。

图2-19　实现关系 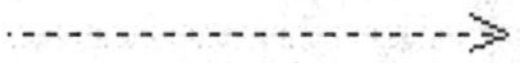　　　　图2-20　依赖关系

2.3.4　包

包是一种容器，同文件夹一样，将某些信息分类，形成逻辑单元。包可以容纳任何UML元素，例如用例、业务实体、类等，也包括子包。

好的分包具有高内聚、低耦合特性。高内聚是指被分入同一个包的元素应相互联系紧密，甚至不可分割，这些元素具有某些相同的性质，使得包可以抽象出一些接口来代表包事物与包外进行交互。低耦合是指如果修改包中的任意一个元素，包中其他的任何元素都不受影响，即元素之间无依赖关系或松耦合。另外，包之间的关系应该是单向的，应该尽量避免双向依赖和循环依赖。

包的符号图例如图2-21所示。

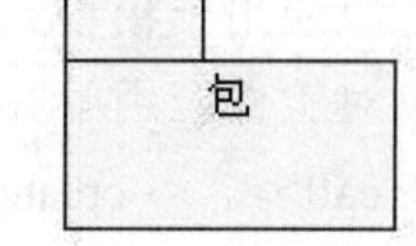

图2-21　包

2.3.5　构件

构件是系统中实际存在的可更换部分，符合一套接口标准并实现一组接口。构件应当是独立的业务模块，有着完备的功能，可独立部署，构件可以看成完备的服务。

构件一般都是在较高的抽象层次定义的，在许多应用项目中并不需要构件模型。但是，如果采用构件化的开发架构，或者从一开始就决定采用构件化开发模式，那么从系统分析开始就应当着手建立构件模型，并在后续的模型中逐步精化。

构件是定义了良好接口的物理实现单元，是系统中可替换的部分。每个构件体现了系统设计中特定类的实现。良好定义的构件不直接依赖于其他构件，而依赖于构件所支持的接口。在这种情况下，系统中的一个构件可以被支持正确接口的其他构件替代。

构件具有它们支持的接口和需要从其他构件得到的接口。接口是受软件或硬件支持的一个操作集。通过使用命名的接口，可以避免在系统中的各个构件之间直接发生依赖关系，有利于新构件的替换。

构件用一侧带有两个小矩形的长方形表示，可以用实线与代表构件接口的圆圈相连。构件的符号图例如图2-22所示。

构件

图2-22　构件

2.3.6 节点

节点是一种物理元素，在运行时存在，代表可计算的资源，例如一台数据库服务器。

节点是表示计算资源运行时的物理对象，通常具有内存和处理能力。节点可能具有用来辨别各种资源的构造型，如CPU、设备和内存等。节点可以包含对象和构件实例。

节点用带有节点名称的立方体表示，可以具有分类(可选)。节点的符号图例如图2-23所示。

图2-23 节点

节点间的关联代表通信路径。关联有用来辨别不同路径的构造型。节点也有泛化关系，将节点的一般描述与具体的特例联系起来。

2.3.7 构造型

UML作为一种标准建模语言，虽然已经定义出了许多基本的构造块(包括结构、关系、分组和注解四类)，但是在实际的建模过程中，可能会需要定义一些特定于某个领域或系统的构造块。UML提供的构造型(stereotype，也称为版类)就是用来满足这一需求的。

在UML模型中，构造型是用来指出其他模型元素用途的模型元素。UML 提供了一组可以应用于模型元素的标准构造型。可以使用构造型来精化模型元素的含义。例如，可以对工件应用<<library>>构造型以指示它是一种特定类型的工件。可以对使用关系应用<<call>>、<<create>>、<<instantiate>>、<<responsibility>>和<<send>>构造型，以准确指示一个模型元素如何使用另一个模型元素。还可以使用构造型来描述含义或用法不同于另一个模型元素的模型元素。

2.4 UML公共机制

UML利用公共机制为基本构造块附加一些信息，这些信息通常无法用基本的模型元素表示。常用的公共机制有规格说明、修饰、通用划分和扩展机制等。

2.4.1 规格说明

UML不仅是一种图形语言。实际上，在UML的图形表示法的每部分背后都有一个规格说明，这个规格说明提供对构造块的语法和语义的文字叙述。

UML的图形表示法用来对系统进行可视化，UML的规格说明用来描述系统的细节。UML的规格说明提供了一个语义底板，它包含系统中各模型的所有部分，并且各部分互相联系，保持一致。因此，UML图只不过是对语义底板的简单视觉投影，每个图展现了系统的一个特定方面。

模型元素含有一些性质，这些性质以数值方式体现。性质用名字和值表示，又称为加标签值(tagged value)。加标签值用整数或字符串等类型详细说明。UML中有许多预定义的性质，比如文档(documentation)、响应(responsibility)、持续性(persistence)和并发性

(concurrency)。

性质一般作为模型元素的附加规格说明，比如，用一些文字逐条列举类的响应和能力。这种规范说明方式是非正式的，并且也不会直接显示在图中，但是在某些CASE 工具中，通过双击模型元素就可以打开含有模型元素所有性质的规格说明窗口，通过该窗口就可以方便地读取信息了。

2.4.2 修饰

UML表示法中的每一个元素都有一个基本符号，可以把各种修饰细节加到这个基本符号上。通过在模型元素上添加修饰，为模型元素附加一定的语义，建模者就可以方便地把类型与实例区分开。

当某个元素代表类型时，元素的名字被显示成黑体；当用这个元素代表对应类型的实例时，为名字添加下画线，同时还要指明实例名和类型名。比如，类用长方形表示，名字用黑体书写(比如，**计算机**)。如果类的名字带有下画线，则代表类的一个对象(比如，<u>丁一的计算机</u>)。对节点的修饰方式也是一样的，节点的符号既可以是用黑体表示的类型(比如，**打印机**)，也可以是节点类型的实例(比如，<u>丁一的HP打印机</u>)。其他的修饰有对各种关系的规范说明，比如重数(multiplicity)。重数是数值或范围，指明了所涉及关系的类型的实例个数，修饰紧靠着模型元素书写。

2.4.3 通用划分

UML通用划分包含下面两种情况。

(1) 类/对象二分法(class/object dichotomy)。类是一种抽象，对象是这种抽象的具体形式。UML的每一个构造块几乎都存在类/对象这样的二分法。例如：用例和用例实例(场景)，构件和构件实例，节点和节点实例，等等。

(2) 接口/实现二分法(interface/realization dichotomy)。接口声明了一个契约，而实现则表示对该契约的具体实施，负责如实地实现接口的完整语义。几乎UML的每一个构造块都有像接口/实现这样的二分法。例如：用例和实现它们的协作，操作和实现它们的方法。

2.4.4 扩展机制

UML 具有扩展性，因此也适用于描述某个具体的方法、组织或用户。这里介绍3种扩展机制：版类(stereotype)、加标签值(tagged value)和约束(constrain)。

1. 版类

版类扩展机制是指在已有的模型元素基础上建立一种新的模型元素。版类与现有的元素相差不多，只不过比现有的元素多一些特别的语义罢了。版类与产生版类的原始元素的使用场所是一样的。版类可以建立在所有的元素类型上，比如类、节点、组件、关系。UML中已经预定义了一些版类，这些预定义的版类可以直接使用，从而免去定义新版类的麻烦，使得UML用起来比较简单。

版类的表示方法是在元素名称旁添加版类的名字，版类的名字用字符串(用双尖角括号括起来)表示，如图2-24 所示。

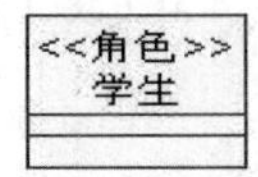

图2-24　版类的表示图例

版类是非常好的扩展机制，它的存在避免了UML过于复杂，同时也使UML能够适应各种需求，需要的新的模型元素已被做成UML的基础原型(prototype)，用户可以在添加新的语义后定义新的模型元素。

2. 加标签值

模型元素有很多性质，性质用一对名字和值信息表示。性质也称为加标签值。UML中已经预定义了一定数量的性质，用户还可以为元素定义一些附加信息。任何一种类型的信息都可以定义为元素的性质，比如：具体的方法信息、建模进展状况的管理信息、其他工具的使用信息、用户需要给元素附加的其他各类信息。

3. 约束

约束是对元素的限制。通过约束限定元素的用法或语义。如果在几个图中要使用某个约束，可以在工具中声明该约束，当然也可以在图中边定义边使用。

图2-25 显示的是老年人与普通人之间的关联关系。显然，并不是所有的人都是老年人，为了表示只有60岁以上的人才是老年人，定义如下约束条件：年龄属性大于60岁的人(age > 60)。有了这个约束条件，哪个人属于这种关联关系也就自然清楚了。反过来说，假如没有约束条件，这个图就很难解释清楚。在最坏情况下，可能会导致系统实现上的错误。

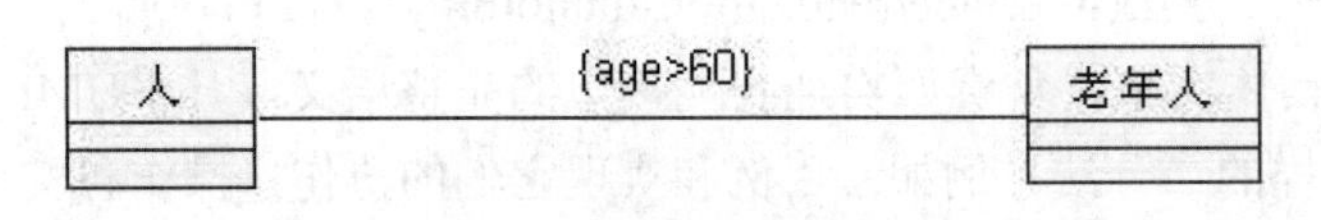

图2-25　约束的表示图例

2.5　Rational Rose简介

Rational Rose是Rational公司出品的一种面向对象的UML可视化建模工具。Rational Rose是一套完整的、能满足所有建模环境(Web开发、数据建模、C++和Java等)要求的解决方案。Rational Rose 允许开发人员、项目经理、系统工程师和分析人员在软件开发周期内将需求和系统的体系架构转换成代码，消除损耗，对需求和系统的体系架构进行可视化、理解和精练。通过在软件开发周期内使用同一种建模工具，可以确保更快、更好地创建能满足客户需求的、可扩展的、灵活的并且可靠的应用系统。

2.5.1 Rational Rose的启动与主界面

Rational Rose启动后，启动界面如图2-26所示。

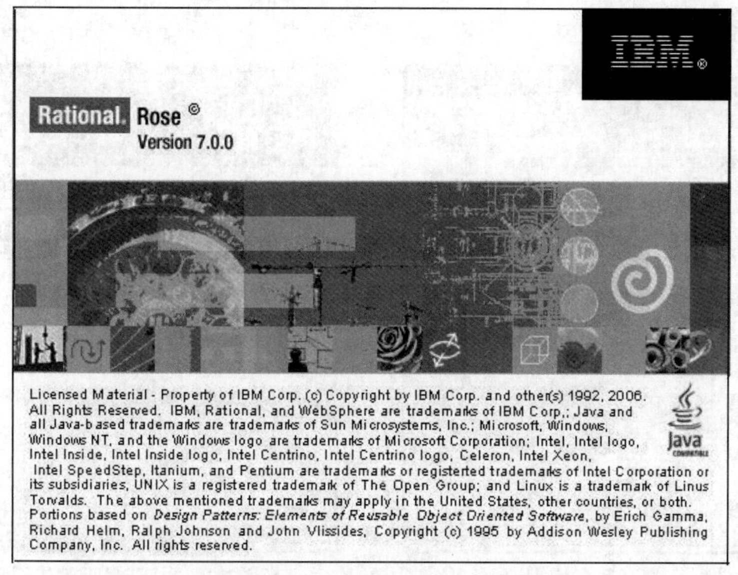

图2-26　Rational Rose的启动界面

启动界面消失后，进入“新建模型”对话框，如图2-27所示。在“新建模型”对话框中，有“New”(新建模型)、“Existing”(打开现有模型)和“Recent”(最近编辑模型)三个选项卡。

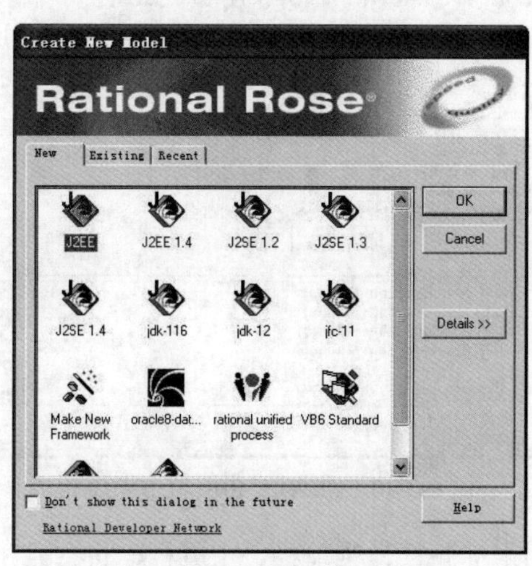

图2-27　“新建模型”对话框

在New选项卡中，可以选择新建模型时需要的模板。目前，Rational Rose 2007支持的模板有J2EE、J2SE、VC、VB和Oracle 8等。选中某个模板后，单击“新建模型”对话框右侧的OK按钮，即可创建一个与模板对应的模型文件，该模型文件使用模板定义的一组模型元素进行初始化。如果想查看某个模板的描述，选中该模板，然后单击Details»按钮即可。

如果想创建不使用模板的模型，单击Cancel按钮，这样即可创建只包含默认内容的空白模型文件。

如图2-28所示，在Existing选项卡中，浏览左侧的文件路径列表，找到想要打开的模型所在的文件夹，再在右侧的文件列表中选中模型文件，单击Open按钮即可打开。

Recent 选项卡如图2-29所示，从中可以打开最近编辑过的模型。找到相应的文件，单击Open按钮就可以打开该模型。

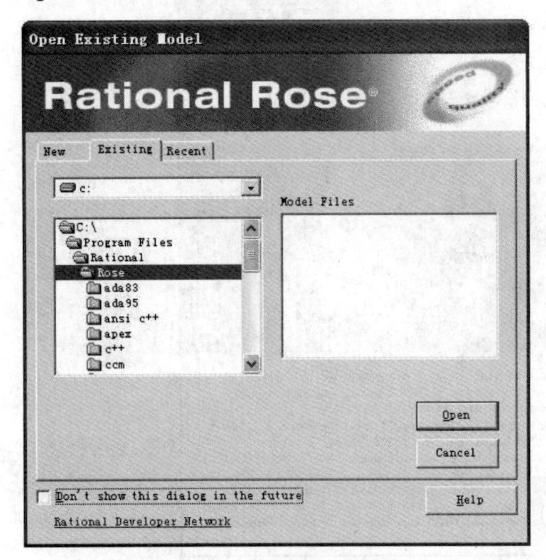

图2-28　打开现有模型

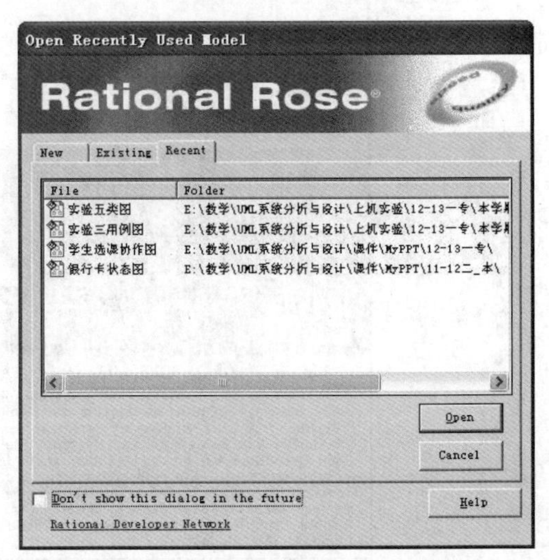

图2-29　打开最近编辑过的模型

在“新建模型”对话框中单击Cancel按钮，创建空白的模型文件，进入Rational Rose的主界面，如图2-30所示。

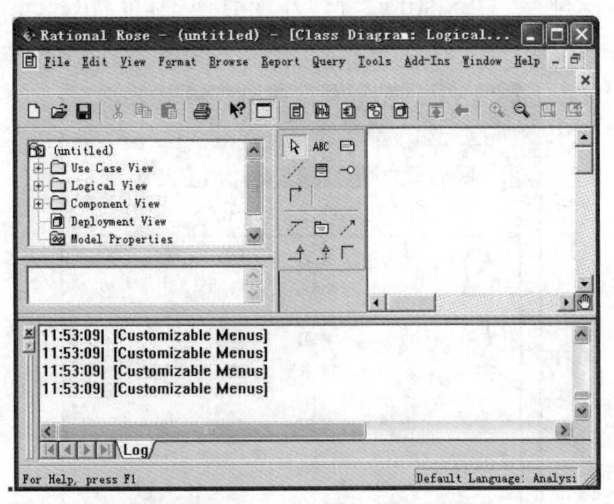

图2-30　Rational Rose的主界面

Rational Rose的主界面由标题栏、菜单栏、工具栏、状态栏和工作区组成。工作区又由四个主要部分组成：浏览区(模型管理区)、文档区、日志区和编辑区。下面针对各个部分做简单介绍。

1. 标题栏

标题栏显示当前正在编辑的模型的名称，如图2-31所示，刚刚新建还未保存的模型使用untitled(未命名)表示。此外，标题栏还可以显示当前正在编辑的图的名称和位置，如Class Diagram: Logical View/Main代表的是在逻辑视图下创建的名为Main的类图。

Rational Rose - (untitled) - [Class Diagram: Logical View / Main]

图2-31　标题栏

2. 菜单栏

菜单栏包含所有可以进行的操作，一级菜单有“File”(文件)、“Edit”(编辑)、“View”(视图)、“Format”(格式)、“Browse”(浏览)、“Report”(报告)、“Query”(查询)、“Tools”(工具)、“Add-Ins”(插入)、“Window”(窗口)和“Help”(帮助)，如图2-32所示。

File　Edit　View　Format　Browse　Report　Query　Tools　Add-Ins　Window　Help

图2-32　菜单栏

3. 工具栏

Rational Rose中有两个工具栏：标准工具栏和编辑区工具栏。标准工具栏如图2-33所示，其中包含的图标任何模型图都可以使用。

图2-33　标准工具栏

可以通过“View”(视图)→“Toolbars”(工具栏)命令来定制是否显示标准工具栏和编辑区工具栏。单击“Tools”(工具)→“Options”(选项)，将弹出一个对话框，选中“Toolbars”(工具栏)选项卡，可以通过“Standard Toolbar”(标准工具栏)复选框来选择显示或隐藏标准工具栏，以及设置工具栏中的选项是否使用大图标。也可以通过“Diagram Toolbar”(图形编辑工具栏)复选框来选择是否显示编辑区工具栏，以及设置编辑区工具栏的显示样式。

编辑区工具栏位于工作区内，如图2-34所示(编辑区工具栏中的按钮将会在使用过程中详细介绍)。

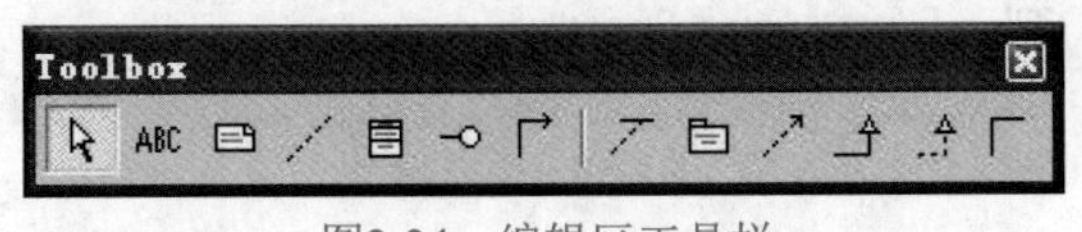

图2-34　编辑区工具栏

4. 状态栏

状态栏显示一些提示信息，如图2-35所示。

For Help, press F1　　Default Language: Analysis

图2-35　状态栏

5. 工作区

工作区由四个主要部分组成：浏览区、文档区、日志区和编辑区。左侧部分是浏览区和文档区，其中，上面是当前模型的浏览区，选中浏览区的某个对象，下面的文档区就会显示对应的文档名称，如图2-36所示。浏览区使用了层次结构，显示系统模型的树状视图，可以帮助建模人员迅速找到各种图或模型元素。

图2-36　浏览区和文档区

编辑区如图2-37所示。在编辑区中，可以查看或编辑正在打开的任意一张模型图。当修改图中的模型元素时，Rational Rose会自动更新浏览区中系统模型的树状视图。在编辑区添加的相关模型元素会自动添加到浏览区中，这使得浏览区和编辑区的信息能够保持同步。我们也可以将浏览区中的模型元素拖动到编辑区中进行添加。

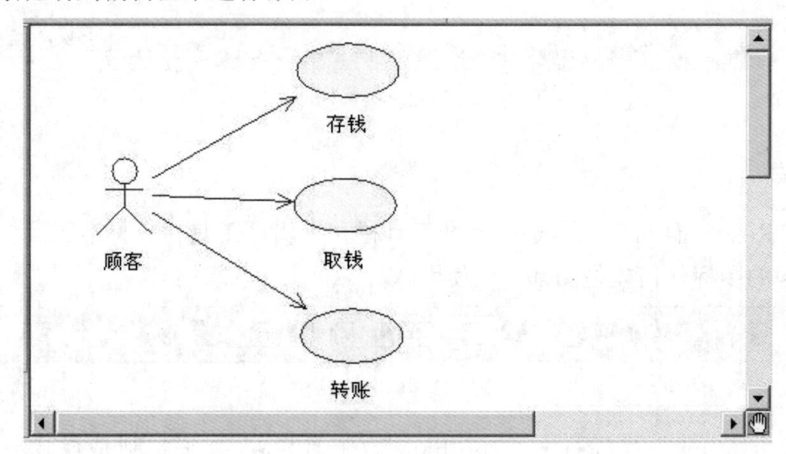

图2-37　编辑区

日志区位于Rational Rose工作区的下方，日志区记录对模型所做的所有重要操作，如图2-38所示。

图2-38　日志区

2.5.2　使用Rational Rose建模

1. 创建模型

可以通过“File”(文件)→“New”(新建)命令来创建新的模型，也可以通过标准工具栏中的“新建”按钮创建新的模型，这时便会弹出选择模板的对话框，选择想要使用的模板，单击“OK”(确定)按钮即可。

如果使用模板，Rational Rose就会将模板的相关初始化信息添加到创建的模型中，这些初始化信息包含一些包、类、构件和图等。

2. 保存模型

可以通过“File”(文件) → “Save”(保存)命令来保存新建的模型，也可以通过标准工具栏中的按钮保存新建的模型，保存的Rational Rose模型文件的扩展名为.mdl。

可以通过选择“File”(文件) → “Save Log As”(保存日志)命令来保存日志，也可以使用“AutoSave Log”(自动保存日志)命令。

3. 导入模型

“File”(文件) → “Import”(导入)命令可以用来导入模型、包或类等，弹出的对话框如图2-39所示，可供选择的文件类型包含.mdl、.ptl、.sub或.cat等。导入模型后，可以利用现有资源进行建模。

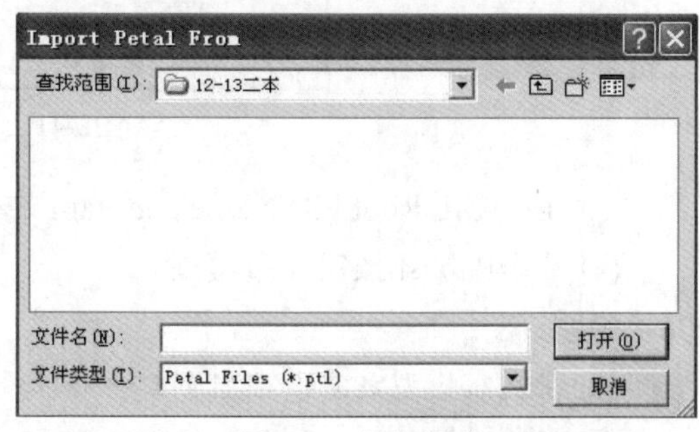

图2-39　导入模型

4. 导出模型

“File”(文件) → “Export”(导出)命令可以用来导出模型，导出的文件扩展名为.ptl。*.ptl格式文件类似于模型文件(*.mdl)，但只是模型文件的一部分。模型文件*.mdl则保存完整的模型。

5. 发布模型

Rational Rose提供了用模型生成相关网页，从而在网络上进行发布的功能，方便设计人员将系统模型的内容向其他开发人员说明。具体操作步骤如下。

(1) 选择“Tools”(工具) → “Web Publisher”命令，打开模型发布对话框，如图2-40所示。

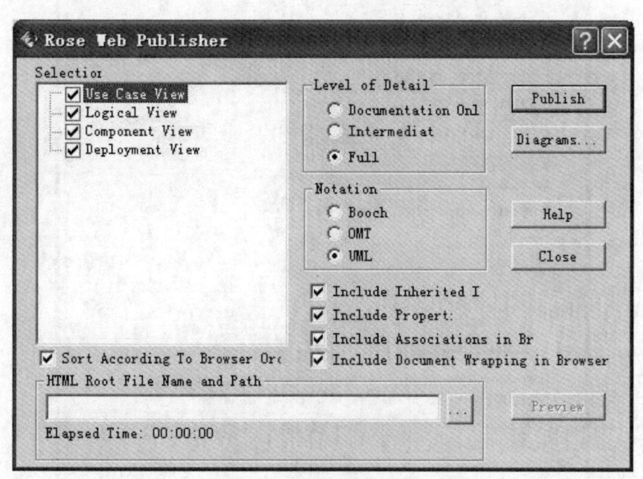

图2-40　模型发布对话框

(2) 设置生成的图片格式，单击Diagram按钮，弹出设置对话框，如图2-41所示。有4个选项可以选择，分别是“Don't Publish Diagrams”(不要发布图)、“Windows

Bitmaps”(BMP格式)、“Portable Network Graphics”(PNG格式)和“JPEG”(JPEG格式)。“Don't Publish Diagrams”(不要发布图)是指不发布图像，仅仅包含文本内容。

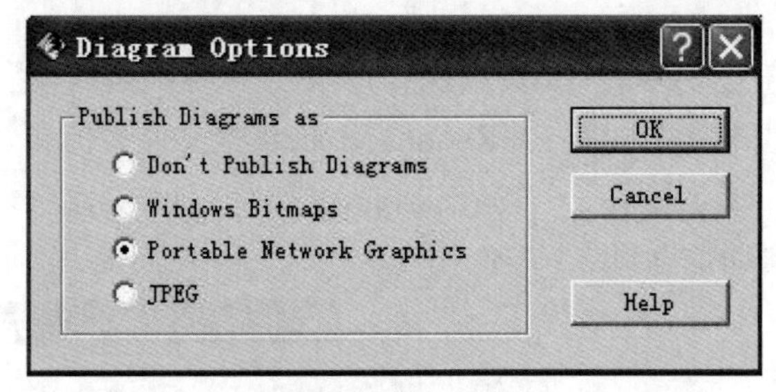

图2-41　设置图片格式

(3) 在HTML Root File Name and Path文本框中，设置模型的发布路径及文件名。

(4) 单击Publish按钮发布模型。

说明：

(1) 在发布模型之前，应当创建一个新的文件夹，用于保存发布的模型文件。

(2) 发布模型时，需要提供HTML根文件的名字，可通过打开HTML根文件来显示模型。

2.5.3　Rational Rose全局选项设置

全局选项可以通过Tools→Options命令进行设置，弹出的对话框如图2-42所示。

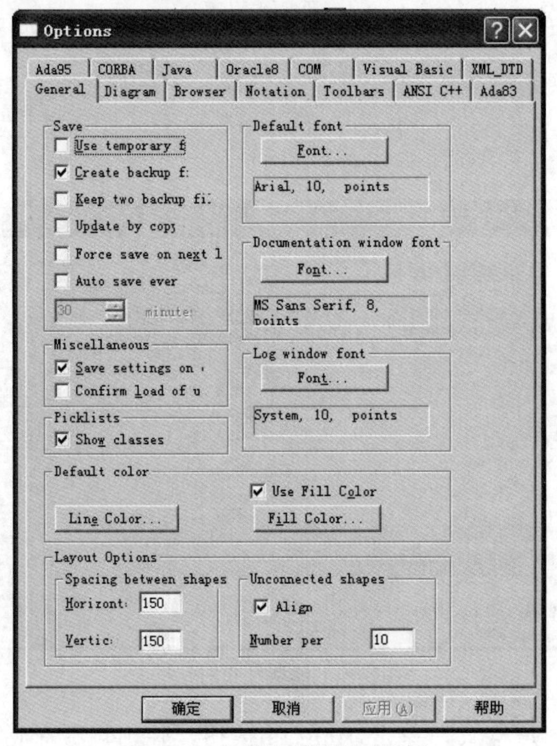

图2-42　全局选项设置对话框

1. 设置颜色

在“General”(全局)选项卡中，在Default Color选项区域，单击相关按钮，便会弹出颜色设置对话框，可以设置颜色信息，选项包括“Line Color”(线的颜色)和“Fill Color”(填充颜色)。

2. 设置字体

在全局选项设置对话框中，单击Font按钮，弹出图2-43所示对话框，可以根据需要设置不同的字体。

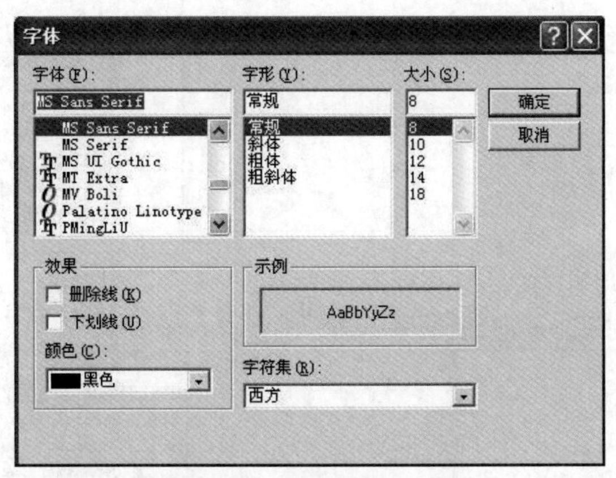

图2-43　字体设置对话框

2.5.4 Rational Rose视图

使用Rational Rose建立的模型中包括4种视图，分别是用例视图(Use Case View)、逻辑视图(Logical View)、构件视图(Component View)和部署视图(Deployment View)。创建Rational Rose工程时，会自动包含这4种视图，如图2-44所示。

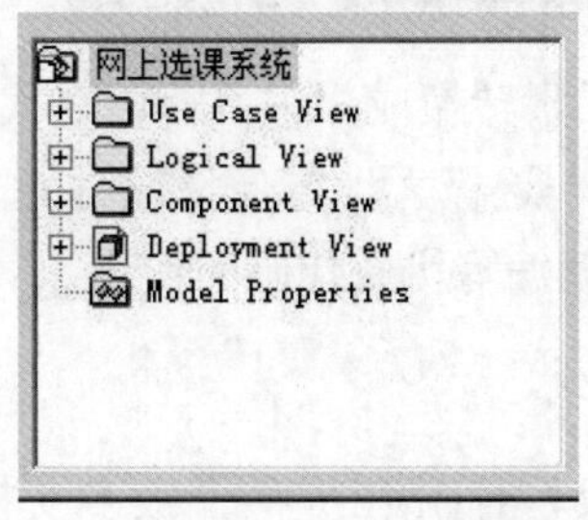

图2-44　Rational Rose工程中的四种视图

每一种视图针对不同的模型元素，具有不同的用途。

图2-45～图2-48分别显示了网上选课系统的用例视图、逻辑视图、构件视图和部署视图。

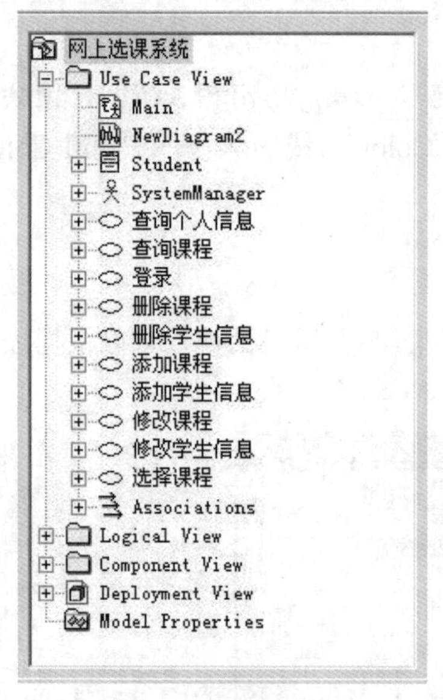

图2-45　用例视图

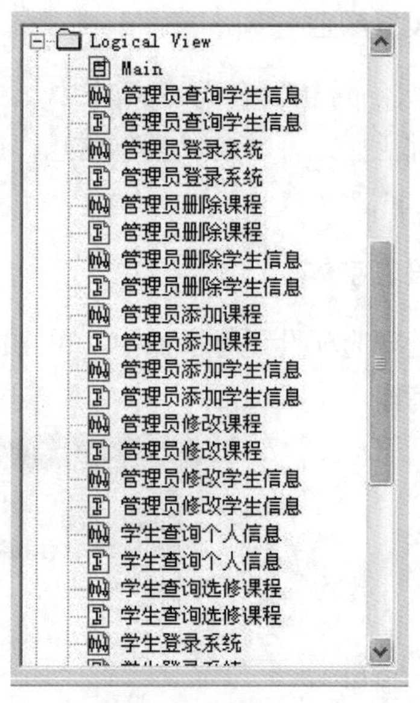

图2-46　逻辑视图

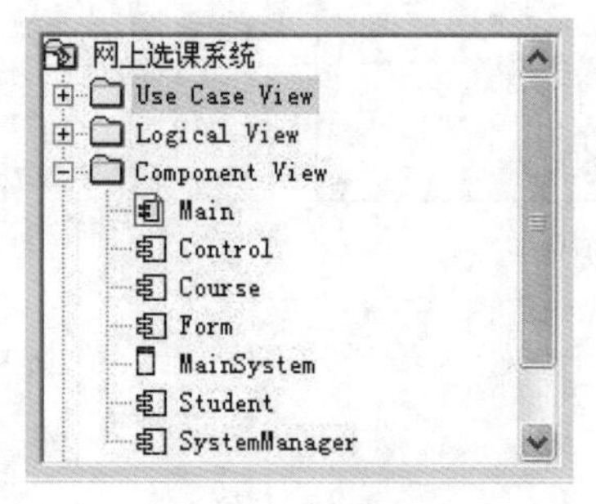

图2-47　构件视图

图2-48　部署视图

2.5.5　Rational Rose双向工程

Rational Rose提供了将模型元素转换成相关目标语言代码以及将代码转换成模型元素的功能，我们称之为“双向工程”。这极大地方便了软件开发人员的设计工作，能够使设计者把握系统的静态结构，起到帮助编写优质代码的作用。

1. 正向工程

Rational Rose的Enterprise版本对UML提供了很多支持，可以使用多种语言进行代码生成，这些语言包括Java、Visual Basic、Visual C++、Oracle 8和XML_DTD等。可以通过“Tools”(工具)→“Options”(选项)命令查看支持的语言信息，如图2-49所示。

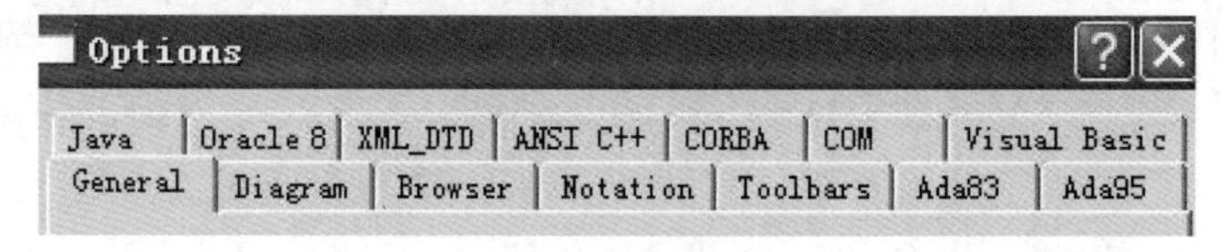

图2-49　支持的语言信息

正向工程是从Rational Rose模型中的一个或多个类图生成源代码的过程，下面以Java语言为例介绍正向工程的操作步骤。

(1) 选择待转换的目标模型。在Rational Rose中打开已经设计好的目标图形，选择需要转换的类、构件或包。使用Rational Rose生成代码时，一次可以生成一个类、一个构件或一个包。我们通常在逻辑视图的类图中选择相关的类，在逻辑视图或构件视图中选择相关的包或构件。选择相应的包后，包下的所有类模型都会被转换成目标代码。

(2) 检查Java语言的语法错误。Rational Rose拥有独立于各种语言之外的模型检查功能，通过该功能能够在代码生成以前保证模型的一致性。在生成代码前最好检查一下模型，发现并处理模型中的错误和不一致性，使代码正确生成。

通过“Tools”(工具)→“Check Model”(检查模型)命令可以检查模型的正确性，将出现的错误写在下方的日志区中。常见的错误包括对象与类不映射等。对于在检查模型错误时出现的这些错误，需要及时进行校正。在Report(报告)工具栏中，可以通过Show Usage、Show Instances、Show Access Violations等功能辅助校正错误。通过“Tools”(工具)→“Java”→“Syntax Check”(语法检查)命令，可以进行Java语言的语法检查。如果检查出一些语法错误，也将在日志区中显示。

(3) 设置代码生成属性。在Rational Rose中，可以对类、类的属性、操作、构件和其他一些元素设置一些代码生成属性。通常，Rational Rose提供默认的设置。可以通过“Tools”(工具)→“Options”(选项)命令自定义这些代码生成属性。设置这些代码生成属性后，将会影响模型中使用Java实现的所有类，如图2-50所示。

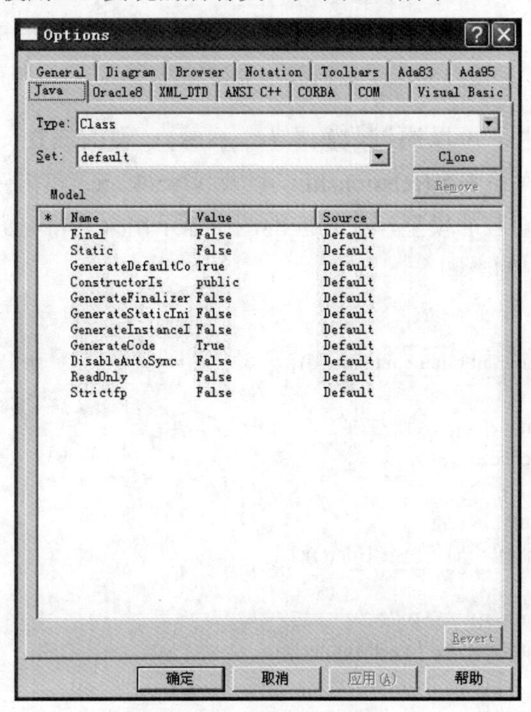

图2-50　设置代码生成属性

对单个类进行设置时，可以通过某个类，选择该类的规范窗口，在对应的语言中改变相关属性。

(4) 生成代码。在使用Rational Rose的Enterprise版本进行代码生成之前，一般来说需要将一个包或组件映射到Rational Rose的目录，指定生成路径。通过“Tools”(工具)→“Java”→“Project Specification”(项目规范)命令可以设置项目的生成路径，如图2-51所示。

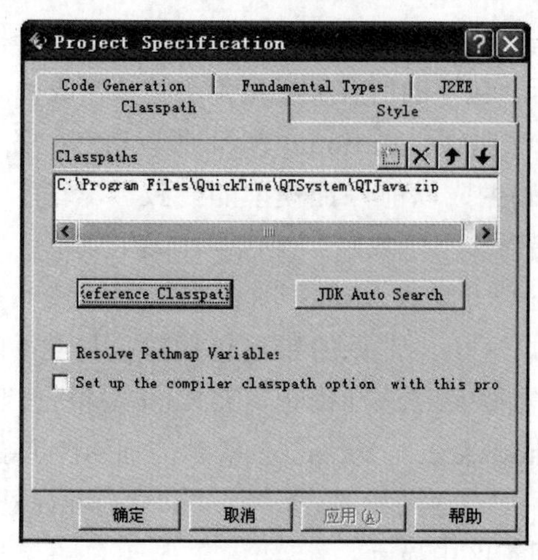

图2-51　设置项目的生成路径

在Project Specification对话框中，在Classpaths中添加生成的路径，可以选择目标是生成在jar/zip文件中还是生成在目录中。

在设定完生成路径之后，可以使用“Tools”(工具)→“Java”→“Generate Code”(生成代码)命令生成代码。

2. 逆向工程

在Rational Rose中，可以通过收集类(classes)、类的属性(attributes)、类的操作(operations)、类与类之间的关系(relationships)以及包(packages)和构件(components)等静态信息，将这些信息转换为对应的模型，在相应的图中显示出来。将下面的Java代码time.java逆向转换为Rational Rose中的类图。

```
public class Time {
    public Time(String hour,int minute,int second){
        this.hour=hour;
        this.minute= minute;
        this.second= second;
    }
    public void printHour(){
        System.out.println("小时："+getHour());
    }
    public void printMinute(){
        System.out.println("分钟："+getMinute());
    }
    public void printSecond(){
        System.out.println("秒："+getSecond ());
    }
}
```

上述代码中定义了一个Time类的构造函数，还定义了三个公共操作，分别是printHour、printMinute和printSecond。在设定完生成路径之后，可以通过"Tools"(工具)→"Java"→"Reverse Engineer"(逆向工程)命令进行逆向工程的生成。生成的类图如图2-52所示。

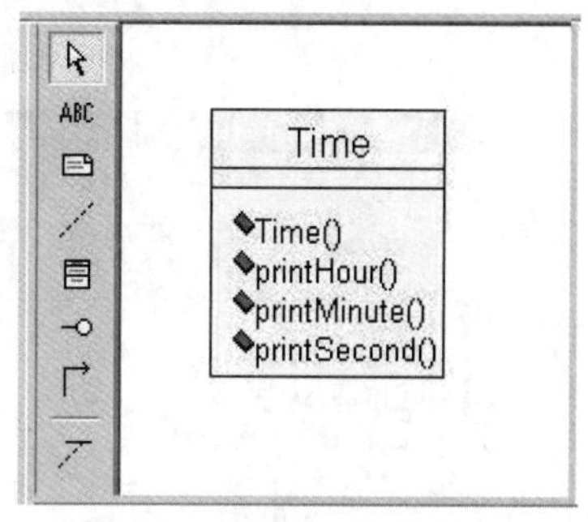

图2-52　生成的类图

3. 用Rational Rose对VC++进行逆向工程

首先启动Rational Rose，如图2-53所示。

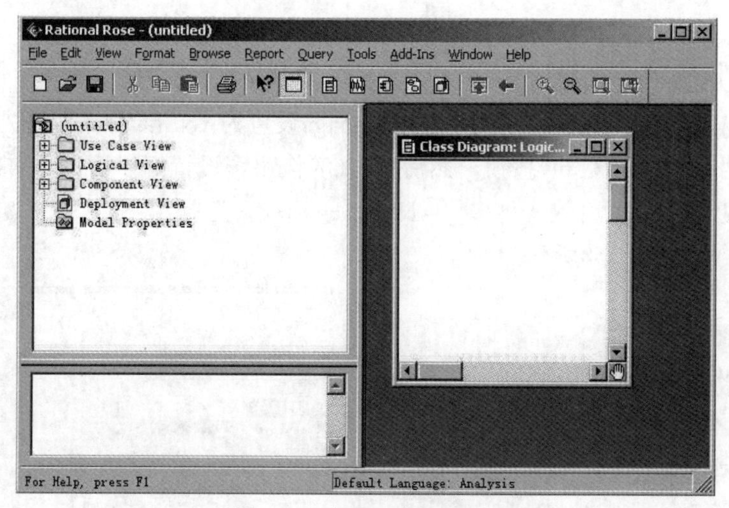

图2-53　启动Rational Rose

启动后展开左边的Component View，右击Component View，在弹出的快捷菜单中选择New→Component命令，如图2-54所示。

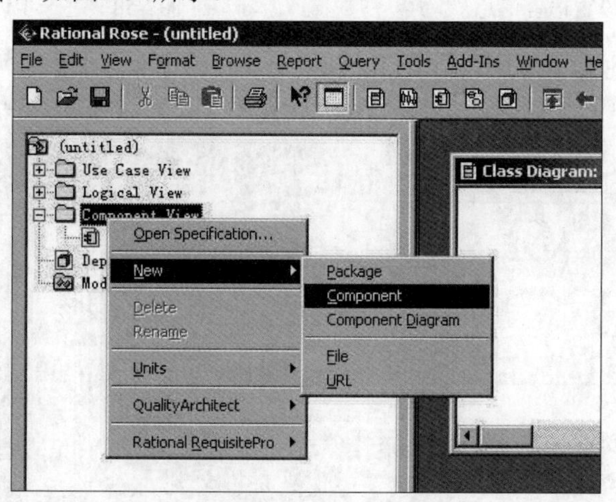

图2-54　新建构件

新建的构件显示在Component View下，可以重命名为TEST，如图2-55所示。

然后在TEST构件上右击，在弹出的快捷菜单中选择Open Specification命令，如图2-56所示。

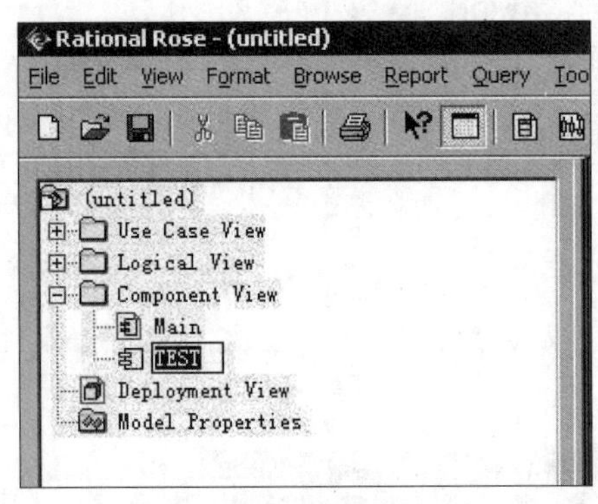

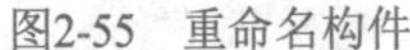
图2-55 重命名构件

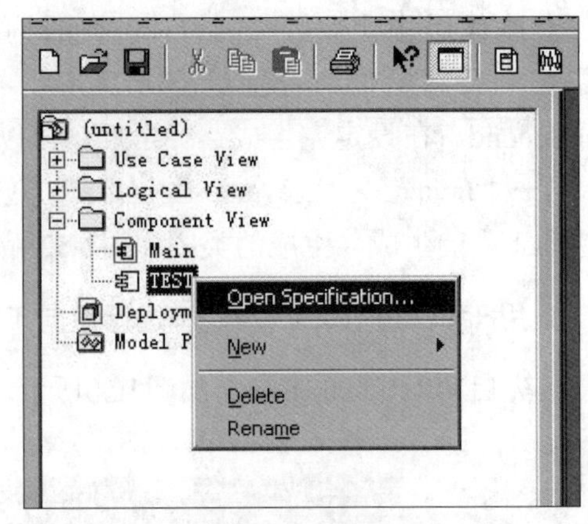

图2-56 选择Open Specification命令

在弹出的TEST组件设置对话框中，将Language设置为ANSI C++，如图2-57所示。

单击设置对话框中的Apply按钮，然后单击OK按钮。设置好以后，再右击TEST构件，这时弹出的快捷菜单会有所改变，多了ANSI C++选项，选择ANSI C++→Open ANSI C++ Specification命令，如图2-58所示。

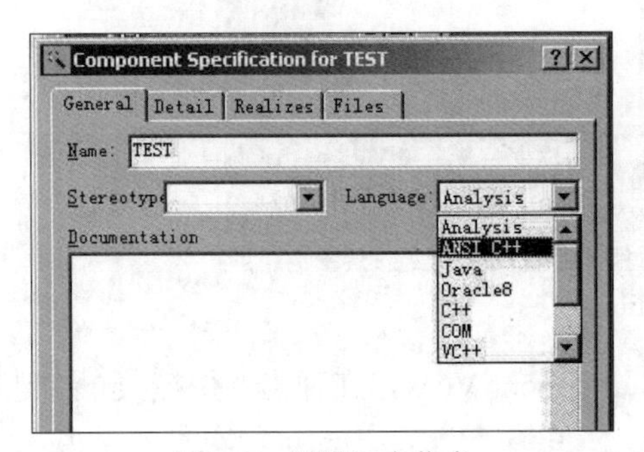

图2-57 设置语言信息

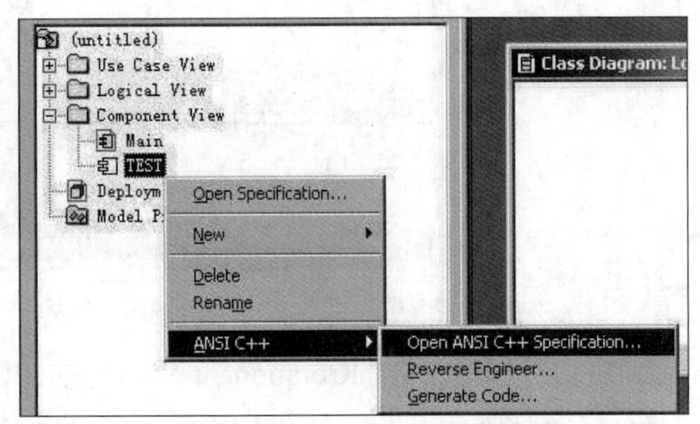

图2-58 进一步设置语言信息

弹出ANSI C++ Specification [TEST]设置对话框，将Source file root directory设置为需要进行类图转换的VC++工程的目录。使用D盘下的PREVIEW，如图2-59所示。

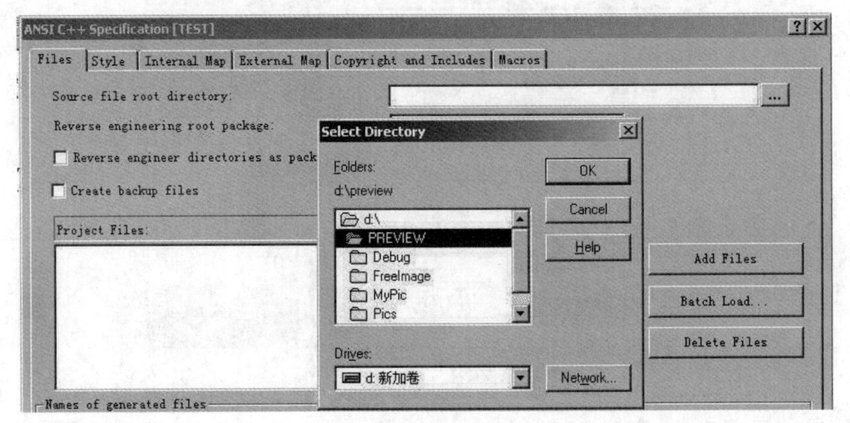

图2-59 选择目录

然后单击Add Files按钮，添加需要进行转换的源文件。这些源文件既包括类的*.cpp实现文件，也包括相应的*.h头文件，如图2-60所示。

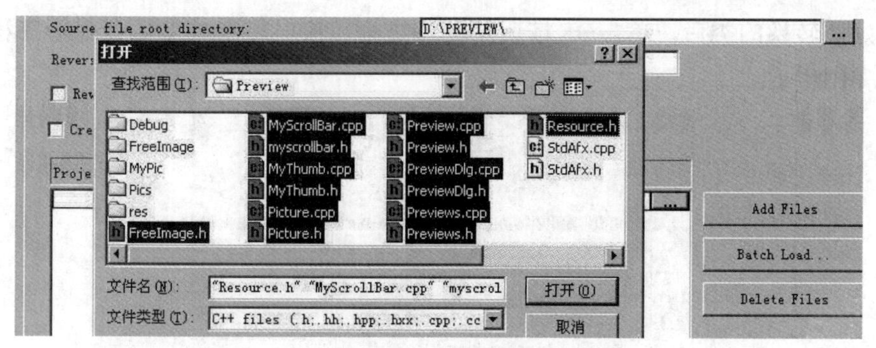

图2-60　添加源文件

添加完工程文件后，可以在Project Files列表框中看到添加的头文件和实现文件。单击OK按钮，关闭设置对话框。右击TEST构件，选择ANSI C++→Reverse Engineer选项，如图2-61所示。

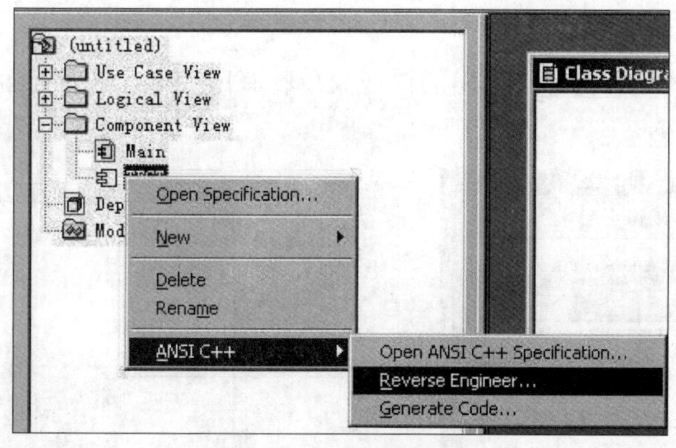

图2-61　进行逆向工程

在弹出的Reverse Engineer [TEST]设置对话框中，选择需要转换的类或移除不需要转换的类，如图2-62所示。

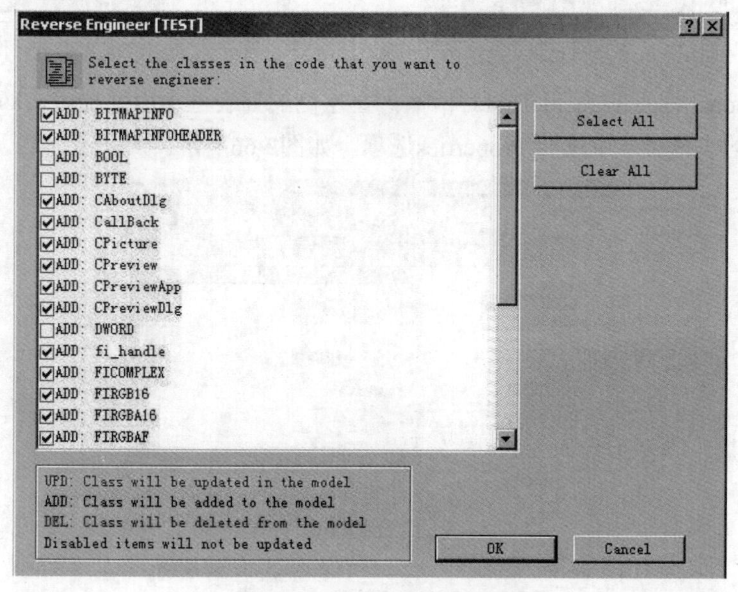

图2-62　选择需要转换的类

选好要转换的类后，单击OK按钮便开始进行转换，转换成功后会提示工程转换完成，如图2-63所示。

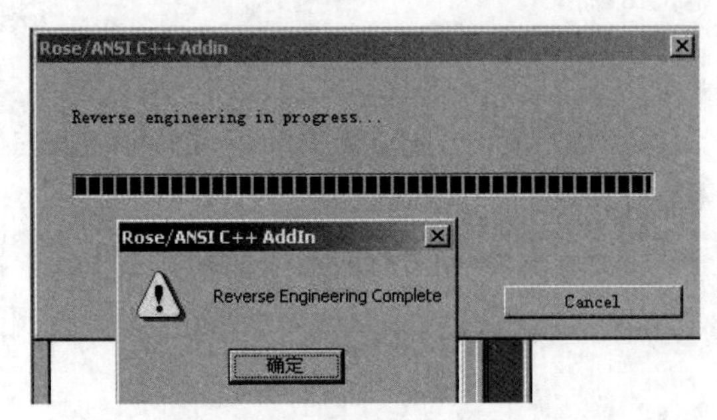

图2-63　提示工程转换完成

工程转换成功后，再次用鼠标右击TEST构件，在弹出的快捷菜单中选择Open Specification选项，弹出TEST组件设置对话框，将Language改为VC++，单击Apply和OK按钮，如图2-64所示。

继续用鼠标右击TEST构件，弹出的快捷菜单将有所变化，选择Assign To Project选项，如图2-65所示。

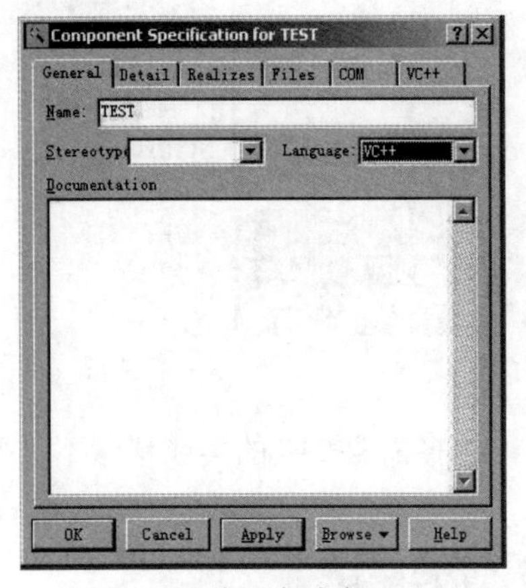

图2-64　将语言改为VC++

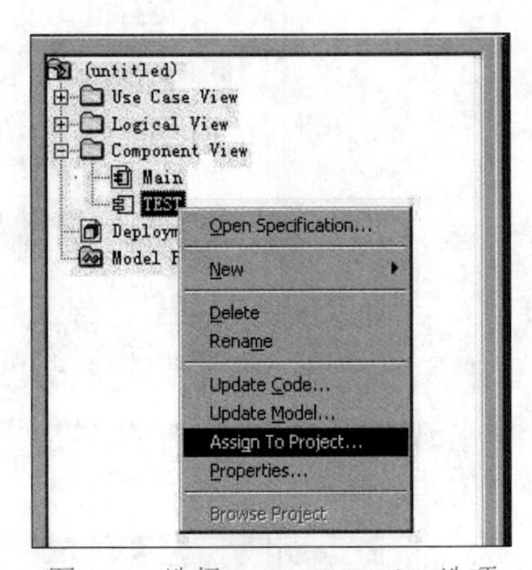

图2-65　选择Assign To Project选项

弹出Component Assignment Tool对话框，在左侧的列表框中用鼠标右击VC++下的TEST工程，在弹出的快捷菜单中选择 Properties选项，如图2-66所示。

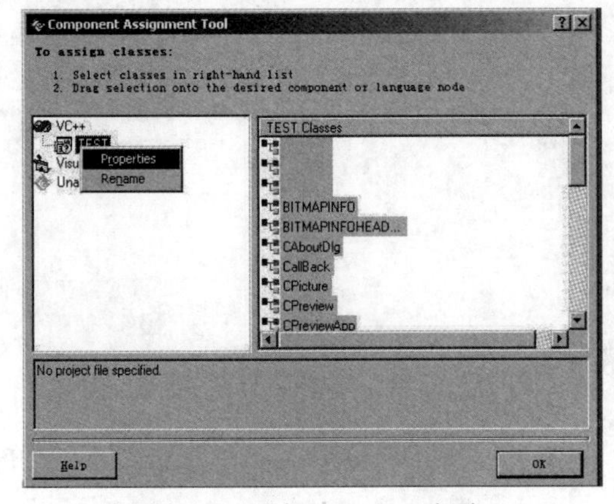

图2-66　选择Properties选项

选择Properties选项后，在弹出的对话框中对Workspace File(工作区文件)进行设置，如图2-67所示。

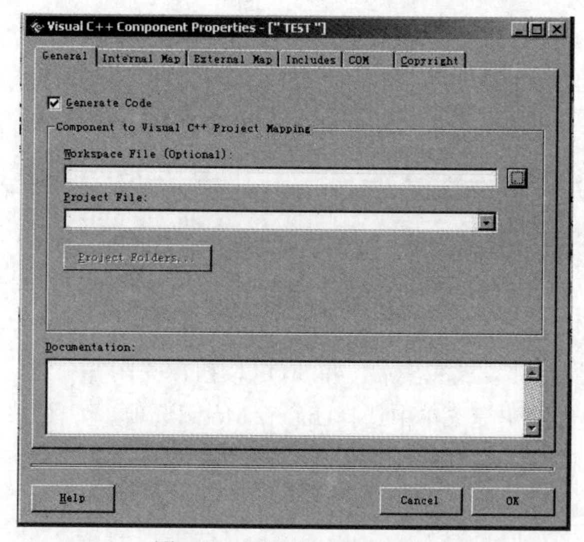

图2-67　设置Workspace File

在选择VC++工程文件的对话框中选择Existing选项卡，然后找到需要转换的VC++工作区文件，然后将其打开，如图2-68所示。

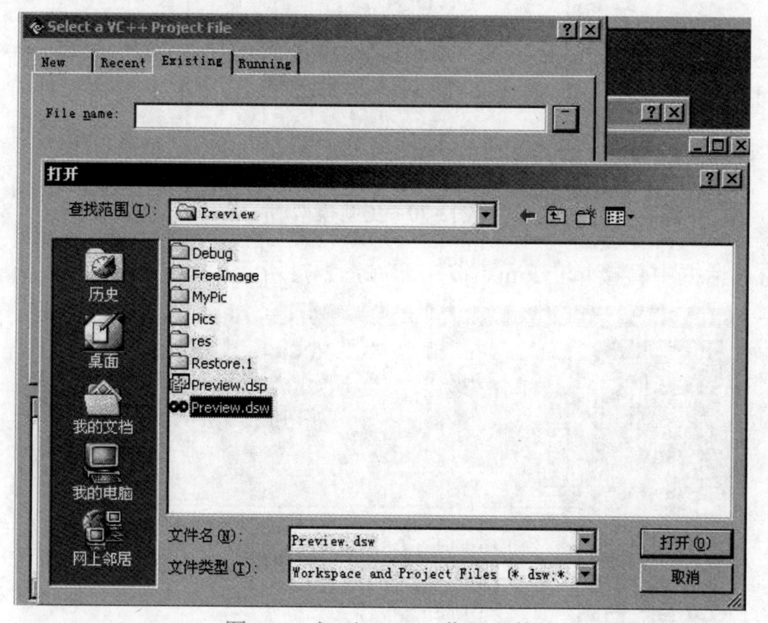

图2-68　打开VC++工作区文件

设置好VC++工作区文件后，会自动找到VC++工程文件，如图2-69所示。如果出现问题，说明需要安装VC++。

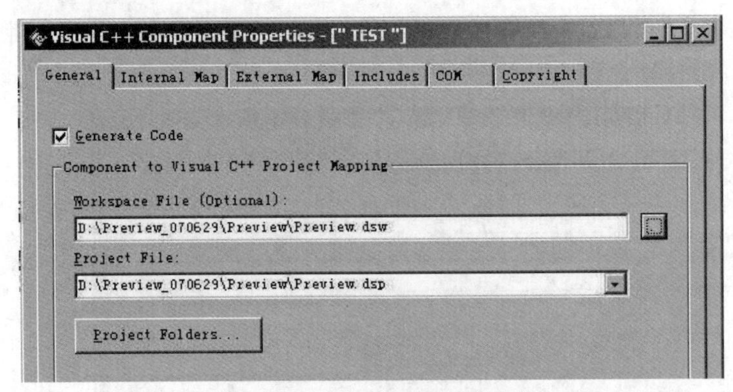

图2-69　自动找到VC++工程文件

工作区文件和工程文件设置完毕后，单击OK按钮，关闭各个对话框。然后再次用鼠标右击TEST构件，在弹出的快捷菜单中选择Update Model选项，如图2-70所示。

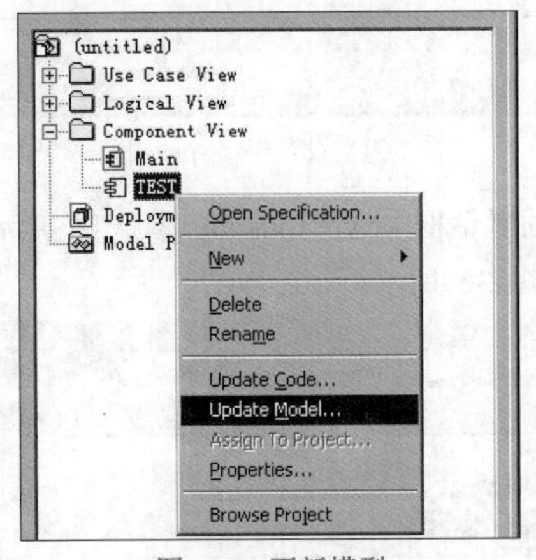

图2-70　更新模型

在弹出的对话框中直接单击Finish按钮，如图2-71所示。

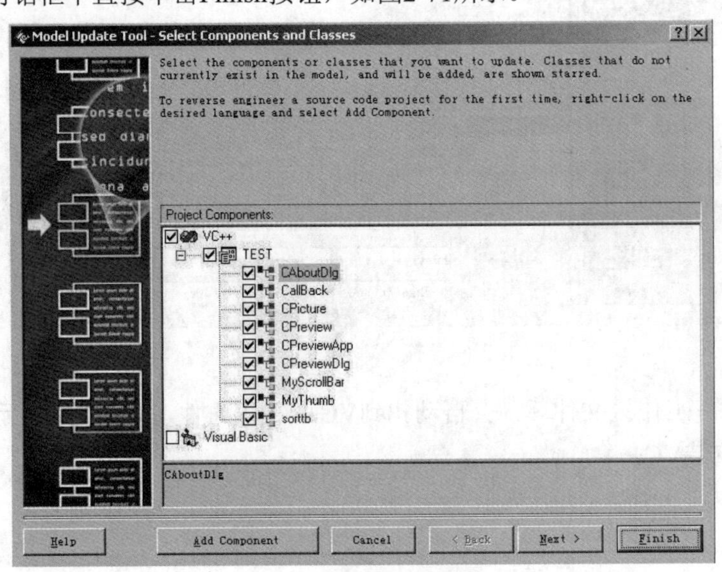

图2-71　单击Finish按钮

在更新模型的过程中，可能会找到代码及头文件不完整的类、结果、枚举类型，这些类型由于在加入工程的*.cpp和*.h源文件时不完整，不能对这些类型进行完整的模型更新，这时候会弹出如图2-72所示的对话框，可以选择剔除这些类型。

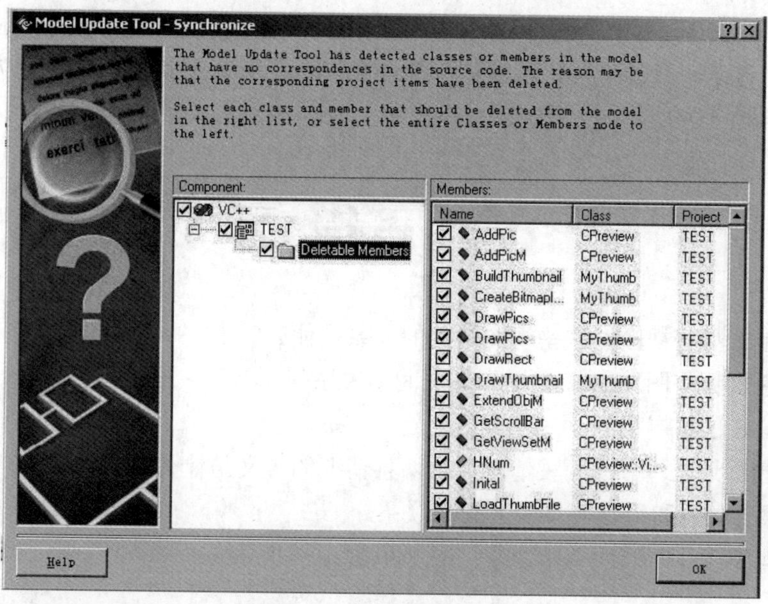

图2-72 选择要剔除的类型

剔除后继续更新模型，完成后将在右边产生类的UML图，如图2-73所示。

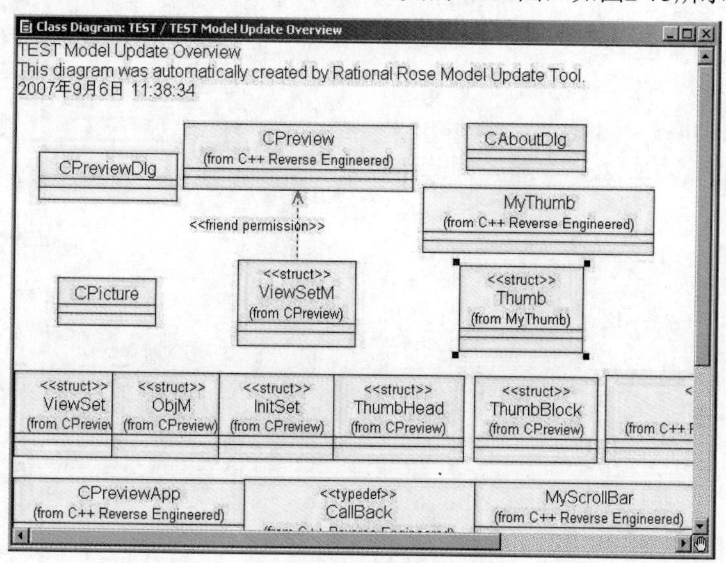

图2-73 产生的UML图

2.6 小结

本章介绍了UML的含义及基本内容，UML用若干视图构造系统模型，每个视图代表系统的一个方面。视图用图描述，图又用模型元素的符号表示，图中包含的模型元素可以是类、对象、节点、组件、关系等，模型元素有具体的含义并且用图形符号表示。在实际工程中，用户使用UML 时需要借助工具。Rational Rose是史上最有名、最无可替代的UML建模工具，本章介绍了UML建模工具Rational Rose的安装步骤、基本操作、视图以及双向工程。希望通过这一章的学习，读者能够掌握Rational Rose工具软件的使用方法，为使用Rational Rose建立UML模型打下良好的基础。

2.7 思考练习

1. UML包含哪些视图？这些视图之间的关系是什么？
2. UML包含哪些图？UML视图和图之间的关系是什么？
3. 简述UML的扩展机制。
4. UML通用划分包含哪两种情况？这两种情况的含义是什么？
5. 简述聚合关系和组合关系的区别与联系。

第 3 章

需求分析与用例建模

在需求分析阶段，我们要明确系统的职责、范围和边界，确定软件的功能和性能，构建软件系统的需求模型，即用例模型。用例模型是把应满足用户需求的基本功能集(聚)合起来表示的强大工具。对于正在构造的新系统，用例描述系统应该做什么；对于已构造完毕的系统，用例反映了系统能够完成什么样的功能。构建用例模型是通过开发者与客户(系统使用者)共同协商完成的，他们要反复讨论需求的规格说明，达成共识，明确系统的基本功能，为后续阶段的工作打下基础。

本章的学习目标：

- 理解软件需求的含义
- 理解需求分析的必要性和重要性
- 掌握参与者和用例的基本概念
- 掌握用例描述的要点和方法
- 掌握用例之间的各种关系
- 理解用例粒度的概念
- 理解业务用例和系统用例的区别
- 掌握如何使用Rational Rose建立用例模型

3.1 需求分析

需求分析也称为软件需求分析、系统需求分析或需求分析工程等，是开发人员经过深入细致的调研和分析，准确理解用户和项目的功能、性能、可靠性等具体要求，将用户非形式的需求表述转换为完整的需求定义，从而确定系统必须做什么的过程。需求分析要对软件将要解决的问题进行详细的分析，弄清楚问题的要求，包括需要输入什么数据，要得到什么结果，最后应输出什么。在软件工程中，需求分析就是确定要计算机“做什么”，要达到什么样的效果。很长时间里，人们一直认为需求分析是整个软件工程中最简单的一个步骤，但在过去十几年中，越来越多的人认识到它是整个过程中最关键的一个阶段。假如在进行需求分析时，如果分析人员未能正确认识到顾客的需求，那么最后的软件实际上不可能达到顾客的需求，或者软件无法在规定的时间内完工。

3.1.1 软件需求的含义

开发软件系统最为困难的部分就是要准确说明开发什么。对于软件开发人员来说，如果没有编写出客户认可的需求文档，那么将无法知道项目开发将于何时结束。同时，如果软件开发人员不知道客户的需求是什么，那么将无法开发出能使客户满意的软件产品。

软件需求包括三个不同的层次：业务需求、用户需求和功能需求(也包括非功能需求)。

- 业务需求(business requirement)反映组织机构或客户对系统、产品高层次的目标要求，它们在项目视图与范围文档中予以说明。
- 用户需求(user requirement)描述用户使用产品必须要完成的任务，这在用例文档或方案脚本说明中予以说明。
- 功能需求(functional requirement)定义开发人员必须实现的软件功能，使得用户能完成他们的任务，从而满足业务需求。

在软件需求规格说明书(SRS)中说明的功能需求，充分描述了软件系统所应具有的外部行为。软件需求规格说明在开发、测试、质量保证、项目管理以及相关项目功能中都起十分重要的作用。对于大型系统来说，软件功能需求也许只是系统需求的一个子集，因为另外一些可能属于子系统(或软件部件)。

作为功能需求的补充，软件需求规格说明还应包括非功能需求，它们描述了系统展现给用户的行为和执行的操作等，包括：产品必须遵从的标准、规范和合约；外部界面的具体细节；性能要求；设计或实现的约束条件及质量属性。所谓约束，是指对开发人员在软件产品设计和构造方面的限制。质量属性通过多种角度对产品的特点进行描述，从而反映产品功能。多角度描述产品对用户和开发人员都极为重要。

下面以一个拼写检查器为例来说明需求的不同种类。业务需求可能是：“用户能有效地纠正文档中的拼写错误”，产品的包装盒上可能会标明这是一个用于满足业务需求的拼写检查器。而对应的用户需求可能是：“找出文档中的拼写错误并通过提供的替换列表来选择替换拼错的词。”同时，该拼写检查器还有许多功能需求，如找到并高亮显示错词，显示提供替换操作的对话框以及实现整个文档范围的替换。从以上定义可以发现，需求并未包括设计细节、实现细节、项目计划信息或测试信息。需求与这些没有关系，需求关注的是充分说明究竟想开发什么。项目也有其他方面的需求，如开发环境需求、发布产品及移植到支撑环境的需求，等等。

3.1.2 需求分析的要点和难点

需求分析的核心问题就是客户到底想要什么！客户往往只会有朦胧、大概的想法，他们提出来的需求只是表面的、不全面的，甚至是互相矛盾的，我们需要透视需求的本质。

我们做需求分析工作，往往会将需求分析和软件设计混在一起。需求分析的核心目的是解决软件有没有用的问题，而软件设计是解决软件用多大的成本做出来的问题。

需求分析的首要任务是保证软件的价值，我们必须保证做出来的软件符合客户的利益。如果不能看清客户的真正需求就仓促上马，那么即使付出巨大成本也仍然满足不了客户的要求。

下面介绍一个手机短信订餐系统，这是一个由真实个案改编的故事，通过这个故事来体会需求分析工作的要点。

某 IT 公司规模不大，员工100 来人。公司有一个简单的订餐系统，员工每天可以在公司内部网站上提交中午的订餐信息，前台汇总订餐信息后，将订餐信息汇总传真给餐厅，餐厅根据传真送餐。可是会有这样的问题：部分员工因为上午请假或者外出工作，无法在网站上提交订餐信息，以至于中午回到公司时没有饭吃。

于是老板想出了这样的办法：做一个手机短信订餐系统，不在公司的员工可通过手机短信订餐。于是成立了手机短信订餐项目小组，购买了收发手机短信的硬件，解决了选餐单、订餐、取消订餐等技术问题。但这个系统一会儿灵、一会儿不灵，问题到底出在软件、硬件还是移动公司？大家都难以搞清楚！做项目最麻烦的事情之一就是遇到“幽灵问题”，时而出现时而正常，项目小组挥汗如雨地试图解决这些问题，可一直没有办法搞定。

老板大发雷霆，怎么这样小的事情，竟搞成这个样子？

后来有人提出来：不在公司的员工，打电话回公司告诉前台吃什么，不就搞定了？

于是大家恍然大悟，天啊！

手机短信订餐系统要解决的问题其实就是：让不在公司上班的员工也能方便地订餐，手机短信订餐系统本身并不是需求，只是一种解决方案而已。当然，因为这个要求是老板提出来的，所以项目小组可能没有进一步思考做这个系统的必要性。客户在提出具体要求的时候，我们往往不思考这些要求背后的需求是什么，而直接将这些客户要求当成客户需求来处理。

给客户带来切实的价值才是我们真正的任务，而不是盲目听从客户的要求而不加分析。

需求分析的难点主要体现在以下几方面。

- 确定问题难。主要原因：一是应用领域的复杂性及业务变化，难以具体确定；二是用户需求所涉及的因素较多，比如运行环境和系统功能、性能、可靠性和接口等。
- 需求时常变化。软件需求在整个软件生存周期内，经常会随着时间和业务而有所变化。有的用户需求经常变化，一些企业可能正处在体制改革与企业重组的变动期和成长期，企业需求不成熟、不稳定、不规范，致使需求具有动态性。
- 交流难以达成共识。需求分析涉及的人、事、物及相关因素多，与用户、业务专家、需求工程师和项目管理员进行交流时，不同的背景知识、角色和角度等，使交流达成共识较难。

- 获取的需求难以达到完备与一致。由于不同人员对系统的要求、认识不尽相同，因此对问题的表述不够准确，各方面的需求还可能存在矛盾。难以消除矛盾，故无法形成完备、一致的定义。
- 需求难以进行深入的分析与完善。对需求不全面准确的分析、客户环境和业务流程的改变、市场趋势的变化等，也会随着分析、设计和实现而不断深入完善，可能在最后重新修订软件需求。分析人员应认识到需求变化的必然性，并采取措施减少需求变化对软件的影响。对必要的需求变化要经过认真评审、跟踪和比较分析后才能实施。

如图3-1所示，客户需要的是一把梯子，系统分析人员了解到的是一个凳子，开发人员做出来的是一张桌子，商业顾问诠释的是一个沙发，测试人员以为是一把椅子……很多角色参与项目工作，每种角色会从自身出发来理解需求，以致各种角色对需求的理解会不太一样。

图3-1　需求分析面面观

影响个人对需求理解的主要因素有两方面：一方面是角色的思考倾向；另一方面是人的需求分析能力，能力越强的人越能把握需求。更“离谱”的是：每个人嘴上说的需求和心目中的需求总是有差异的，“词不达意”，受表达能力限制，不是每个人都能完整准确地表达自己的想法。有时候客户今天想要这个，明天想要那个，甚至不知道到底想要什么！其实客户的这些表现，说明了客户对需求的认识是持续进化的。

大家可能遇到过这样的情况：客户今天想要一个苹果，明天改变主意想要一根香蕉，但后天突然又说还是苹果好，到最后想要一块西瓜！遇到这样的情况，你会抱怨客户吗？你会后悔当初没有让客户签字确认吗？客户的想法总是在变化，但总体来说是螺旋前进的，客户需求总是持续进化，不要对此有任何抱怨，否则就是“刻舟求剑”！

3.1.3 如何做需求分析

需求分析的目标是将产品的需求功能梳理，并且用通俗易懂的文字描述，为软件开发人员和测试人员提供依据。那么，软件需求分析到底是一份怎样的工作呢？我们如何才能把握住真正的客户需求，做出能给客户带来实际价值的软件系统呢？

首先我们需要明确项目的背景，回答这些问题：为什么会有这个项目？客户为什么想做这样的项目？如果没有这个项目会怎样？

在了解背景的基础上，我们需要进一步了解以下内容：

- 该项目解决了客户的什么问题？
- 该项目涉及什么人、什么单位？
- 该项目的目标是什么？
- 该项目的范围是怎样的？
- 该项目的成功标准是什么？

以上这些内容，我们称为客户“需求”。

接下来，就可以制定详细的需求规格说明书了，一般我们会对功能需求和非功能需求都列出详细的要求，我们把这些要求定义为“需求规格”。

做需求分析工作时，我们往往只看到“需求规格”这个层面，这是很表面的需求。我们应该透视这些表面的需求，去挖掘客户“需求”。如果我们不清楚客户“需求”，就很容易被“需求规格”所“迷惑”，难以做出对客户有实际价值的软件系统。

项目小组不应该只将自己定位为软件的制造者，而应该定位为软件价值的创造者。我们不是为客户提供一套软件系统，而是提供一套能提升客户价值的服务。所以项目小组不应该被动地接受需求，而应该主动出击，帮助客户找出真正的需求，整理出符合客户需求的需求规格。如果我们能说出客户内心深处真正想要的，而客户又无法表达出来的东西，我们才能真正做到“为客户带来价值”。UML 将会帮助我们提升需求分析能力。

软件需求分析的目的是深入描述软件的功能和性能，确定软件设计的约束以及软件与其他系统元素的接口细节，定义软件的其他有效性需求。需求分析阶段研究的对象是软件项目的客户要求。一方面，必须全面理解客户的各项要求，但又不能全盘接受所有的要求，要根据软件开发的规律准确地表达接受的客户要求。如果把软件开发项目看作要实现目标系统的物理模型，那么需求分析就是借助于当前系统的逻辑模型，导出目标系统的逻辑模型，解决目标系统“做什么”的问题。需求分析的核心活动是建造需求模型，在UML中，需求模型由用例建模完成。UML面向对象系统开发以体系结构为中心，以用例为驱动，是一个反复、递增的过程。

3.2 参与者

建模是从寻找抽象角度开始的。定义参与者(actor)，就是我们寻找抽象角度的开始。参与者在建模过程中处于核心地位。

3.2.1 参与者的定义

UML官方文档对参与者的定义为：参与者是在系统之外与系统交互的人或事。

参与者是与系统或子系统发生交互作用的外部用户、进程或其他系统的理想化概念。作为外部用户与系统发生交互作用，这是参与者的特征。在系统的实际运作中，一个实际用户可能对应系统的多个参与者。不同的用户也可以只对应一个参与者，从而代表同一参与者的不同实例。

在UML中，参与者用人形图标表示，参与者的名称一般是名词或名词短语，写在人形图标的下面，如图3-2所示。

图3-2　参与者

参与者必须与系统有交互，如果与系统没有交互，则不是参与者。所谓“与系统交互”，指的是参与者向系统发送消息，从系统中接收消息，或是在系统中交换信息。只要使用用例，与系统互相交流的任何人或事都是参与者。比如，某人使用系统中提供的用例，则此人就是参与者；与系统进行通信(通过用例)的某种硬件设备也是参与者。

参与者是一个群体概念，代表的是一类能使用某个功能的人或事，参与者不是指某个个体。比如在自动售货系统中，系统有售货、供货、提取销售款等功能，启动售货功能的是人，那么人就是参与者。如果再把人具体化，则可以是张三(张三买矿泉水)，也可以是李四(李四买可乐)，但是张三和李四这些具体的个体不能称作参与者。事实上，具体的人(比如，张三)在系统中可以具有多种不同的角色，代表多种不同的参与者。比如，上述自动售货系统中，张三既可以为售货机添加新物品(供货)，也可以将售货机中的钱取走(提取销售款)，通常系统会对参与者的行为有所约束，使其不能随便执行某些功能。比如，可以约束供货的人不能同时是提取销售款的人，以免有舞弊行为。参与者都有名字，名字反映了参与者在参与用例时担当的角色(比如，顾客)。注意，不能将参与者的名字表示成参与者的某个实例(比如，张三)，也不能表示成参与者所需完成的功能(比如，售货)。

参与者必须是系统外的人或事，如果是将要开发的系统或是系统的一部分，则不是参与者。外部用户如果通过标准的输入输出设备(鼠标、键盘)与系统进行交互，则外部用户是参与者。如果用户通过其他特殊的设备与系统交互，则设备是参与者。比如，在气象观测系统中，获取温度、气压和湿度等气象数据需要借助温度计、气压计和湿度计，则温度计、气压计和湿度计是参与者，用户不再是参与者。

参与者是涉众的代表，代表涉众对系统的利益要求，并向系统提出建设要求。参与者通过代理给其他用户或将自身实例化成用户来使用系统，参与者的职责可以用角色来归纳，用户被指定扮演哪个或哪些角色，从而获得参与者的职责。参与者的核心地位还体现在，系统是以参与者的观点来决定的。参与者对系统的要求、对系统的表述，完全决定了系统的功能性。

3.2.2 参与者的确定

参与者的重要来源之一是涉众。参与者一定是直接并且主动地向系统发出动作并获得反馈的人或事，否则不是参与者。举个例子：机票预订系统。

情况一：机票购买者通过登录网站购买机票，那么机票购买者就是参与者。

情况二：如果机票购买者通过呼叫中心，借助人工坐席订票系统购买机票，那么人工坐席才是真正的参与者，而机票购买者实际上不是机票预订系统的参与者。

情况三：如果机票购买者通过呼叫中心的自动语音预订机票而不是通过人工坐席，那么呼叫中心就成为机票预订系统的参与者。

情况四：扩大系统边界，让呼叫中心成为机票预订系统的子系统，如果购买者可以自主选择通过人工坐席、自动语音还是登录网站预订机票，那么机票购买者为参与者，人工坐席为业务工人。

通过回答下列一些问题，可以帮助建模者发现参与者。

- 使用系统主要功能的人是谁?
- 需要借助于系统完成日常工作的人是谁?
- 谁来维护管理系统以保证系统正常工作?
- 系统控制的硬件设备有哪些?
- 系统需要与哪些其他系统交互？其他系统包括计算机系统，也包括该系统将要使用的计算机中的其他应用软件。其他系统也分成两类：一类是启动该系统的系统，另一类是该系统要使用的系统。
- 对系统产生的结果感兴趣的人或事有哪些?

在寻找系统用户的时候，不要把目光只停留在使用计算机的人员身上，直接或间接地与系统交互或从系统中获取信息的任何人和事都是用户。参与者与系统进行通信的收发消息机制，与面向对象编程中的消息机制很像。参与者是启动用例的前提条件，又称为刺激物。参与者发送消息给用例，初始化用例后，用例开始执行，在执行过程中，用例也可能向一个或多个参与者发送消息(可能是其他参与者，也可能是初始化用例的参与者)。

3.2.3 参与者之间的关系

参与者可以通过泛化关系来定义，在这种泛化关系中，参与者的抽象描述可以被一个或多个具体的参与者所共享。参与者之间泛化关系的含义是：把某些参与者的共同行为抽取出来表示成通用行为，并且把它们描述为超类(或父类)。这样，在定义某一具体的参与者时，仅仅把具体的参与者所特有的那部分行为定义一下就行了，具体参与者的通用行为则不必重新定义，只要继承超类中相应的行为即可。

参与者之间的泛化关系用带空心三角形作为箭头的直线表示，箭头指向超类。图3-3显示的是保险业务中部分参与者之间的关系，其中客户类就是超类，它描述了客户的基本行为，比如，选择险种。由于客户申请保险业务的方式可以不同，因此又可以把客户具体分为两类，一类是用电话委托方式申请(用电话登记客户表示)，另一类则是亲自登门办理(用个人登记客户表示)。显然，电话登记客户与个人登记客户的基本行为同客户一致，这两个参与者的差别仅仅在于申请的方式不同。于是，在定义这两个类的行为时，基本行为可以从客户类中继承得到，从而不必重复定义，与客户类不同的行为则定义在各自的参与者类中。

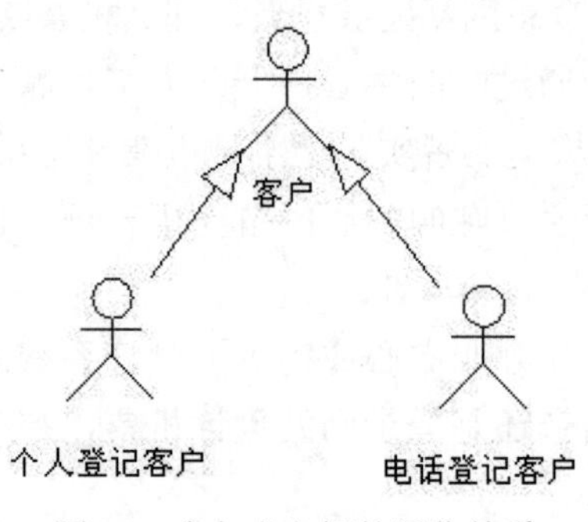

图3-3　参与者之间的泛化关系

3.2.4　业务主角与业务工人

业务主角(business actor)是参与者的构造型，特别用于定义业务的参与者，在需求分析阶段使用。业务主角是与业务系统有着交互的人和事，用来确定业务范围。在软件项目里，业务范围和系统范围是不同的。业务范围指这个项目所涉及的所有客户业务，这些业务无论有没有计算机系统参与都客观存在。系统范围则是指软件将要实现的那些对应于业务功能的系统功能，从功能需求来说系统范围是业务范围的一个子集。但是一些系统功能则会超出业务范围，例如操作日志并不影响业务目标的达成。客户也不一定会提出这个要求，但从系统角度出发，操作日志会使得系统更加健壮。

业务主角的特殊性在于，它针对的是业务人员而非计算机用户。在查找业务主角时必须抛开计算机，没有计算机系统这些业务人员也客观存在，在引入计算机系统之前他们的业务也一直跑得很顺畅。这是因为在初始需求阶段，我们需要获得的是客户的业务模型，根据业务模型才能建立计算机系统模型。如果在了解业务的阶段就引入计算机系统的概念，将会混淆现有业务和将来计算机参与时的业务。要建设符合客户需要的计算机系统，首要条件是完全彻底地搞清楚客户的业务，而不是预先假设已经有了计算机系统，再让客户来假想需要计算机系统帮他们做什么。

业务主角是非常重要的，建立业务模型、查找业务用例都必须使用业务主角而不是普通的参与者。很多需求分析人员是程序员或设计师，由于有开发计算机系统的背景，使得他们在建立业务模型时非常容易犯错，喜欢从计算机系统的角度思考问题，在向客户收集需求的时候总是第一时间想到计算机将如何实现，常常跟客户讨论计算机系统将如何实现客户的需求，并且指望客户能够用这种方式来确认需求。这样做将导致如下两个后果。

- 客户不能理解将来的计算机实现是什么样子，但是出于信任所谓的计算机专家，将信将疑地回答："是，就是这样做的。"结果是当计算机系统真正展现在客户面前时，客户大声说道："这不是我想要的。"
- 需求分析人员在一开始就加入自己的主观判断，假设业务在计算机系统里的实现方式，而没有真正去理解客户的实际业务。结果是当计算机系统建设完成后，客户抱怨说："不对，流程不是这样的。"开发人员也很委屈："我是按照需求来做的啊！"

所以在初始需求阶段，请务必使用业务主角，时刻牢记业务主角是客户实际业务里的参与者，没有计算机系统，没有抽象的计算机角色。业务主角必须在实际业务里能找到对应的岗位或人员。如果对获得的业务主角不是很自信，请回答以下问题。

- 业务主角的名称是否是客户的业务术语？
- 业务主角的职责是否在客户的岗位手册里有对应的定义？
- 业务主角的业务用例是否都是客户的业务术语？
- 客户是否对业务主角能顺利理解？

需求分析建模者经常会受一个问题困扰，有些人员参与了业务，但是身份很尴尬，他们是被动参与业务的，不容易确定他们的具体目的，但是他们又的确在业务过程中做了事情，到底要不要为这样的人员建模呢？例如机票预订系统中的人工坐席，人工坐席可以订票，但他们是系统边界里的一部分，而且如果没有购票人拨打电话的话，他们是不会去订票的。看上去他们只是购票人的响应器，或是为购票人提供购票服务的一个环节。如果要为人工坐席建立业务模型，将会非常别扭，因为无法与购票人放在一起。实际上，这种困扰是因为违背了参与者的定义：参与者必须在系统边界之外。如果试图把边界内外参与业务的人员都叫作参与者而建立模型，就会出现混乱和尴尬。实际上，人工坐席由于处于系统边界内，他们就不再是参与者，虽然他们的确参与业务的执行过程。他们应当被称为业务工人(business worker)。

参与者的称谓可能会带来歧义，会让人觉得凡是参与业务的或者在业务流程中做了事情的，都是参与者。这是误解。一项业务和一部电影一样，主旋律是由主角的行为和命运决定的，配角无法决定电影的基调。业务工人就是这样的"配角"，他们的工作就是完成业务主角的业务目标。因此不需要为他们建立业务模型，他们只是在业务主角的业务模型中出现。业务工人虽然不需要建立业务模型，但他们是业务模型中非常重要的部分，经常出现的地方是领域模型和用例场景。缺少了他们，业务模型就不完整，甚至不能运行。

如何区分是参与者还是业务工人呢？最直接的方法是判断是在边界之外还是边界之内。如果边界不清楚，可以通过下面三个问题帮助澄清。

- 他是主动向系统发出动作的吗？
- 他有完整的业务目标吗？
- 系统是为他服务的吗？

如果这三个问题的答案是否定的，那么他一定是业务工人。以人工坐席这个例子来说，人工坐席只有在购票人打电话的情况下才会去购票，因此他是被动的；订票的最终目的是拿到机票，但人工坐席只负责订机票，最终并不拿机票，因此他没有完整的业务目标；系统是为购票者服务的。显然，人工坐席只可能是业务工人。

3.2.5 参与者与用户的关系

用户是系统的使用者，通俗一点说就是系统的操作员。用户是参与者的代表，或者说是参与者的实例或代表，并非所有的参与者都是用户，但是每一个用户可以代表多个参与者。例如，在建设公司业务管理系统的过程中常常会有这样的情况：总经理是参与者，他向业务管理系统提出审批文件的要求。但是总经理这个参与者最终可能并非系统用户，他所有的具体操作实际上由他的秘书完成，他的秘书作为他的代表来使用系统。

3.3 用例

用例是外部可见的系统功能单元，这些功能由系统单元提供，并通过一系列系统单元与一个或多个参与者之间交换的消息来表达。用例的用途是在不揭示系统内部构造的情况下定义连贯的行为。

3.3.1 用例定义

在UML中，用例用椭圆表示，用例的名称可以写在椭圆的下方或中间，如图3-4所示。每个用例都必须有唯一的名称，以区别于其他用例。用例的名称是动词短语字符串。通常以用例实际执行的功能的名称命名用例，比如处理订单等。用例的名称一般应反映出用例的含义，符合“见名知义”的要求。

图3-4　用例

用例的定义包含用例所必需的所有行为，如执行用例功能的主线次序、标准行为的不同变形、一般行为下的所有异常情况及其预期反应。从用户角度看，上述情况很可能是异常情况；从系统角度看，它们是必须被描述和处理的附加情况。

在模型中，每个用例的执行独立于其他用例，虽然在具体执行用例功能时，由于用例之间共享对象的缘故，可能会造成该用例与其他用例之间有这样或那样隐含的依赖关系。每个用例都是纵向的功能块，功能块的执行会和其他用例的执行发生混杂。

用例的动态执行过程可以用UML的交互作用来说明，可以用状态图、序列图、协作图或非正式的文字描述来表示。用例功能的执行通过类之间的协作来实现。一个类可以参与多个协作，因此也参与了多个用例。

在系统层，用例表示整个系统对外部用户可见的行为。用例就像外部用户可使用的系统操作。然而，又与操作不同，用例可以在执行过程中持续接收参与者的输入信息。用例也可以被子系统和独立类这样的小单元使用。内部用例表示系统的一部分对另一部分呈现出的行为。例如，某个类的用例表示一个连贯的功能，这个功能由该类提供给系统内其他有特殊作用的类。一个类可以有多个用例。

用例是对系统一部分功能的逻辑描述，而不是明显的用于系统实现的构件。非但如此，每个用例必须与实现系统的类相映射。用例的行为与类的状态转换和类所定义的操作相对应。一个类只要在系统的实现中充当多重角色，它就将实现多个用例的一部分功能。设计过程的一部分工作在不引入混乱的情况下，找出具有明显多重角色的类，以实现这些角色所涉及的用例功能。用例功能靠类间的协作来实现。

实际上，从识别参与者起，发现用例的过程就已经开始了。对于已识别的参与者，通过询问下列问题就可发现用例。

- 参与者需要从系统中获得哪种功能？参与者需要做什么？
- 参与者需要读取、产生、删除、修改或存储系统中的某种信息吗？
- 系统中发生的事件需要通知参与者吗？或者参与者需要通知系统某件事吗？这些事件(功能)能干些什么？
- 用系统的新功能处理参与者的日常工作，是简单了还是提高了工作效率？

还有一些与当前参与者可能无关的问题，也能帮助建模者发现用例，例如：

- 系统需要输入输出的是什么信息？这些输入输出信息从哪儿来到哪儿去？
- 系统当前的这种实现方法要解决的问题是什么(也许是用自动系统代替手工操作)？

3.3.2　用例特点

用例具有一系列特点，这些特点能帮助我们判断用例的定义是否准确，也能够帮助我们正确使用用例捕获系统的功能需求。用例的主要特点如下。

- 用例是相对独立的。这意味着用例不需要与其他用例交互而独自完成参与者的目的。也就是说，用例从“功能”上说是完备的。用例体现了系统参与者的愿望。不能完整达到参与者愿望的不能称为用例。例如：取钱是一个完整的用例，而填写取款单却不是。因为完整的目的是取钱，没有人会为了填写取款单而专门跑一趟银行。
- 用例的执行结果对参与者来说是可观测的、有意义的。例如：有一个后台进程监控参与者在系统里的操作，并在参与者删除数据之间备份数据；虽然它是系统的一个必需组成部分，但它在需求阶段不应该作为用例出现。因为这是一个后台进程，对参与者来说是不可观测的。又如：登录系统是一个用例，但是输入密码却不是，单纯地输入密码是没有意义的。
- 用例必须由参与者发起。不存在没有参与者的用例，用例不应该自动启动，也不应该主动启动另一个用例。

- 用例必然以动宾短语形式出现。用例必须有动作和动作的受体。例如，喝水是一个用例，而“喝”与“水”却不是有效的用例。
- 用例就是需求单元、分析单元、设计单元、开发单元、测试单元，甚至部署单元。

3.3.3 用例间关系

用例图中，用例和用例之间主要有包含关系、扩展关系和泛化关系。

1. 包含关系

一般情况下，如果若干用例的某些行为是相同的，就可以把这些相同的行为提取出来单独成为一个用例，这个用例称为被包含用例。这样，当某个用例使用被包含用例时，就等于该用例包含被包含用例的所有行为。

在UML中，用例之间的包含关系使用含有关键字<<include>>的带箭头的虚线表示，箭头指向被包含的用例，如图3-5所示。

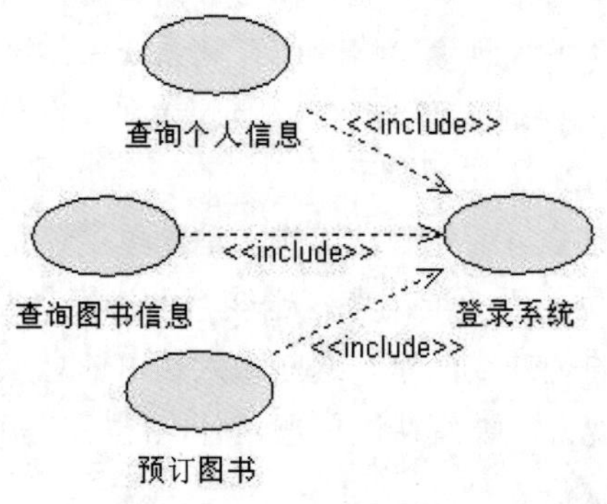

图3-5　用例之间的包含关系

包含关系把几个用例的公共步骤分离成单独的被包含用例。如图3-6所示，在ATM系统中，用例Withdraw Cash、Deposit Cash和Transfer Funds都需要包含系统识别客户身份的过程，可以将公共步骤抽取到名为Identify Customer的被包含用例中。

被包含用例又称提供者用例(基本用例)，包含用例又称客户用例，提供者用例提供功能给客户使用。包含用例不能单独执行，必须与基本用例一起执行。一般情况下，包含用例没有特定的参与者，它的参与者实际上与包含它的基本用例的参与者相同。

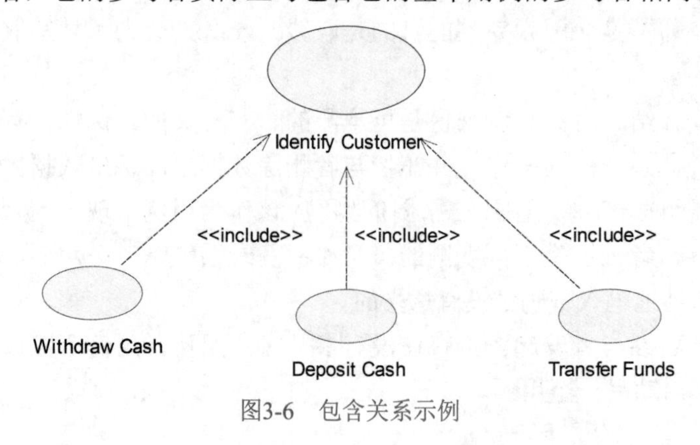

图3-6　包含关系示例

2. 扩展关系

用例也可以被定义为基础用例的增量扩展，这叫作扩展关系。引入扩展关系的好处在于：便于处理基础用例中不易描述的某些具体情况，便于扩展系统、提高系统性能、减少不必要的重复工作。

在UML中，用例之间的扩展关系使用含有关键字<<extend>>的带箭头的虚线表示，箭头指向被扩展的用例，如图3-7所示。

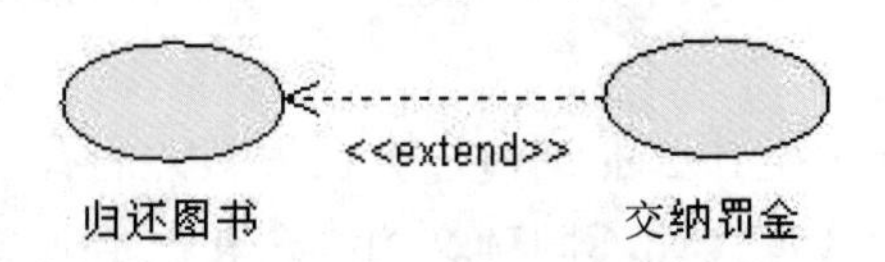

图3-7　用例之间的扩展关系

扩展关系是把新的行为插入已有用例中的方法，对基础用例的扩展可增加原有的语义。基础用例不必知道扩展用例的任何细节，仅为其提供扩展点。基础用例即使没有扩展用例也是完整的，只有特定的条件发生时，扩展用例才被执行。扩展关系为处理异常或构建灵活的系统框架提供了一种十分有效的方法。

3. 泛化关系

一个用例可以被特别列举为一个或多个子用例，用例之间也具有泛化关系。如果系统中的一个或多个用例是某个一般用例的特殊化版本，就需要使用用例的泛化关系。在UML中，用例泛化与其他泛化关系的表示法相同，用一个三角箭头从子用例指向父用例。

用例之间的泛化关系通常用于同一业务目的而采用不同技术实现的建模。在图3-8中，识别用户的身份既可以通过验证口令的方式，也可以通过扫描指纹的方式。无论是口令识别还是指纹识别，目的都是一样的，即识别用户身份，二者仅仅是实现的技术方式不同而已。因此，识别用户是超类用例，口令识别和指纹识别是子类用例。

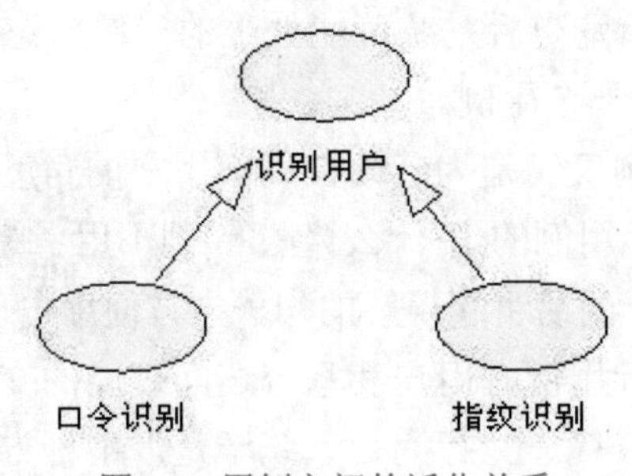

图3-8　用例之间的泛化关系

3.3.4　用例描述

用例图只是以一种图形化的方式在总体上大致描述系统所具有的各种功能，让人们对系统有一个总体的认识。但是图形化表示的用例本身不能提供用例所具有的全部信息，如果想对系统有更加详细的了解，还必须描述用例不可能反映在图形上的信息。通常用文字描述用例的这些信息，用例描述其实是关于角色与系统如何交互的规格说明，该规格说明要清晰明了，没有二义性。描述用例时应着重描述系统从外界看会有什么样的行为，而不管该行为在系统内部是如何具体实现的，即只管外部能力不管内部细节。

事实上，用例描述了系统与其用户之间在一定层次上完整的交互。例如，打电话给餐馆进行预约的顾客，会和餐馆的一位将在系统中记录预约的店员讲话。为此，店员需要充当接待员，即使这并不是他们正式职位的描述，并且以某种方式和系统交互。在这种情况下，店员被认为是接待员参与者的实例，发生在接待员和系统之间的交互是用例的一个实例。

在用例的不同实例中会发生什么的细节，会在很多方面有所不同。例如，接待员必须为每个新的预约输入特定的数据，如不同顾客的姓名和电话号码，这些数据在各个实例中都不尽相同。更值得注意的是，用例的实例中可能会出现差错，这样将无法达到原来的目的。例如，在用户要求的时间没有合适的餐台，用例的实例可能实际上不会导致进行新的预约。对用例的完整描述必须指明，在用例所有可能的实例中可能发生什么。

通常情况下，用例描述包含以下内容。

- 简要说明：对用例作用和目的的简要描述。
- 事件流：事件流包括基本事件流和备选事件流。基本事件流描述的是用例的基本流程，是指用例“正常”运行时的场景。
- 用例场景：同一个用例在实际执行的时候会有很多不同的情况发生，称为用例场景，也可以说用例场景就是用例的实例。
- 特殊需求：特殊需求指的是用例的非功能需求和设计约束。特殊需求通常是非功能需求，包括可靠性、性能、可用性和可扩展性等。例如法律或法规方面的需求、应用程序标准和所构建系统的质量属性等。
- 前置条件：执行用例之前系统必须所处的状态。例如，前置条件是要求用户有访问权限，或是要求某个用例必须已经执行完。
- 后置条件：用例执行完毕后系统可能处于的一组状态。例如，要求在某个用例执行完后，必须执行另一个用例。

需要强调的是，描述用例仅仅是为了站在外部用户的角度识别系统能完成什么样的工作，至于系统内部是如何实现用例的(用什么算法等)则不用考虑。描述用例的文字一定要清楚、前后一致，避免使用复杂的易引起误解的句子，方便用户理解用例和验证用例。

用例描述必须定义在执行用例时用户和系统之间可能的交互。这些交互可以作为一种对话描绘，其中用户对系统执行一些行为，系统于是以某种方式响应。这样的对话一直进行到用例的实例结束。

1. 事件流

交互可以区分为“正常”交互和其他各种情况的交互。在正常交互中，用例的主要目标可以没有任何问题并且不中断地达到，而在其他情况中一些可选的功能会被调用，或者由于出错以至于不能完成正常的交互。正常情况称为基本事件流，其他情况称为备选的或例外事件流，取决于它们被看作备选的还是错误。用例描述的主要部分是对用例指定的各种事件流的说明。

例如，在“记录预约”用例中，基本事件流将描述这样的情况：一位顾客打电话进行预约，在要求的日期和时间有一张合适的餐台是空闲的，接待员输入顾客的姓名和电话号码并记录预约。这样的事件流如下所示，能够以稍微结构化的方式表示，以强调用户的动作和系统响应之间的交互。

记录预约：基本事件流。

(1) 接待员输入要预约的日期。

(2) 系统显示这一天的预约。

(3) 有一张合适的餐台可以使用，接待员输入顾客的姓名和电话号码、预约时间、用餐人数和餐台号。

(4) 系统记录并显示新的预约。

在事件流中，常常会想到包含类似“接待员询问顾客将要来多少人”这样的交互。其实这是背景信息，而不是用例的基本部分。事件流要记录的重要事情是用户输入系统中的信息，而不是记录信息是如何获得的。另外，包含背景的交互会使用例的可复用性降低，而且使得系统的描述比本来需要的更复杂。

例如，假定在餐馆关门时顾客在录音电话上留下预约请求，这将由接待员在每天开始营业时处理。上面给出的基本事件流，对于接待员直接同顾客讲话或者从录音信息中取得详细信息同样适用：单一的用例“记录预约”将这两种情况都包括在内。然而，如果用例描述包含对接待员和顾客之间对话的引用，那么在处理一条录音信息时将不再适用，因而需要一个不同的用例。

如果在顾客要求的日期和时间没有可用的餐台，上面描述的基本事件流就不能完成。在这种情况下会发生什么，可以通过一个备选事件流来描述，如下所示。

记录预约——没有可用的餐台：备选事件流。

(1) 接待员输入要预约的日期。

(2) 系统显示这一天的预约。

(3) 没有合适的餐台可以使用，用例终止。

这看起来有些简单，但是至少告诉我们，在这一点必须中断基本事件流。在后续的迭代中，将可能为这种情况定义另外的功能，例如，可能将顾客的请求输入一份等待名单中。注意，确定是否能够进行预约是接待员的职责，系统所能做的只是在输入预约数据后核实餐台实际是可用的。

备选事件流描述的情况，可以作为营业的正常部分出现，它们并没有指出产生了误解或者发生了错误。在另外一些情况下，也许会因为错误或用户疏忽而不可能完成基本事件流，这些情况则由例外事件流描述。

例如，我们能够预料在餐馆客满时会有许多顾客要求预约，接待员没有任何办法解决这个问题，所以要通过备选事件流来描述。相反，如果接待员错误地试图将预约分配到过小的不够就餐人数的餐台就座，就要作为例外事件流来描述。

记录预约——餐台过小：例外事件流。

(1) 接待员输入要预约的日期。

(2) 系统显示这一天的预约。

(3) 接待员输入顾客的姓名和电话、预约时间、用餐人数和餐台号。

(4) 对于输入的预约用餐人数，餐台大小不够，于是系统发出警告，询问用户是否想要继续预约。

(5) 如果回答“否”，用例将不进行预约而终止。

(6) 如果回答“是”，预约将被输入，并附有警告标志。

不同类型的事件流之间的区分是非正式的，可以使用例的总体描述更容易理解。以同样的方式描述所有的事件流，在后续的开发活动中就可以用类似的方式处理。因此，在不明确的情况下，不值得花费过多的时间去决定特定的情况是备选的还是例外的，更重要的是一定要确认给出了必需行为的详细描述。

2. 描述用例模板

用例描述可能因此而包含大量信息，这就需要使用某种系统的方法来记录这些信息。但是，UML没有定义一种描述用例的标准方式。这样做的部分原因是，用例的意图是不拘形式地用作与系统未来用户进行沟通的一种辅助工具，所以重要的是开发人员应当自由，用看来对用户有帮助并且容易理解的各种途径与用户讨论用例。尽管如此，在定义用例时能有一些可以考虑的结构还是有用的，为此，许多作者定义了用例描述模板。用例描述模板实质上是标题列表，每个标题概括可能记录的某个用例的一些信息。下面以用例“记录时间日志”为例，给出一个完整的描述用例模板，如表3-1所示。

表3-1 描述用例模板

用例编号	UC03	
用例名称	记录时间日志	
用例概述	开发人员可以随时记录自己的时间，提供“开始计时”“暂停计时”“停止计时”等功能，在停止时，填入任务编号(在线则选择)、工作关键字(以逗号分隔)、自动生成开始时间、暂停时间、停止时间、总时长、有效时长(总时长–中断时长)	
主参与者	开发人员	
前置条件	用户进入“记录时间日志”程序	
后置条件	将本次时间日志存入数据库	
基本事件流	步骤	活动
	1	系统显示“开始”“暂停”和“停止”按钮，但仅“开始”按钮可用
	2	用户单击“开始”按钮，系统记录开始时间，并将“开始”按钮置为不可用，使“暂停”和“停止”按钮可用
	3	用户单击“停止”按钮，系统记录停止时间，并统计暂停时间、暂停次数、总时长、有效时长，并要求用户选择任务编号、输入工作关键字和相关信息。填写完成后，单击“确定”按钮，用例完成
扩展事件流	3a	在此期间，若用户单击“暂停”按钮，系统则记录暂停开始时间，使暂停次数加1，并使“暂停”按钮变为“恢复”按钮，使“停用”按钮不可用
	3a1	当用户单击“恢复”按钮时，用当前时间减去暂停开始时间，得到本次暂停时间，并累加到“暂停时间”，使“恢复”按钮变为“暂停”按钮，使“停用”按钮恢复可用
规则与约束	时间记录程序应以离线方式工作，该程序会自动连接服务器，完成时间日志的上传工作。如果未能连接服务器，则在本机暂存时间日志	

3.3.5 用例粒度

用例粒度描述的是用例对系统功能的细化和综合程度，用例对系统功能的细化程度越高，粒度就越小，用例包含的功能就越少。反之，用例对系统功能的细化程度越低，粒度就越大，用例包含的功能就越多。例如：ATM取钱场景中，取钱、读卡、验证账号、打印回执单等都是可能的用例，显然，取钱包含其他用例，取钱的粒度更大一些，其他用例的粒度要小一些。到底是一个大的用例合适，还是分解成多个小的用例合适呢？没有标准的规则，但可以根据以下经验来做，在不同的阶段使用不同的粒度。

在业务建模阶段，用例粒度以每个用例能够说明一件完整的事情为宜。即，一个用例可以描述一项完整的业务流程。例如取钱、报装电话、借书等表达完整业务的用例，而不要细化到验证密码、填写申请单、查找数目等具体步骤。

在用例分析阶段(概念建模阶段)，用例粒度以每个用例能描述一个完整的事件流为宜。可以理解为用例描述一项完整业务中的某个步骤。需要注意的是，在这个阶段需要采用一些面向对象的方法，归纳和抽象出业务用例中的关键概念模型并为之建模。例如，宽带业务需求中有申请报装和申请迁移地址用例，在用例分析时，可归纳和分解为提供申请资料、受理业务、现场安装等多个业务流程中都会使用的概念用例。

在系统建模阶段，用例视角是针对计算机的，因此用例粒度以用例能够描述操作者与计算机的一次完整交互为宜。例如，填写申请单、审核申请单、派发任务单等。可以理解为操作界面或页面流。

另一个参考粒度是用例的开发工作量一般在一周左右为宜。实际上，用例粒度的最标准划分依据是用例是否完成参与者的某个完整目的。一般用例粒度介于10和50之间，否则应该考虑一下粒度选择是否合适。不管粒度如何选择，必须把握的原则是在同一个需求阶段，所有的用例粒度应该在同一量级。

3.3.6 业务用例和系统用例

业务用例与系统用例具有同样的特征，在业务用例中说明的东西，也会在系统用例中说明。因此，大家很多时候容易将二者混淆，可能把系统行为放入业务用例中，也可能把业务操作归于系统用例。使用系统用例的读者批评业务用例所处层次太高，但却没有认识到提供系统行为细节不是业务用例应该做的。业务用例编写者偶尔把系统行为细节写入其中，结果导致业务主管对这类有详细细节行为的文档失去兴趣。

事实上，业务用例关注系统的业务过程，业务过程描述业务的具体工作流，即涉众与实现业务目标的业务之间的交互。可能包含手工和自动化的过程，也可能发生在一个长期的时间段内。系统用例的设计范围就是计算机系统设计的范围。它是系统参与者，与计算机系统一起实现目标。系统用例就是参与者如何与计算机技术相联系，而不是业务过程，着重于系统的控制流、数据流和功能。

业务用例常常是以白盒形式编写的，它们描述被建模的组织中人和部门之间的交互。我们使用业务用例来说明在“现有”业务模型中组织如何工作，然后重构“现有”的业务用例模型。需要考虑以下问题：我们需要创建什么角色和部门来提供更多价值或者消除业务问题？什么角色和部门需要消失？

系统用例几乎总是以黑盒形式编写的，它们描述软件系统之外的参与者如何与将要设计的系统进行交互。系统用例详细阐明了系统需求。系统用例模型的目的是从涉众的角度说明需求，而不是设计如何满足需求。

业务用例和系统用例的区别主要体现在以下方面。

1. 范围

业务用例涉及的范围更广，可能有各种人、部门、各种系统，甚至包含手工操作、讨论等；系统用例只涉及自有系统与操作人员的交互，对应于业务用例中的某些活动步骤，不包含其他系统及手工操作。

2. 用途

业务用例建模是为了明确业务组织是如何运作的；系统用例建模是为了明确各种角色面对我们的系统时，双方各自要做的事和交互反馈，简而言之，就是明确我们究竟要做哪些事、给谁用。

3. 执行者

业务用例的执行者为外部客户或组织，各种领导或操作人员为内部业务工人。如果是为员工提供福利的话，执行者为公司内部员工。系统用例的执行者为操作人员所代表的岗位角色。业务用例的执行者一般是人或组织，例如广告客户、网民、市政机关、教委、图书馆；系统用例的执行者为实际与系统交互的操作人员或事物(如外部衔接系统、自动服务、定时器)。

4. 建模的必要性

仅当业务活动复杂、涉及人员多、需要长期深入某个行业时，才需要业务建模；对于专业性工具软件、偏重高深技术的软件，不需要业务建模。

为了减少业务用例和系统用例间的混乱，应该经常在用例模板中写明用例范围及层次，让用例编写者依此规则编写，同时让读者了解这些规则。如果可以的话，尽量对用例使用图标。对两者使用稍微不同的模型和完全不同的数字进行编号(比如，一组从1000开始编号，另一组从1开始编号)。同时，编写一些可以直接使用和可视化的构件。这样既能充分利用这种合作关系，又不会让人混淆。

3.4 建立用例图模型

前面学习了用例图的各种概念，下面介绍如何使用Rational Rose创建用例图以及用例图中的各种模型元素。

3.4.1 创建用例图

为了创建新的用例图，可以通过以下操作步骤进行。

(1) 用鼠标右击浏览区中Use Case View(用例视图)下的包。

(2) 在弹出的快捷菜单中选择New→Sequence Diagram命令。

(3) 为新的用例图输入名称。

(4) 双击打开浏览区中的用例图。

如果需要在用例图模型中删除用例图，可以通过以下操作步骤进行。

(1) 在浏览区中选中需要删除的用例图，用鼠标右击。

(2) 在弹出的快捷菜单中选择Delete命令即可。

创建新的用例图后，会在Use Case View树状结构下多出一个名为NewDiagram的图标，这个图标就是新建的用例图图标。用鼠标右击此图标，在弹出的快捷菜单中选择Rename命令，可对新创建的用例图进行命名。

3.4.2 用例图的工具栏按钮

在用例图的工具栏中可以使用的工具栏按钮如表3-2所示，里面包含所有Rational Rose默认显示的UML模型元素。

表3-2 用例图的工具栏按钮

按钮图标	按钮名称	用途
	Selection Tool	选择工具
	Text Box	创建文本框
	Note	创建注释
	Package	包
	Use Case	用例
	Actor	参与者
	Undirectional Association	单向关联关系
	Dependency or instantiates	依赖和实例化
	Generalization	泛化关系

用例图的工具栏可以定制，方式为用鼠标右击工具栏，在弹出的快捷菜单中选择Customize命令，打开“自定义工具栏”对话框，如图3-9所示。在“自定义工具栏”对话框中，左侧为可用工具栏按钮，右侧为当前工具栏按钮。选中需要添加的按钮，单击“添加(A) ->”按钮，即可增加新的工具栏按钮。

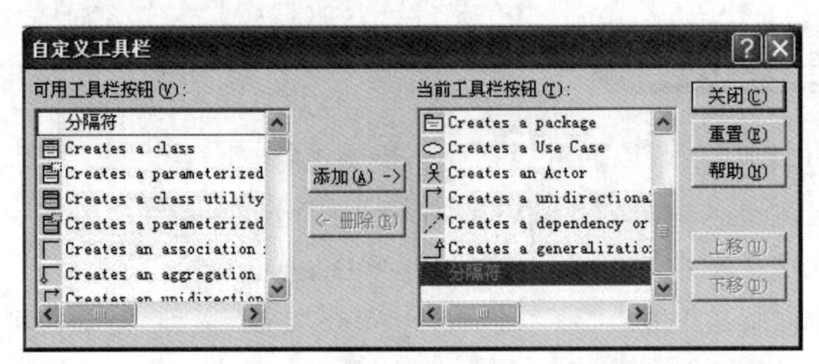

图3-9　“自定义工具栏”对话框

3.4.3　创建参与者与用例

要创建参与者，首先要单击用例图的工具栏中的参与者图标，然后在用例图的编辑区单击并画出参与者。接下来可以对参与者命名，单击已画出的参与者，会弹出如图3-10所示的对话框。在Name文本框中即可修改参与者的名称。如果想对参与者进行详细说明，可以在Documentation文本框区域中输入说明信息。

类似地，单击工具栏中的用例图标，然后在用例图的编辑区单击并画出用例。单击已画出的用例，弹出如图3-11所示的对话框。在这个对话框中，可以修改用例的名称、层次等。

在编辑区，如果觉得参与者或用例的位置不合适，可以用鼠标单击并拖动相关元素，使其在编辑区内任意移动。也可以对其大小进行调整，首先单击选中某一元素，在该元素四周会出现四个黑点，拖动任意一个黑点即可调整相应建模元素的大小。

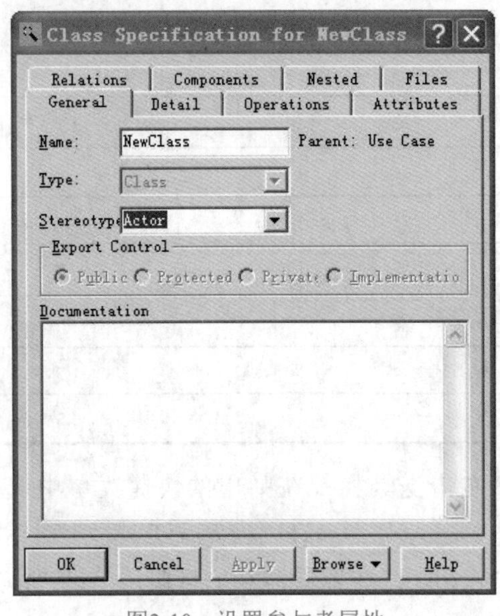

图3-10　设置参与者属性

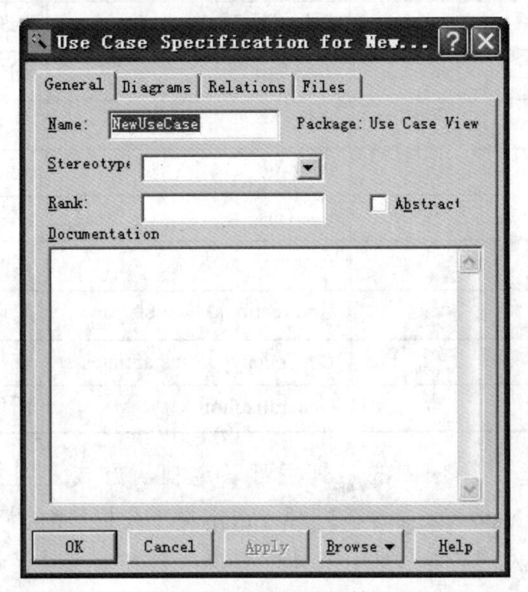

图3-11　设置用例属性

3.4.4　创建关系

在用例图中，参与者与用例之间的关联关系用一条直线表示。添加参与者与用例之间的关联关系的步骤如下：

(1) 单击工具栏中的↱图标，或者选择Tools→Create Object→Undirectional Association命令，此时光标变为↑符号。

(2) 在需要创建关联关系的参与者与用例之间拖动鼠标即可。

在用例图中，可以使用泛化关系来描述多个参与者之间的公共行为。添加参与者之间的泛化关系的步骤如下：

(1) 单击工具栏中的图标，或者选择Tools→Create Object→Generalization命令，此时光标变为↑符号。

(2) 在需要创建泛化关系的参与者之间拖动鼠标即可。

类似地，也可以创建用例之间的泛化关系。

用例之间除了具有泛化关系外，还具有包含关系和扩展关系。添加用例之间的包含关系或扩展关系的步骤如下：

(1) 单击工具栏中的↗图标，或者选择Tools →Create Object→Dependency or Instantiates命令，此时光标变为↑符号。

(2) 在需要创建包含关系或扩展关系的用例之间拖动鼠标，即可在两个用例之间创建一条带箭头的虚线段，如图3-12所示。

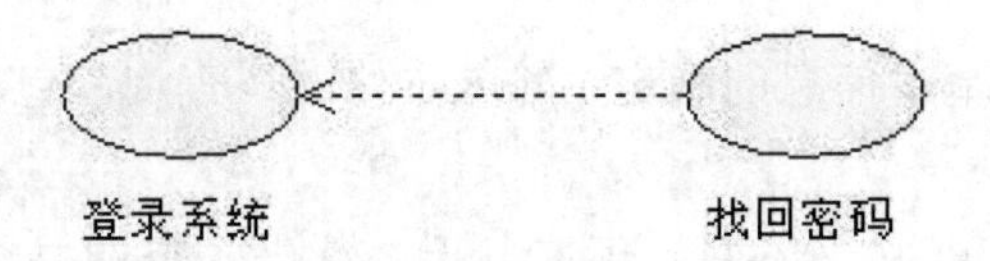

图3-12 创建扩展关系

(3) 双击用例之间的虚线段，弹出如图3-13所示的对话框。在Stereotype下拉列表中选择extend，即可创建扩展关系(若选择include，可创建包含关系)，如图3-14所示。

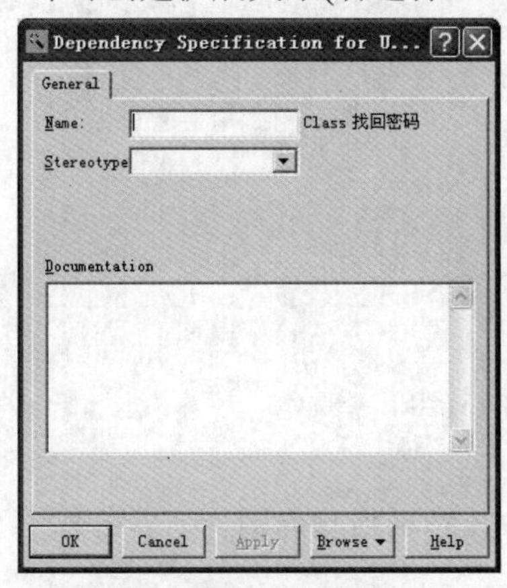

图3-13 设置关系类型

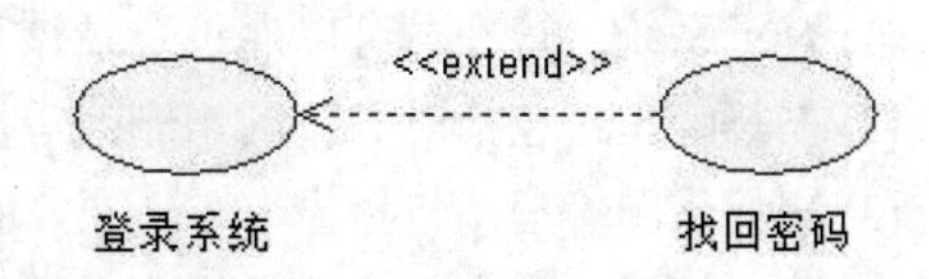

图3-14 扩展关系示例

3.4.5 用例图建模案例

下面将以图书管理系统为例，介绍如何创建系统的用例图。创建用例图模型包含4项任务。

(1) 确定系统需求。

(2) 确定参与者。

(3) 确定用例。

(4) 构建用例模型。

1. 确定系统需求

图书管理系统能够对图书进行注册登记，也就是将图书的基本信息(比如：书的编号、书名、作者、价格等)预先存入数据库中，供以后检索，并且能够对借阅人进行注册登记，包括记录借阅人的姓名、编号、班级、年龄、性别、地址、电话等信息。同时，图书管理系统提供方便的查询方法。比如：以书名、作者、出版社、出版时间(确切的时间、时间段、某一时间之前、某一时间之后)等信息进行图书检索，并能反映出图书的借阅情况；以借阅人编号对借阅人信息进行检索；以出版社名称查询出版社联系方式。图书管理系统提供对书籍进行预订的功能，提供旧书销毁功能，对于淘汰、损坏、丢失的书目可及时对数据库进行修改。图书管理系统能够对使用该系统的用户进行管理，按照不同的工作职能提供不同的功能授权。总的来说，图书管理系统主要包含下列功能。

(1) 读者管理：读者信息的制定、输入、修改、查询，包括种类、性别、借书数量、借书期限、备注等。

(2) 书籍管理：书籍基本信息的制定、输入、修改、查询，包括书籍编号、类别、关键词、备注。

(3) 借阅管理：包括借书、还书、预订书籍、续借、查询书籍、过期处理和书籍丢失处理。

(4) 系统管理：包括用户权限管理、数据管理和自动借书机管理。

2. 确定参与者

该系统的参与者包含如下两个。

(1) 读者。

(2) 管理员。

3. 确定用例

管理员包含的用例如下。

(1) 登录系统：管理员可以通过登录该系统对各项功能进行操作。

(2) 书籍管理：包括对书籍的增删改等操作。

(3) 书籍借阅管理：包括借书、还书、预订、书籍逾期处理和书籍丢失处理等。

(4) 读者管理：包含对读者的增删改等操作。

(5) 自动借书机的管理。

读者包含的用例如下。

(1) 登录系统。

(2) 借书：进行借书业务。

(3) 还书：读者具有的还书业务。

(4) 查询：包含针对个人信息和书籍信息的查询业务。

(5) 预订：读者对书籍的预订业务。

(6) 逾期处理：书籍逾期后的交纳罚金等。

(7) 书籍丢失处理：对书籍丢失后的不同措施进行处理。

(8) 自动借书机的使用等。

4. 构建用例模型

基于前面确定的参与者和用例，画出系统的用例图，如图3-15所示。

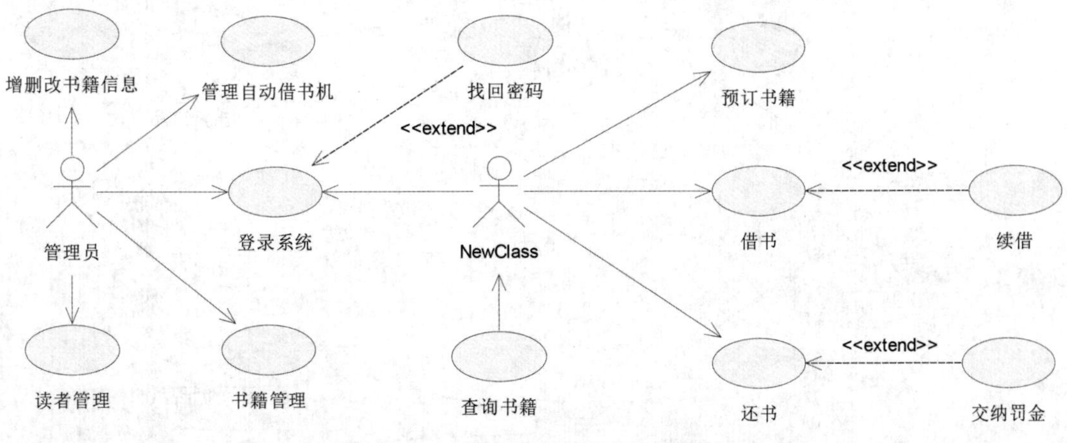

图3-15　图书管理系统的用例图

3.5 小结

本章概述了需求分析的概念。开发新系统时，需求分析是开始部分，一旦确定需求，在下一阶段就开始绘制需求的图形，即用例图。本章详细介绍了用例图的基本概念，以及如何使用Rational Rose建模工具来创建用例图，最后通过一个案例介绍如何创建用例图。希望通过这一章的学习，读者能够根据需求分析描绘出简单的用例图。

3.6 思考练习

1. 需求分析的目的是什么？
2. 需求分析阶段的典型活动有哪些？
3. 用例建模的主要目标是什么？
4. 用例建模包含哪些主要步骤？
5. 用例图中，如何识别参与者和用例？
6. 用例描述包含哪些主要内容？
7. 寻呼台系统：用户如果预订了天气预报，系统会每天定时给用户发天气消息；如果当天气温高于35℃，还要提醒用户注意防暑。在这里，谁是寻呼台系统的参与者?

8. 图3-16中的泛化关系是否正确？为什么？

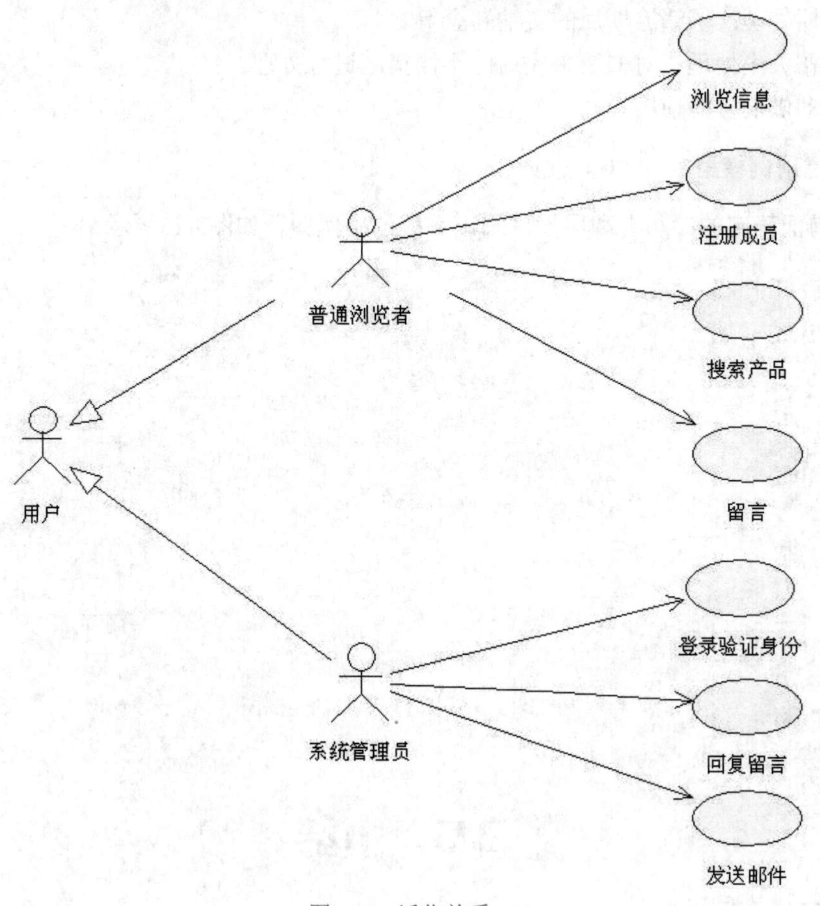

图3-16　泛化关系

9. 图3-17中的扩展关系是否正确？为什么？

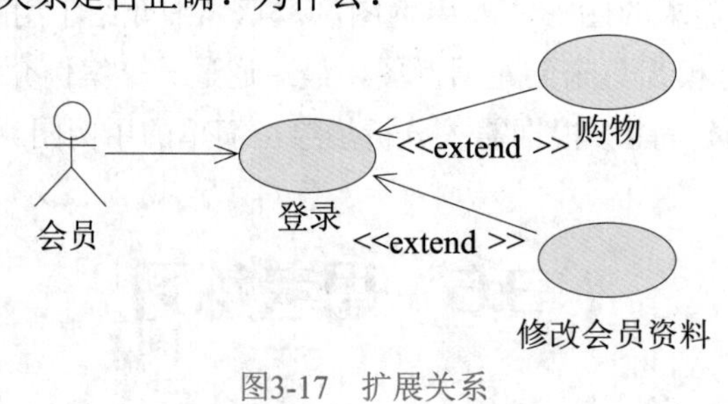

图3-17　扩展关系

第 4 章

静态分析与类图

基于用例的需求分析模型描述的是参与者和系统边界之间的交互操作。在需求分析模型中，系统本身是黑盒子，带有外部才能看到的接口。因此，用例模型并不能全面描述系统，开发人员仅通过这些模型也无法全面理解问题。在UML软件开发过程中的系统分析与设计阶段，都会涉及对象类建模。类图建模用于描述系统的静态结构。

本章的学习目标：

- 理解静态分析的含义
- 理解类图的必要性和重要性
- 掌握类图的基本概念和组成要素
- 掌握识别类的要点和方法
- 掌握类之间的各种关系
- 理解抽象和多态的关系
- 理解领域分析的要点
- 掌握如何使用Rational Rose建立类图模型

4.1 类图的定义

面向对象方法在处理实际问题时，需要建立面向对象模型，把复杂的系统简单化、直观化，而且易于使用面向对象编程语言来实现，方便日后对软件系统的维护。构成面向对象系统的基本元素有类、对象、类与类之间的关系等。软件系统的静态分析模型描述的是系统所操纵的数据块之间特有的结构上的关系。它们描述数据如何分配到对象中，这些对象如何分类，以及它们之间可以具有什么关系。类图和对象图是两种最重要的静态模型。UML中的类图和对象图显示了系统的静态结构，其中的类、对象和关联是图形元素的基础。由于类图表达的是系统的静态结构，因此在系统的整个生命周期中，这种描述都是有效的。

4.1.1 类图概述

在软件系统中，我们使用类表示系统中的相关概念，并把现实世界中我们能够识别的对象分类表示，这种处理问题的方式我们称为面向对象。因为面向对象思想与现实世界中事物的表示方式类似，所以采用面向对象思想构造系统模型给建模者带来很多方便。

类图是用类和它们之间的关系描述系统的一种图形，是从静态角度表示系统的。因此，类图属于一种静态模型。类图，就是用于对系统中的各种概念进行建模，并描绘出它们之间关系的图。类图显示了系统的静态结构，而系统的静态结构构成系统的概念基础。类图的目的在于描述系统的构成方式，而不是描述系统如何协作运行。

类图中的关键元素是类元及它们之间的关系。类元是描述事物的建模元素，类和接口都是类元。类之间的关系包括依赖(dependency)关系、泛化(generalization)关系、关联(association)关系和实现(realization)关系等。和UML中的其他图形类似，类图中也可以创建约束、注释和包等，一般的类图如图4-1所示。

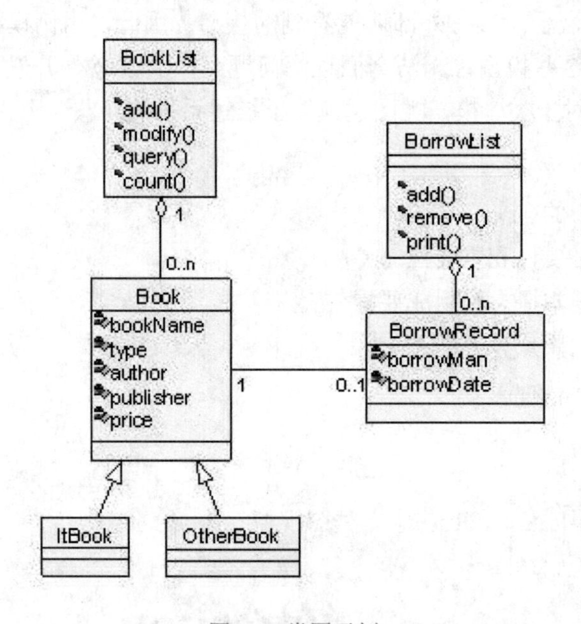

图4-1 类图示例

4.1.2 类及类的表示

类表示被建模的应用领域中的离散概念，这些概念包括现实世界中的物理实体、商业事物、逻辑事物、应用事物和行为事物等，例如：物理实体(如飞机)、商业事物(如订单)、逻辑事物(如广播计划)、应用事物(如取消键)、计算机领域的事物(如哈希表)或行为事物(如任务)，甚至还包括纯粹的概念性事物。根据系统抽象程度的不同，可以在模型中创建不同的类。

类是面向对象系统的组织结构的核心。类是对一组具有相同属性、操作、关系和语义的事物的抽象。在UML中，类被表述为具有相同结构、行为和关系的一组对象的描述符号。所有的属性与操作都被附在类中。类定义了一组具有状态和行为的对象。其中，属性和关联用来描述状态。属性通常使用没有身份的数据值来表示，如数字和字符串。关联则使用有身份的对象之间的关系来表示。行为由操作来描述，方法是操作的具体实现。对象的生命周期则由附加给类的状态机描述。

在UML的图形表示中，类的表示形式是一个矩形，这个矩形由三部分构成，分别是类的名称(name)、类的属性(attribute)和类的操作(operation)。类的名称位于矩形的顶端，类的属性位于矩形的中间部位，而矩形的底部显示类的操作。中间部位不仅可以显示类的属性，还可以显示属性的类型和初始化值等。矩形的底部也可以显示操作的参数表和返回类型等，如图4-2所示。

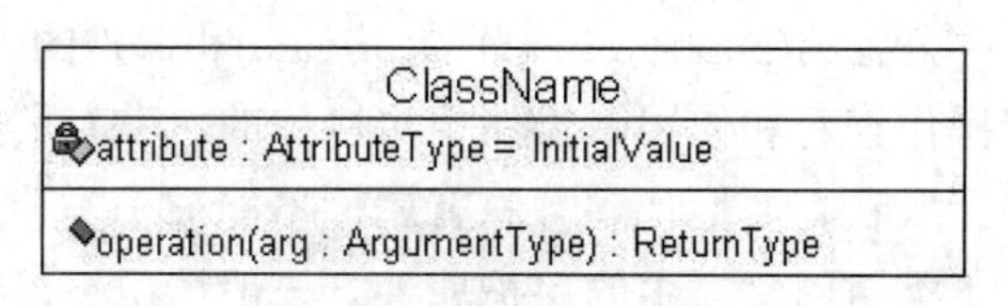

图4-2　类的表示形式

1. 类的名称(类名)

类的名称(name)是每个类的图形中所必须拥有的元素，用于同其他类进行区分。类的名称通常来自系统的问题域，并且尽可能明确表达要描述的事物，不会造成类的语义冲突。对类命名时最好能够反映类所代表的问题域中的概念，比如，表示交通工具类产品，可以直接用“交通工具”作为类的名称。另外，类的名称含义要清楚准确，不能含糊不清。

按照UML的约定，类名的首字母应当大写。如果类的名称由两个单词组成，那么将这两个单词合并，第二个单词的首字母也大写。类名的书写字体也有规范，正体字说明类可被实例化，斜体字说明类为抽象类。如图4-3所示，代表的是名为Graphic的抽象类。

类的名称分为简单名称和路径名称。用类所在的包的名称作为前缀的类名叫作路径名(path name)，如图4-4所示，不包含前缀字符串的类名叫作简单名(simple name)。

图4-3　抽象类示例　　　　图4-4　路径名

2. 类的属性

类的属性(attribute)是类的一个特性，也是类的一个组成部分，描述了在软件系统中所代表对象具备的静态部分的公共特征抽象，这些特性是这些对象所共有的。当然，有时候也可以利用属性值的变化来描述对象的状态。一个类可以具有零个或多个属性。

类的属性放在类名的下方，如图4-5所示，“教师”是类的名称，name(姓名)和age(年龄)是“教师”类的属性。

教师
name
age

图4-5 类的属性

在UML中，描述属性的语法格式为(方括号中的内容是可选的)：

[可见性] 属性名称 [：属性类型] [=初始值] [{属性字符串}]

其中，属性名称是必须有的，其他部分根据需要可有可无。

1) 可见性

属性有不同的可见性(visibility)。属性的可见性描述了属性是否对于其他类能够可见，从而是否可以被其他类引用。利用可见性可以控制外部事物对类中属性的操作方式，属性的可见性通常分为三种：公有的(public)、私有的(private)和保护的(protected)。公有属性能够被系统中的其他任何操作查看和使用，当然也可以修改；私有属性仅在类的内部可见，只有类的内部操作才能存取私有属性，并且私有属性不能被子类使用；保护属性经常和继承关系一起使用，允许子类访问父类中的保护属性。一般情况下，有继承关系的父类和子类之间，如果希望父类的所有信息对子类都是公开的，也就是子类可以任意使用父类中的属性和操作，而使没有继承关系的类不能使用父类中的属性和操作，那么为了达到此目的，必须将父类中的属性和操作定义为保护的；如果并不希望其他类(包括子类)能够存取该类的属性，那么应将该类的属性定义为私有的；如果对其他类(包括子类)没有任何约束，那么可以使用公有属性。

在类图中，公有类型表示为 +，私有类型表示为-，受保护类型表示为#，它们标识在属性名称的左侧。使用Rational Rose软件建模类图时，属性的三种可见性用不同的图标表示。类的属性可见性的表示方法如表4-1所示。

表4-1 属性的可见性

可见性	Rose图标	UML图注
公有的		+
保护的		#
私有的		-

2) 属性名称

属性是类的一部分，每个属性都必须有一个名称以区别于类的其他属性。通常情况下，属性名由描述所属类的特性的名词或名词短语构成。按照UML的约定，属性名的第一个字母小写，如果属性名包含多个单词，那么这些单词需要合并，并且除了第一个英文单词外，其余单词的首字母要大写。

3) 属性类型

属性也有类型，用来指出属性的数据类型。典型的属性类型包括Boolean、Integer、Byte、Date、String和Long等，这些被称为简单类型。这些简单类型在不同的编程语言中会有所不同，但基本上都是得到支持的。在UML中，类的属性可以是任意类型，包括系统中定义的其他类，都可以使用。

4) 初始值

在程序语言设计中，设定初始值通常有如下两个用处：用来保护系统的完整性，在编程过程中，为了防止漏掉对类中某个属性的取值，或者防止类的属性在自动取值时破坏系统的完整性，可以通过赋初始值的方法保护系统的完整性；为用户提供易用性，设定一些初始值能够有效帮助用户输入，从而为用户提供很好的易用性。

5) 属性字符串

属性字符串用来指定关于属性的一些附加信息，任何希望添加到属性定义字符串中但又没有合适地方可以加入的规则，都可以放在属性字符串中。例如，如果想说明系统中“汽车”类的“颜色”属性只有三种状态“红、黄、蓝”，就可以在属性字符串中进行说明。

3. 类的操作

属性仅仅表示需要处理的数据，对数据的具体处理方法的描述则放在操作部分。存取或改变属性值以及执行某个动作都是操作，操作说明了类能做些什么工作。操作通常又称为函数或方法，是类的组成部分，只能作用于类的对象。从这一点也可以看出，类将数据和对数据进行处理的函数封装起来，形成一个完整的整体，这种机制非常符合问题本身的特性。

一个类可以有零个或多个操作，并且每个操作只能应用于类的对象。在类的图形表示中，操作位于类的底部，如图4-6所示，“教师”类具有“上传课件”和“修改成绩”操作。

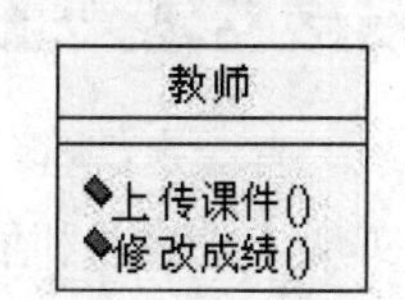

图4-6　类的操作

类的操作往往由返回类型、操作名称及参数表来描述。类似于类的属性，在UML中，描述操作的语法格式为(方括号中的内容是可选的)：

[可见性] 操作名称 [(参数表)] [：返回类型] [{属性字符串}]

1) 可见性

操作的可见性也分为三种，分别是公有的(public)、保护的(protected)和私有的(private)，含义等同于属性的可见性。类的操作在UML中的表示方法及Rational Rose图标如表4-2所示。

表4-2　操作的可见性

可见性	Rose图标	UML图注
公有的	◆	+
保护的	🔑◆	#
私有的	🔒◆	–

2) 操作名称

操作作为类的一部分，每个操作都必须有一个名称以区别于类中的其他操作。通常情况下，操作名由描述所属类的行为的动词或动词短语构成。和属性的命名一样，操作名称的第一个字母小写，如果操作名包含多个单词，那么这些单词需要合并，并且除了第一个英文单词外，其余单词的首字母要大写。

3) 参数表

参数表就是由类型/标识符对组成的序列，实际上是操作或方法被调用时接收传递过来的参数值的变量。参数采用“名称:类型”的定义方式，如果存在多个参数，就将各个参数用逗号隔开。如果方法没有参数，那么参数表就是空的。参数可以具有默认值，也就是说，如果操作的调用者没有为某个具有默认值的参数提供值，那么该参数将使用指定的默认值。

4) 返回类型

返回类型指定由操作返回的数据类型，可以是任意有效的数据类型。绝大部分编程语言只支持一个返回值，即返回类型至多一种。如果操作没有返回值，在具体的编程语言中一般要加关键字void来表示，也就是返回类型必须是void。

5) 属性字符串

属性字符串用来附加一些关于操作的除了预定义元素之外的信息，以方便对操作的一些内容进行说明。类似于属性，任何希望添加到操作定义中但又没有合适地方可以加入的规则，都可以放在属性字符串中。

4.1.3 接口

有一定编程经验的人或者熟悉计算机工作原理的人都知道，通过操作系统的接口可以实现人机交互和信息交流。UML中的包、组件和类也可以定义接口，利用接口说明包、组件和类能够支持的行为。在建模时，接口起到非常重要的作用，因为模型元素之间的相互协作都是通过接口进行的。结构良好的系统，接口必然也定义得非常规范。

接口通常被描述为抽象操作，也就是只用标识(返回值、操作名称、参数表)说明行为，而真正实现部分放在使用接口的元素中。这样，应用接口的不同元素就可以对接口采用不同的实现方法。在执行过程中，调用接口的对象看到的仅仅是接口，而不管其他事情。比如，接口是由哪个类实现的，是怎样实现的，都有哪些类实现了该接口，等等。

通俗地讲，接口是在没有给出对象的实现和状态的情况下对对象行为的描述。通常，在接口中包含一系列操作但是不包含属性，并且没有外界可见的关联。可以通过一个或多个类来实现接口，并且在每个类中都可以实现接口中的操作。

接口是一种特殊的类，所有接口都是有构造型<<interface>>的类。类可以通过实现接口来支持接口指定的行为。在程序运行的时候，其他对象可以只依赖于接口，而不需要知道类关于接口实现的其他任何信息。拥有良好接口的类具有清晰的边界，并成为系统中职责均衡分布的一部分。

在UML中，接口使用带有名称的小圆圈来表示，如图4-7所示。接口与应用接口的模型元素之间用一条直线相连(模型元素中包含接口的具体实现方法)，它们之间是一对一的关联关系。调用接口的类与接口之间用带箭头的虚线连接，它们之间是依赖关系。

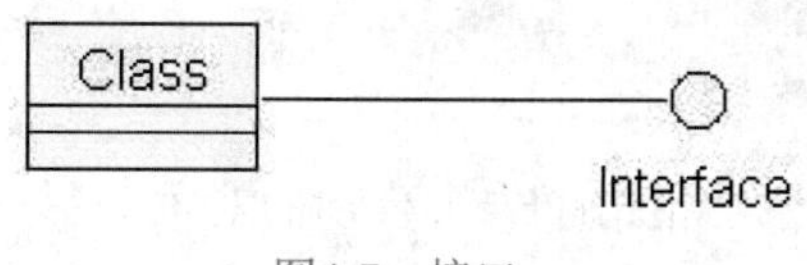

图4-7　接口

为了具体标识接口中的操作，接口也可以用带构造型<<interface>>的类来表示。

4.1.4　类之间的关系

类图由类和它们之间的关系组成。类与类之间的关系最常用的通常有4种，它们分别是关联(association)关系、泛化(generalization)关系、依赖(dependency)关系和实现(realization)关系。4种关系的表示方法及含义如表4-3所示，关于这4种关系的深层次内容将在后面进行详细介绍。

表4-3　类之间的关系

关系	表示方法	含义
关联关系	————————	事物对象之间的连接
泛化关系	————————▷	类的一般和具体之间的关系
依赖关系	- - - - - - - - - - ->	在模型中需要另一个元素的存在
实现关系	- - - - - - - - - - -▷	将说明和实现联系起来

4.1.5　基本类型的使用

基本类型指的是整型、布尔型、枚举型这样的简单数据类型，它们不是类。基本类型常常被用来表示属性类型、返回值类型和参数类型。在UML中，没有预定义的基本类型。当用户在UML建模软件中画图时，可以将建模工具的工作环境配置为某种具体的编程语言，这样编程语言本身提供的基本类型就可以在建模软件中使用了。如果不需要以某种具体编程语言为实现背景，或者不需要指定某种编程语言，那么可以使用最简单、常用的整型、字符串类型和浮点类型等，这些常用的数据类型可以在UML建模语言中直接定义。以类图方式定义的类，也可以用于定义属性类型、返回值类型和参数类型等。

4.2　类之间的关系

类图由类和它们之间的关系组成。类与类之间通常有关联、泛化、依赖和实现4种关系。

4.2.1 关联关系

关联关系是一种结构关系，指出了一个事物的对象与另一个事物的对象之间在语义上的连接。例如，一名学生选修一门特定的课程。对于构建复杂系统的模型来说，能够从需求分析中抽象出类以及类与类之间的关联关系是很重要的。

1. 二元关联

二元关联是最常见的一种关联，只要类与类之间存在连接关系就可以用二元关联表示。比如，张三使用计算机，计算机会将处理结果等信息返回给张三，因而在对应的类之间就存在二元关联。二元关联用一条连接两个类的实线表示，如图4-8所示。

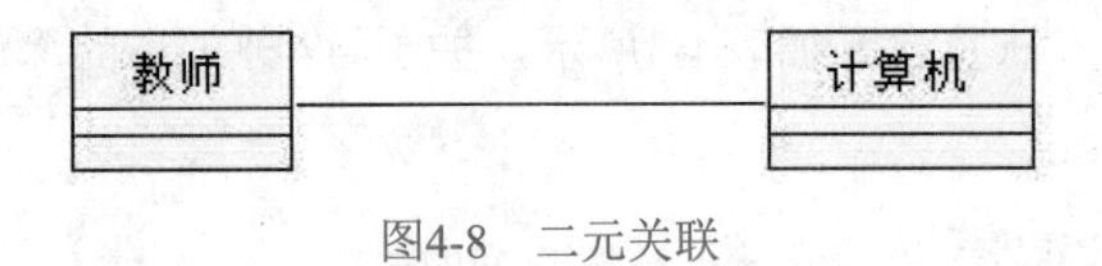

图4-8　二元关联

一般的UML表示法允许一个关联连接任意多个类，然而，实际上使用的关联大多数是二元关联，只连接两个类。原则上，任何情况都可以只用二元关联建模，并且与涉及大量类的关联相比，二元关联更容易理解，用常规编程语言就能实现。

2. 导航关联

关联关系一般都是双向的，关联的对象双方彼此都能与对方通信。换句话说，通常情况下，类之间的关联关系在两个方向都可以导航。但在有些情况下，关联关系可能要定义为只在一个方向导航。例如，雇员对象不需要保存相关公司对象的引用，不能由雇员向公司发送消息。虽然系统仍然将雇员和他们工作的公司联系在一起，但这并没有改变关联的含义，雇员和公司之间的关系为单向关联关系。

如果类与类之间的关联是单向的，则称为导航关联。导航关联采用实线箭头连接两个类。箭头所指的方向表示导航性，如图4-9 所示。图4-9只表示某人可以使用汽车，人可以向汽车发送消息，但汽车不能向人发送消息。实际上，双向的普通关联可以看作导航关联的特例，只不过省略了表示两个关联方向的箭头(类似于图的有向边和无向边)。

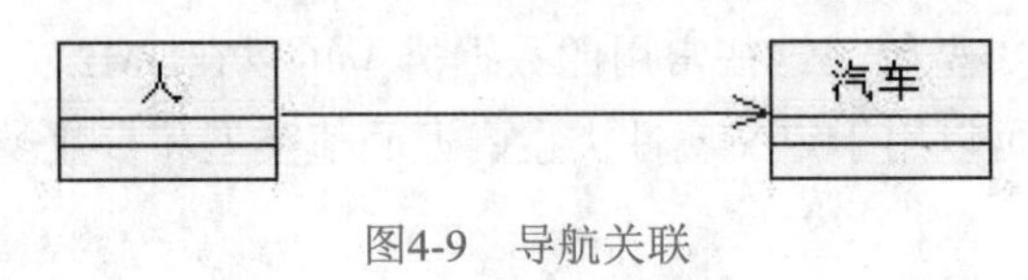

图4-9　导航关联

3. 标注关联

通常，可以对关联关系添加一些描述信息，如名称、角色名和多重性等，用来说明关联关系的特性。

1) 名称

对于类之间的关联关系，可以使用动词或动词短语来命名，从而清晰、简洁地说明关联关系的具体含义。关联关系的名称显示在关联关系的中间。例如，人使用汽车，在图4-9

中，对人和汽车之间的关联关系进行命名，如图4-10所示。

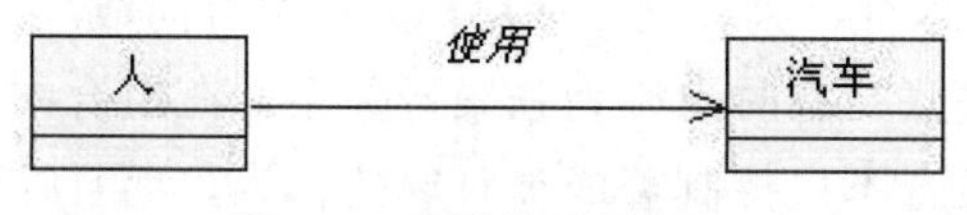

图4-10　关联关系的名称

2) 角色名

关联关系中一个类对另一个类所表现出来的职责，可以使用角色名进行描述。角色名应该是名词或名词短语，以解释对象是如何参与关联关系的。例如，在某公司工作的人会很自然地将该公司描述为自己的“雇主”，“雇主”就可以作为Company端合适的角色名。同样，在另一端Person可以标注角色名“雇员”，如图4-11所示。

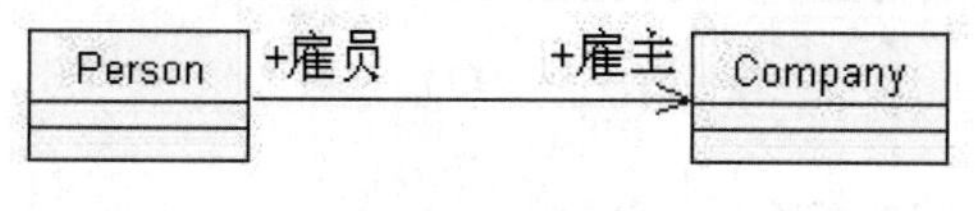

图4-11　角色名

3) 多重性

在关联的两端可以指定重数，重数表示在这一端可以有多少个对象与另一个端的一个对象关联。重数可以描述为取值范围、特定值、无限定的范围或一组离散值。例如，0..1表示“0到1 个对象”，5..17表示“5 到17 个对象”，2表示“2 个对象”。在图4-12中，多重性的含义是：人可以拥有零辆或多辆汽车，汽车可以被一至多人拥有。

图4-12中如果没有明确标识关联的重数，那就意味着重数是1。在类图中，重数标识于表示关联关系的某一方向上直线的末端。

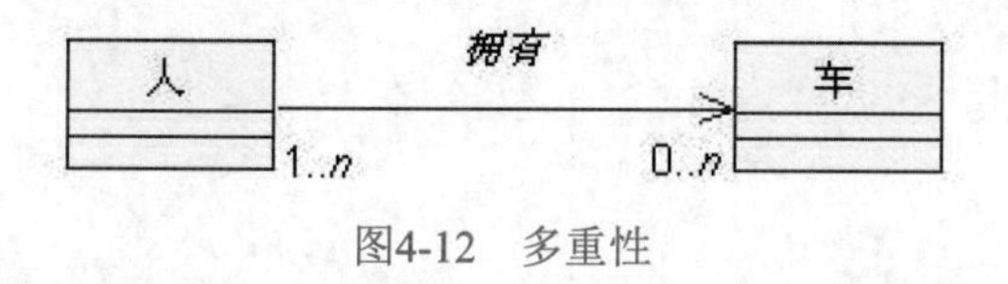

图4-12　多重性

4. 聚合与组合

聚合(aggregation)是关联的特例。如果类与类之间的关系具有“整体与部分”的特点，就把这样的关联称为聚合。例如，汽车由四个轮子、发动机、底盘等构成，表示汽车的类与表示轮子的类、表示发动机的类、表示底盘的类之间就具有“整体与部分”的特点，因此，这是一种聚合关系。识别聚合关系的常用方法是寻找“由……构成”“包含”“是……的一部分”等语句，这些语句很好地反映了相关类之间的“整体与部分”关系。

在UML中，聚合关系用端点带有空菱形的线段来表示，空菱形与聚合类相连接，其中头部指向整体。如图4-13所示，球队(整体类)由多名球员(部分类)组成。

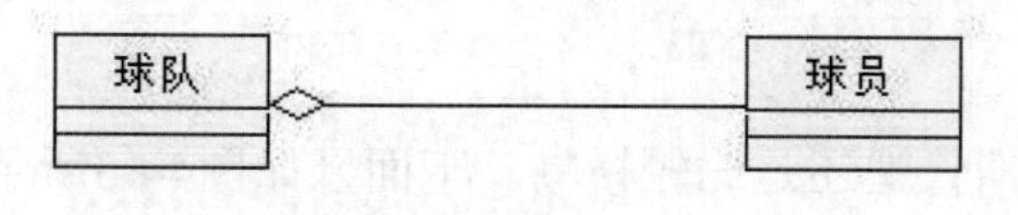

图4-13　聚合关系

如果构成整体类的部分类完全隶属于整体类，就将这样的聚合称为组合(composition)。

换句话说，如果没有整体类，部分类也将没有存在的价值，部分类的存在是因为有整体类的存在。比如，窗口由文本框、列表框、按钮和菜单组合而成。

组合是更强形式的关联，有时也称为强聚合关系。在组合中，成员对象的生命周期取决于聚合的生命周期，聚合不仅控制着成员对象的行为，而且控制着成员对象的创建和结束。在UML中，组合关系使用带实心菱形的实线来表示，其中头部指向整体，如图4-14所示。

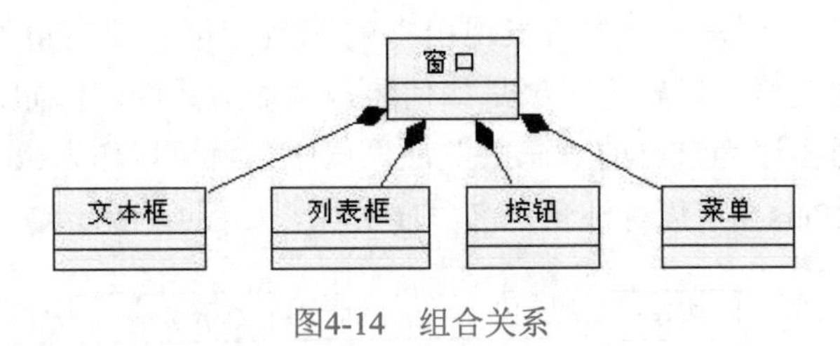

图4-14　组合关系

5. 关联、组合与聚合关系辨析

关联是一种最普遍常见的关系，一般是指一个对象可以发消息给另一个对象。典型情况下是指某个对象有一个指针或引用，它指向某个实体变量。当通过方法的参数来传递或创建本地变量来访问时，也可以称为关联。

典型的代码如下：

```
1. class A
2. {
3.     private B itemB;
4. }
```

也可能有如下形式：

```
1. class A
2. {
3.     void test(B b) {...}
4. }
```

笼统的情况下，一般通过两个对象的引用、参数传递等形式产生的关系，都可以称为关联。

聚合表示的是一种has-a的关系，同时也是一种“整体与部分”关系。特点在于，部分的生命周期并不由整体来管理。也就是说，当整体对象已经不存在的时候，部分对象还可能继续存在，如图4-15所示。

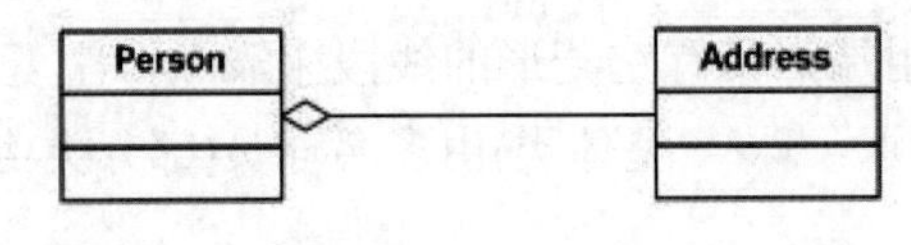

图4-15　聚合关系示例

笼统地说，生命周期管理还是比较模糊。下面以如图4-15所示的Person和Address类来做进一步解释。对于每个人来说，都有一个关联的地址。人和地址的关系是has-a的关系。但是，我们不能说地址就是人的组成部分。同时，地址和人是可以相对独立存在的。

用代码来表示的话，典型的代码样式如下：

```
1. public class Address
2. {
3.     . . .
4. }
5.
6. public class Person
7. {
8.         private Address address;
9.         public Person(Address address)
10.        {
11.                this.address = address;
12.        }
13.        . . .
14. }
```

我们通常以如下方式使用Person对象：

```
1. Address address = new Address();
2. Person person = new Person(address);
```

或者：

```
1. Person person = new Person(new Address() );
```

可以看到，上面创建了一个独立的Address对象，然后将这个对象传入Person类的构造函数。当Person对象的生命周期结束时，Address对象如果还有其他指向Person对象的引用，那么它们可能继续存在。也就是说，它们的生命周期是相对独立的。

理解了聚合关系后，再来看组合关系相对来说就要好很多。和聚合比起来，组合是一种更加严格的has-a关系。它表示一种严格的组成关系。以汽车和引擎为例，引擎是汽车的组成部分。它们是一种严格的部分组成关系，因此它们的生命周期也应该是一致的。也就是说，引擎的生命周期可通过汽车来管理，如图4-16所示。

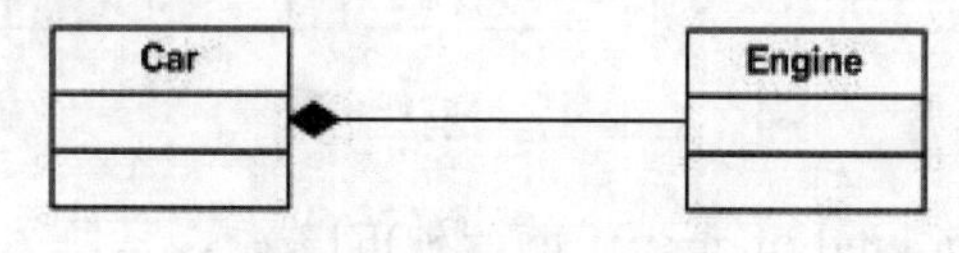

图4-16　组合关系示例

组合关系的典型示例如下：

```
1. public class Engine
2. {
3. . . .
4. }
5.
6. public class Car
7. {
8.     Engine e = new Engine();
9.     . . .
10. }
```

Engine对象是在Car对象中创建的，所以在Car对象的生命周期结束时，Engine对象的生命周期也结束了。

4.2.2 泛化关系

一个类(通用元素)的所有信息(属性或操作)能被另一个类(具体元素)继承，继承某个类的类不仅可以有属于自己的信息，而且还拥有被继承类的信息，这种机制就是泛化(generalization)。

1. 泛化及其表示方法

应用程序包含许多密切相关的类，这很常见。这些类可以共享一些特性和关系，也可以自然地看成代表相同事物的不同类。例如，考虑银行向顾客提供各种账户，包括活期账户、定期账户和在线账户。银行操作的一个重要方面是一个顾客事实上可以拥有多个账户，这些账户属于不同的类型。通常，我们对账户是什么以及持有账户涉及什么，要有一般概念。除此之外，我们可以设想一系列不同种类的账户，像上面列举的那些一样，尽管它们有差异，却仍共享大量的功能。我们可以将这些直觉形式化，定义通用的“银行账户”类，对各种账户共有的东西建模，然后将代表特定类型账户的类表示为通用类的特例。

因此，泛化是类之间的一种关系，在这种关系中，一个类被看作通用类(父类)，而其他类被看作特例(子类)。在UML中，泛化关系使用从子类指向父类的带有实线的箭头来表示，指向父类的箭头是一个空三角形，如图4-17所示。

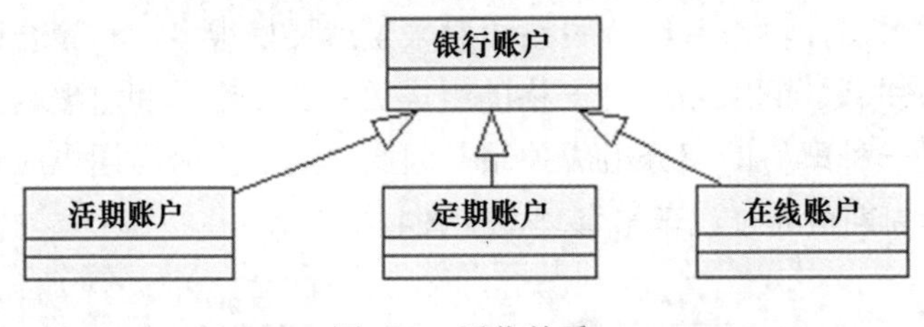

图4-17 泛化关系

泛化关系描述的是is a kind of(是……的一种)的关系，它使父类能够与更加具体的子类连接在一起，有利于类的简化描述，可以不用添加多余的属性和操作信息，通过继承机制就可以方便地从父类继承相关的属性和操作。继承机制利用泛化关系的附加描述，构造了完整的类描述。泛化和继承允许不同的类分享属性、操作和它们共有的关系，而不用重复说明。

泛化关系的第一个用途是定义可替代性原则，也就是当一个变量(如参数或过程变量)被声明存储某个给定类的值时，可使用类(或其他元素)的实例作为值，这被称作可替代性原则(由Barbara Liskov提出)。该原则表明无论何时祖先被声明，后代的一个实例都可以使用。例如，如果“交通工具”这个类被声明，那么“地铁”和“巴士”对象就是合法的值。

泛化关系的另一个用途是在共享祖先所定义成分的前提下允许自身定义其他的成分，这被称作继承。继承是一种机制，通过该机制可以将对象的描述从类及其祖先的声明部分聚集起来。继承允许描述的共享部分只被声明一次但可以被许多类共享，而不是在每个类中重复声明并使用，这种共享机制减小了模型的规模。更重要的是，减少了为了更新模型而必须做的改变以及意外的前后定义不一致。对于其他成分，如状态、信号和用例，继承通过相似的方法起作用。

泛化使得多态操作成为可能，即操作的实现是由它们使用的类而不是调用者确定的。这是因为一个父类可以有许多子类，每个子类都可实现同一操作的不同变体。

2. 抽象类与多态

在模型中引入父类，通常是为了定义一些相关类的共享特征。父类的作用是，通过使用可替换性原则而不是定义全新的概念， 对模型进行总体简化。可是结果发现，不需要创建根类的实例，因为所有需要的对象可以更准确地描述为其中一个子类的实例。

账户层次为此提供了一个例子。在银行系统中，可能每个账户必须是活期账户、定期账户或其他特定类型的账户。这意味着不存在作为根类的“银行账户”类的实例，或更准确地说，在系统运行时，不存在应该创建的“银行账户”类的实例。

“银行账户”这样的类，没有自己的实例，称为抽象类。不应该因为抽象类没有实例，就认为它们是多余的，就可以从类图中去除。抽象类或层次中根类的作用，一般是定义所有子孙类的公共特征。这对于产生清晰且结构良好的类图效果显著。根类还为层次中的所有类定义了一个公共接口，使用这个公共接口可以大大简化客户模块的编程。抽象类能够提供这些好处，正像具有实例的具体类一样。

抽象类中一般都带有抽象操作。抽象操作仅仅用来描述抽象类的所有子类应有什么样的行为，抽象操作只标记出返回值、操作名称和参数表，关于操作的具体实现细节并不详细书写出来，抽象操作的具体实现细节由继承抽象类的子类实现。换句话说，抽象类的子类一定要实现抽象类中的抽象操作，为抽象操作提供方法(算法实现)，否则子类仍然是抽象类。抽象操作的图示方法与抽象类相似，可以用斜体表示，如图4-18所示。

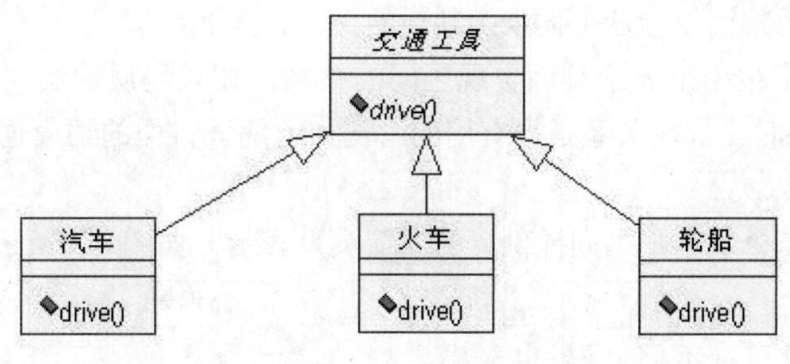

图4-18　抽象类

与抽象类恰好相反的类称为具体类。具体类有自己的对象，并且具体类中的操作都有具体实现的方法。比如，图4-18 中的“汽车”“火车”“轮船”三个类就是具体类。比较一下抽象类与具体类，不难发现，子类继承父类的操作，但是子类中对操作的实现方法却可以不一样，这种机制带来的好处是子类可以重新定义父类的操作。重新定义的操作的标记(返回值、操作名称和参数表)应和父类一样，同时操作既可以是抽象操作，也可以是具体操作。当然，子类中还可以添加其他的属性、关联关系和操作。

如果在图4-18 中添加“人驾驶交通工具”这种关联关系，那么结果如图4-19所示。当人执行(调用)drive 操作时，如果当时可用的对象是汽车，那么汽车轮子将开始转动；如果当时可用的对象是轮船，那么螺旋桨将会动起来。这种在运行时可能执行的多种功能，称为多态。多态利用抽象类定义操作，而用子类定义处理操作的方法，达到“单一接口、多种功能”的目的。在C++语言中，多态是利用虚拟函数实现的。

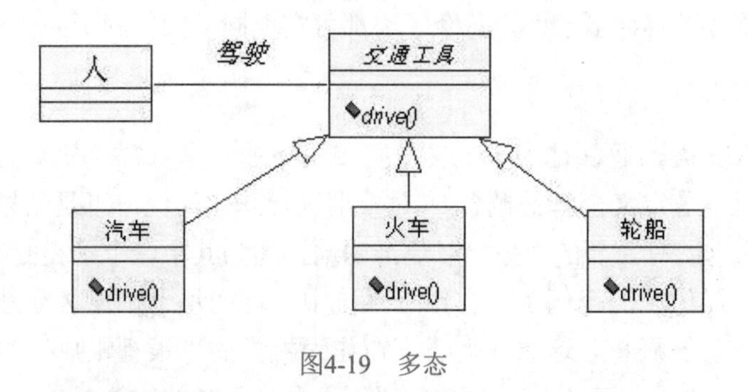

图4-19　多态

4.2.3 依赖关系

依赖(Dependency)关系表示的是两个或多个模型元素之间语义上的连接关系。它只将模型元素本身连接起来，而不需要用一组实例来表达它的意思。它表示这样一种情形，提供者的某些变化会要求或指示依赖关系中客户的变化。也就是说，依赖关系将行为和实现与影响其他类的类联系起来。

根据这个定义，依赖关系包括很多种，除了实现关系以外，还可以包含其他几种依赖关系，包括跟踪关系(不同模型中元素之间的一种松散连接)、精化关系(两个不同层次意义之间的一种映射)、使用关系(在模型中需要另一个元素的存在)、绑定关系(为模板参数指定值)。关联和泛化也同样都是依赖关系，但是它们有更特别的语义，因而它们有自己的名称和详细语义。我们通常用依赖这个词来指其他的关系。

依赖关系还经常被用来表示具体实现之间的关系，如代码层的实现关系。在概括模型的组织单元(例如包)时，依赖关系是很有用的。例如，编译方面的约束也可通过依赖关系来表示。

依赖关系使用一个从客户指向提供者的虚箭头来表示，如图4-20所示。

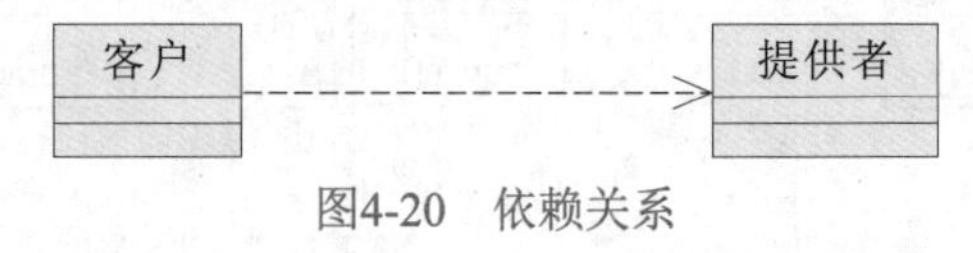

图4-20　依赖关系

4.2.4 实现关系

实现(realization)关系将一种模型元素(如类)与另一种模型元素(如接口)连接起来。在实现关系中，接口只是行为的说明而不是结构或实现，而类中则要包含具体的实现内容，可以通过一个或多个类实现一个接口，但是每个类必须分别实现接口中的操作。虽然实现关系意味着要有接口这样的说明元素，但也可以用具体的实现元素来暗示说明(而不是实现)必须被支持。例如，这可以用来表示类的优化形式和简单形式之间的关系。

泛化和实现关系都可以将一般描述与具体描述联系起来。泛化关系将同一语义层上的元素连接起来(比如在同一抽象层)，并且通常在同一模型内。实现关系将不同语义层上的元素连接起来(比如分析类和设计类)，并且通常建立在不同的模型内。在不同发展阶段可能有两个或更多个类等级，这些类等级的元素通过实现关系联系起来。两个等级无须具有相同的形式，因为实现的类可能具有实现依赖关系，而这种依赖关系与具体类是不相关的。

在UML中，实现关系的表示形式和泛化关系十分相似，使用一条带封闭空箭头的虚线来表示，如图4-21所示。

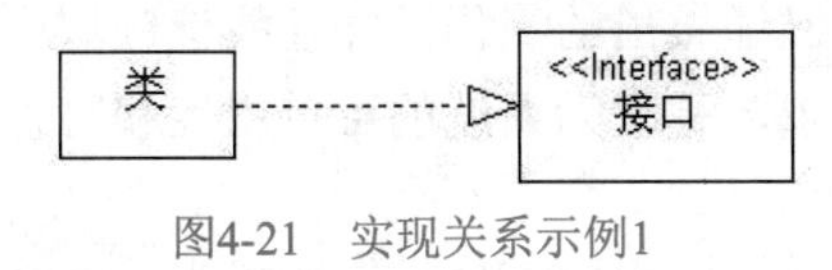

图4-21　实现关系示例1

在UML中，接口通常使用圆圈来表示，并通过一条实线附在表示类的矩形上来表示实现关系，如图4-22所示。

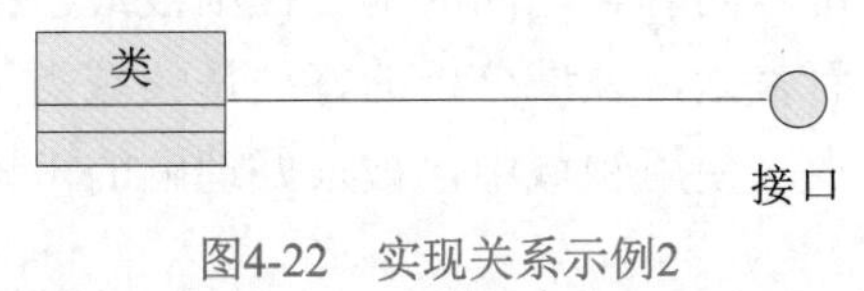

图4-22　实现关系示例2

4.3　系统静态分析技术

在面向对象系统开发过程中，经常采用自底向上的方法来开发一组可以复用的构件以装配系统。这些构件还应该能够适宜地放置到一个灵活的、可扩展的系统架构中，而只有通过自顶向下的方法才能实现这个系统架构。为了做到这一点，必须在使用一组高可重用性的构件构成系统之前，首先开发出这些构件。为了开发稳定的系统架构，使其能够充分地适应目标构件，在整个系统开发生命周期内，常常交叉使用自顶向下和自底向上方法。

4.3.1　如何获取类

识别对象是一项非常困难的任务，特别是根据上下文的不同，现实世界中的事物可能被认为既可以是属性，也可以是对象。例如，城市是现实世界中的物理对象。在地址Address上下文中，City仅仅是Person类的属性而已；而在城市规划系统中，City本身可能是类。

可以通过检查类模型的可用性、可扩展性和可维护性等来衡量类模型的优劣，而且好的类模型在其他面向对象系统组件中也应该是可以重用的。可重用性是面向对象方法的一个关键优势。

为了解决对象识别问题，应该同时进行领域分析和用例分析，领域分析从问题陈述着手，以产生类模型。领域分析关注可重用对象的识别，这些对象对于同样问题域的大多数应用来说都是通用的。因此，系统特定的对象也可以从用例中识别出来。领域分析和用例分析的结果都可以用来生成健壮的通用类模型。这将保证类模型可以满足用户的需求，并可以被同一领域的其他应用重用。

4.3.2 领域分析

领域分析的目的是识别在某个领域中的很多应用都能够通用的类和对象，可以避免从头开始造成的时间和精力浪费，并且可以提升系统组件的可重用性。领域分析涉及找出其他人在实现其他系统过程中已经做出的工作，并查找该领域中的文献。记住，面向对象方法要比传统的结构化方法优越，是因为系统的可重用性和可扩展性，而不是因为它们更加流行。

如上所述，领域分析的目标是识别一组类，这组类对于处理同一领域中的问题的应用来说都是通用的。然后，根据它们的特性，领域类和应用特有的类被划分成不同的包。这样，类模型的内聚性被最大化，同时类之间的耦合性则被最小化，从而极大地提高了系统的可维护性和可扩展性。简而言之，领域分析的好处是领域类可以被其他应用在解决同一领域内的问题时重用。进一步，使用领域中已被很好理解的术语来命名领域类，将提高文档的可读性。

然而，没有简单直接的方法能够识别问题域中的一组类。领域分析严重依赖于设计师对领域的知识、直觉以及先前的经验和技巧。一种常用的进行领域分析的办法是首先准备一份问题域的陈述，然后进行文本分析以识别候选类。问题陈述和文本分析为领域分析提供了一个很好的起点。然后对候选类逐步进行细化，以向领域类模型添加关联关系、属性和操作。

领域分析从准备问题陈述开始，以提供领域问题的一般性描述。通常是在采访领域的专家之后准备好问题陈述。Rumbaugh等人为开发领域类模型推荐下列步骤。

(1) 准备问题陈述。

(2) 使用文本分析技术识别对象和类。

(3) 开发数据字典。

(4) 识别类之间的关联关系。

(5) 识别类和关联关系类的属性。

(6) 使用继承来组织类。

(7) 为可能存在的查询验证访问路径。

(8) 迭代并细化领域类模型。

4.3.3 保持模型简单

一旦开始建模，并且类的数目较多时，要保证所进行的抽象能够比较平衡地划分类的职责。这就意味着任何一个类都不能太大，也不能太小。每个类都应该做好一件事。如果类太大，模型将难以修改，并且不易于重用。如果类太小，模型中将会有太多类，这将导致难以管理和理解。这就是人们常说的“7规则”，即假设人的短期记忆能力在同一时刻只能处理7段信息。

如果类超过7个，就要为不同上下文画图。例如，在零售信息系统中，可以根据不同的活动区域将类打包，比如销售、库存、管理、采购等，这也相应地在不同的类图中表示。常常需要以迭代和增量的方式开发同一个图。换句话说，图的最初版本往往是概念性的，并且应该捕获模型的“大图”。后续的迭代将捕获额外的细节，并且通常更多地面向实现。在对模型比较满意之前，需要多次修订模型。

4.3.4 启发式方法

下面的启发式方法有助于人们进行静态分析。

- 不要尝试去开发大的单个类图，只选取那些适合于上下文的类。例如，类图只表示某个主要的系统功能(用例)，而不是整个系统。记住：人类在某一时刻只能处理大约7段信息。
- 使用子系统、包、软件框架之类的模型管理结构，通过自顶向下方法构成系统架构。
- 将类分成不同的模型管理结构时，同时考虑逻辑方面和物理方面，比如按照角色、职责、部署或硬件平台等来考虑。
- 如果可能，使用数据或中间件在主要子系统之间进行通信。数据耦合要比逻辑耦合更易于维护，因为需求改变只会导致数据变动。
- 然而，静态分析对于那些实时应用或时间敏感的应用是不可能的，因为性能将是一个重要问题。
- 对于那些在架构上非常重要的分类器，明智地应用设计模式，这样可以使系统架构更具灵活性和适应性。第6章将详细讨论这个问题。
- 使用自底向上方法进行应用领域分析，比如文本分析、类-职责-协作(Class-Responsibility-Collaboration，CRC)或回顾遗留系统和文档来识别可重用组件，这样，这些概念和术语就可以被业界理解和接受。
- 交叉检查运用自顶向下方法和自底向上方法，确保最终的工件(架构、子系统和组件)可以很好地共存。
- 当开发不断进行时，增量地使用包来组织领域类。相继开发的每个系统功能(用例)将产生一组领域类。这组领域类应该划分成适当的包，这样每个包都包含紧密相关的一组类。将类组织成包还使得在领域类模型增长时可以更容易地对其进行管理。
- 进行用例分析。一组用例实例场景用来帮助人们遍历参与交互(交互所需)的对象、通过分析收发的消息以及要赋予每个对象的职责(操作)，最终的工件(一组对象及其操作)将有助于人们识别结构模型中遗漏的部分。

审视一下某个类是否太大。如果太大，考虑对这个类重新组织，将其重组为两个或更多个类，并使用各种关系将最终的类组织起来。

4.3.5 静态分析过程中的技巧

在静态分析过程中，下面的技巧有助于帮助我们完成类的识别和分析。

1. 设置类图的关注点和上下文

确信类图只处理系统的静态方面。不要尝试将所有内容都合并到单个类图中。在开始开发类图之前，设置上下文及其服务目标和类图的范围。

2. 使用恰当的类名

可以从两个地方识别类：领域分析和用例分析。一方面，如果从用例分析中识别的类与从领域分析中识别的类相似或相同，就是比较理想的情况。另一方面，如果从两个地方获得的类不一致，就跟最终用户讨论这些类，建议他们使用标准的行业术语，并考虑领域中的主导厂商。如果他们坚持使用自己的术语(非标准)，那么就有必要将标准术语放置到库中，为他们(特别为应用指定的非标准术语)使用子类。

3. 组织好图元素

不仅类应该使用各种面向对象语义进行构造，还要为它们的元素提供空间以提高可读性。例如，将类图中的交叉线数目减到最少，并将语义上类似的元素靠近放置。

4. 为图元素提供注释

对于存在不清晰的需要澄清概念的那些元素，附加一些注释，并且如有必要，在注释中附加外部文件、文档或链接(如HTTP链接或目录路径)。一些自动化CASE工具支持这类注释(比如VP-UML)，这样就可以将各种资源整合到可导航的可视化模型中。

5. 以迭代和增量方式细化结构模型

当经历各个开发阶段时，可以一次次地不断丰富结构模型。例如，动态模型有助于识别类的职责，或者有可能发现新的类、实现类和控制类。

6. 只显示有关的关联关系

如果某个类被多个用例甚至多个应用使用的话，那么这个类可能有多个关联关系，这些关联关系与不同的上下文相关。在类图中，只给出与人们所关心的上下文相关的关联关系，并隐藏无关的关联关系。不要尝试将所有关联关系和类合并到大的类模型中，因为大多数人管理起来都很困难。

4.4 构造类图模型

通过上面的内容，我们学习了类图以及类图中相关模型元素的基本概念。接下来，我们学习如何使用Rational Rose创建类图以及类图中的各种模型元素。

4.4.1 创建类

在类图的工具栏中，可以使用的工具栏按钮如表4-4所示，其中包含所有Rational Rose默认显示的UML模型元素。我们可以根据这些默认显示的按钮创建相关的模型。

表4-4　类图的工具栏按钮

按钮图标	按钮名称	用途
	Selection Tool	选择工具
	Text Box	创建文本框
	Note	创建注释
	Anchor Note to Item	将注释连接到序列图中的相关模型元素
	Class	创建类
	Interface	创建接口
	Undirectional Association	单向关联关系
	Association Class	关联类并与关联类连接
	Package	包
	Dependency or Instantiates	依赖或示例关系
	Generalization	泛化关系
	Realize	实现关系

1. 创建类图

(1) 用鼠标右击浏览区中的Use Case View(用例视图)或Logical View(逻辑视图)，或者单击这两个视图下的包。

(2) 在弹出的快捷菜单中，选择New(新建)→Class Diagram(类图)命令。

(3) 输入新的类图名称。

(4) 双击打开浏览区中的类图。

2. 删除类图

(1) 选中需要删除的类图，用鼠标右击。

(2) 在弹出的快捷菜单中选择Delete命令即可删除。

删除类图时，通常需要确认一下是否是Logical View(逻辑视图)下的默认视图。如果是，将不允许删除。

3. 添加类

(1) 在类图的工具栏中，单击 图标，此时光标变为＋符号。

(2) 在类图中单击，任意选择一个位置，系统会在该位置创建一个新类，默认名为NewClass。

(3) 在类的名称栏中，显示了当前所有类的名称，可以选择清单中的现有类，这样就把模型中存在的类添加到类图中了。如果要创建新类，对NewClass重命名即可。创建的新类会自动添加到浏览区的视图中。

4. 删除类

一种方式是将类从类图中移除，另一种方式是将类永久地从模型中移除。对于第一种方式，类还在模型中，如果想重新使用，只需要将类拖动到类图中即可。对于第二种方式，是将类永久地从模型中移除，其他类图中的也会一并删除。可以通过以下方法进行删除操作。

(1) 选中需要删除的类并用鼠标右击。

(2) 在弹出的快捷菜单中选择Delete命令。

4.4.2 创建类与类之间的关系

我们在概念中已经介绍过，类与类之间的关系通常有4种，它们分别是依赖关系、泛化关系、关联关系和实现关系，接下来介绍如何创建这些关系。

1. 创建依赖关系

(1) 单击工具栏中的相应图标，或者选择Tools(工具)→Create(新建)→Dependency or Instantiates命令，此时的光标变为↑符号。

(2) 单击依赖者的类。

(3) 将依赖关系线拖动到另一个类中。

(4) 双击依赖关系线，弹出设置依赖关系规范的对话框。

(5) 在弹出的对话框中，可以设置依赖关系的名称、构造型、可访问性、多重性以及文档等。

2. 删除依赖关系

(1) 选中需要删除的依赖关系。

(2) 按Delete键或者用鼠标右击并选择快捷菜单中的Edit(编辑)→Delete命令。

从类图中删除依赖关系并不代表从模型中删除依赖关系，依赖关系在连接的类之间仍然存在。如果需要从模型中删除依赖关系，可以通过以下步骤进行。

(1) 选中需要删除的依赖关系。

(2) 同时按Ctrl和Delete键，或者用鼠标右击并选择快捷菜单中的Edit(编辑)→Delete from Model命令。

3. 创建泛化关系

(1) 单击工具栏中的相应图标，或者选择Tools(工具)→Create(新建)→Generalization命令，此时的光标变为↑符号。

(2) 单击子类。

(3) 将泛化关系线拖动到父类中。

(4) 双击泛化关系线，弹出设置泛化关系规范的对话框。

(5) 在弹出的对话框中，可以设置泛化关系的名称、构造型、可访问性、文档等。

4. 删除泛化关系

(具体步骤请参考删除依赖关系的方法)

5. 创建关联关系

(1) 单击工具栏中的相应图标，或者选择Tools(工具)→Create(新建)→Unidirectional Association命令，此时的光标变为↑符号。

(2) 单击要关联的类。

(3) 将关联关系线拖动到要与之关联的类中。

(4) 双击关联关系线，弹出设置关联关系规范的对话框。

(5) 在弹出的对话框中，可以设置关联关系的名称、构造型、角色、可访问性、多重性、导航性和文档等。

聚集关系和组合关系也是关联关系，可以通过扩展类图的工具栏，并使用聚集关系图标来创建聚集关系，也可以根据普通类的规范窗口来设置聚集关系和组成关系。具体步骤如下。

(1) 在关联关系的规范设置对话框中，选择Role A Detail或Role B Detail选项卡。

(2) 选中Aggregate选项。如果想设置组合关系，则需要选中By Value选项。

(3) 单击OK按钮。

5. 删除关联关系

(具体步骤请参考删除依赖关系的方法)

6. 创建和删除实现关系

创建和删除实现关系与创建和删除依赖关系等类似，实现关系的图标是 ，使用该图标将实现关系的两端连接起来，双击实现关系段，打开实现关系的规范设置对话框，可以设置实现关系的名称、构造型、文档等。

4.4.3 案例分析

以下将以“个人图书管理系统”为例，介绍如何创建系统的类图。具体步骤如下。

(1) 研究分析问题域，确定系统需求。

(2) 确定类，明确类的含义和职责，确定属性和操作。

(3) 确定类之间的关系。

(4) 调整和细化类与类之间的关系。

(5) 绘制类图并增加相应的说明。

“个人图书管理系统”的需求如下所述：小王是一个爱书之人，家里各类书籍已过千册，而平时又时常有朋友外借，因此需要有个人图书管理系统。该系统应该能够将书籍的基本信息按计算机类、非计算机类分别建档，实现按书名、作者、类别、出版社等关键字的组合查询功能。在使用该系统录入新书籍时，系统会自动按规则生成书号，可以修改信息，但一经创建就不允许删除。该系统还应该能够对书籍的外借情况进行记录，可打印外借情况列表。另外，我们希望能够对书籍的购买金额、册数按特定时间周期进行统计。

接下来，根据上述系统需求，使用面向对象分析方法来确定系统中的类。下面列出一些可以帮助建模者定义类的问题。

- 有没有一定要存储或分析的信息？如果存在需要存储、分析或处理的信息，那么这些信息有可能就是类。这里讲的信息可以是概念(概念总在系统中出现)或事件(发生在某一时刻)。
- 有没有外部系统？如果有，外部系统可以看作类，可以是本系统包含的类，也可以是本系统与之交互的类。
- 有没有模板、类库、组件？如果手头上有这些东西，它们通常应作为类。模板、类库、组件可以来自原来的工程，也可以是别人赠送或从厂家购买的。
- 系统中有被控制的设备吗？凡是与系统相连的任何设备都要有对应的类，通过这些类控制设备。
- 有无需要表示的组织机构？在计算机系统中通常用类表示组织机构，特别在构建商务模型时用得更多。
- 系统中有哪些角色？这些角色也可以看成类，比如用户、系统操作、客户等。

依照上述问题可以帮助建模者找到需要定义的类。需要说明的是，定义类的基础是系统的需求规格说明文档，通过分析需求规格说明文档，从中找到需要定义的类。

事实上，由于类一般是名词，因此也可以使用“名词动词法”寻找类。具体来说，首先把系统需求规格说明文档中的所有名词标注出来，然后在其中进行筛选和调整。以上述“个人图书管理系统”为例，标注需求描述中的名词以后，可以进行如下筛选和调整过程。

- “小王”“人”“家里”很明显是系统外的概念，无须建模。
- 而“个人图书管理系统”“系统”指的就是将要开发的系统，是系统本身，也无须建模。
- 很明显，“书籍”(Book)是十分重要的类，而“书名”(bookName)、“作者”(author)、“类别”(type)、“出版社”(publisher)都是用来描述书籍的基本信息的，因此应该作为“书籍”类的属性处理；而“规则”是指书号的生成规则，“书号”是“书籍”类的一个属性，因此“规则”可以作为编写“书籍”类构造函数的指南。
- “基本信息”则是书名、作者、类别等描述书籍的基本信息的统称，“关键字”则代表其中之一，因此无须建模。
- “功能”“新书籍”“信息”“记录”都是在描述需求时要用到的一些相关词语，并不是问题域的本质，因此可以先淘汰掉。
- “计算机类”“非计算机类”是系统中图书的两大分类，因此应该建模，并改名为“计算机类书籍”(ItBook)和“非计算机类书籍”(OtherBook)，以减少歧义。
- “外借情况”则用来表示一次借阅行为，应该成为候选类，多个“外借情况”将组成“外借情况列表”，而“外借情况”中一个很重要的角色是“朋友”——借阅主体。虽然系统中并不需要建立“朋友”的资料库，但考虑到可能需要列出某个朋友的借阅情况，因此还是将其列为候选类。为了能够更好地表述，将“外借情况”改名为“借阅记录”(BorrowRecord)，而将“外借情况列表”改名为“借阅记录列表”(BorrowList)。

- “购买金额”“册数”都是统计结果，都是数字，因此不用建模；而“特定时限”则是统计范围，也无须建模；不过从这里的分析中可以发现，在需求描述中隐藏着一个关键类——“书籍列表”(BookList)，也就是执行统计的主体。

最终，确定“个人图书管理系统”的类为：“书籍”“计算机类书籍”“非计算机类书籍”“借阅记录”“借阅记录列表”“书籍列表”，一共6个类。

接下来，对上述6个类的职责进行分析，确定属性和操作。

- “书籍”类：从需求描述中可找到“书名”“类别”“作者”“出版社”属性，同时从统计的需求角度，可得知“定价”(price)也是一个关键的属性。
- “书籍列表”类：书籍列表就是全部的藏书列表，主要的成员方法是新增(add())、修改(modify())、查询(query()，按关键字查询)、统计(count()，按特定时限统计册数与金额)。
- “借阅记录”类：借阅人(borrowMan)、借阅时间(borrowDate)。
- “借阅记录列表”类：主要职责就是添加记录(add())、删除记录(remove())以及打印借阅记录(print())。

最后，确定类之间的关系，并绘制“个人图书管理系统”的类图，如图4-23所示。

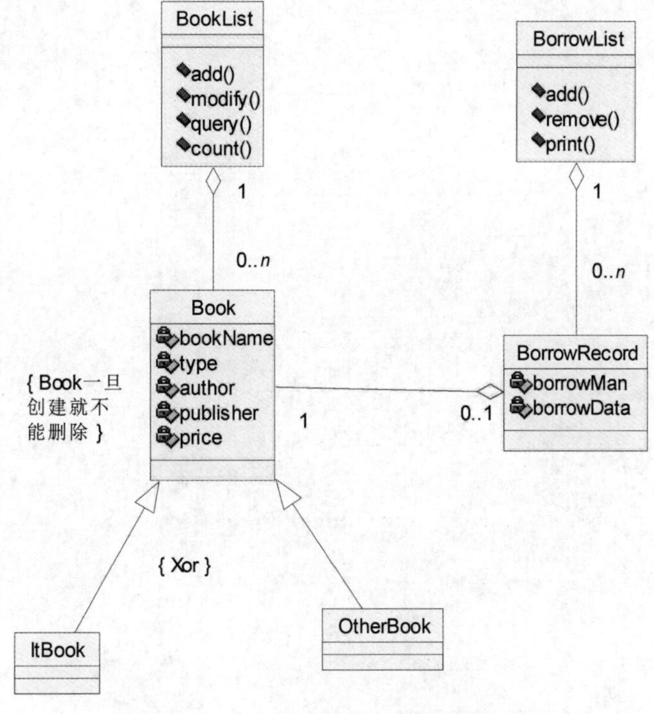

图4-23　“个人图书管理系统”的类图

4.5 小结

本章学习了如何通过面向对象的系统静态结构分析生成系统的类图模型，这是系统静态分析的主要工件。为了完成这一任务，我们遵循面向对象分析的基本思想和方法，同时介绍了一些经验和技巧。在本阶段，分析模型中最重要的元素是分析类，带有属性和操作、显示类之间关系的关联，以及任何多重性约束。在此基础上，介绍了使用Rational Rose建模工具创建类图的步骤和过程。希望通过这一章的学习，读者能够根据面向对象分析方法描绘出一个简单的类图模型。

4.6 思考练习

1. 什么是UML静态分析模型？
2. 类图的组成元素有哪些？
3. 如何区分链接和关联？
4. 什么是多重性？
5. 使用静态分析时有哪些技巧？

第 5 章

静态分析与对象图

静态模型描述的是系统操纵的数据块之间结构上的关系，比如数据如何分配到对象中、对象如何分类，以及它们之间具有什么关系。类图和对象图是两种最重要的静态模型。虽然类图仅显示系统中的类，但是，如果存在一个变量能确定地显示各个类对象的位置，那就是对象图。对象图描述系统在某个特定时间点的静态结构，是类图的实例和快照，也就是类图中的各个类在某个时间点的实例及其关系的静态写照。

本章的学习目标：

- 理解对象的概念和含义
- 理解封装的含义
- 掌握关联和聚合的概念
- 掌握对象图的基本概念和组成要素
- 掌握对象图和类图的区别方法

5.1 对象简介

类图和对象图是两种最重要的静态模型。类图描述系统的静态结构，而对象图是系统静态结构的“快照”，显示在给定时刻实际存在的对象以及它们之间的连接。可以为一个系统绘制多个不同的对象图，每个都代表系统在给定时刻的状态。对象图展示系统在给定时刻持有的数据，这些数据可以表示各个对象、这些对象中存储的属性值或这些对象之间的连接。

5.1.1 对象的概念

对象(object)可以是一件事、一个实体、一个名词，或是获得的某种东西，甚至是你能够想象的由你自己标识的任何东西。一些对象是活的，一些对象则不是。现实世界中的例子有汽车、人、房子、桌子、狗、植物、支票簿或雨衣等。

所有的对象都有属性(property)，例如汽车有厂家、型号、颜色和价格，狗有品种、年龄和颜色。对象还有行为(behavior)，例如汽车可以从一个地方行驶到另一个地方，狗会吠。

在面向对象的软件中，真实世界中的对象会转变为代码。在编程术语中，对象是独立的模块，有自己的知识和行为(数据和进程)。把对象看作机器人、动物或人是很常见的：每个对象都有一定的知识，表现为属性；对象知道如何为程序的其他部分执行某些操作。例如，Person对象知道自己的头衔、姓名、出生日期和地址，还可以改名、搬到新地址、告知年龄等。

在为Person对象编写代码时参考人的特性，就可以想象出系统的其余部分，这会使编程比其他方式更简单(还有助于从真实世界中的概念开始)。如果Person以后需要知道身高，就可以把这个知识(和相关的行为)直接添加到Person代码中。在系统的其余部分，只有需要使用身高属性的代码才需要修改，其他代码都保持不变。改变的简单性和本地化是面向对象软件的重要特性。

一般情况下，把生物看成某类机器人是很简单的，但把没有生命的物体看成有行为的对象就有点怪异。我们一般不认为电视能改变价格或给自己新的广告。但是，在面向对象的软件中，这就是我们需要做的工作。原因是，如果电视不做这些工作，系统的其他部分就要做。这就会把电视的特性泄露给其他代码，丧失我们一开始追求的简单性和本地化(又回到“做事的旧方式”了)。不要被面向对象开发中，把软件对象想象成人、把人的特性赋予没有生命的对象或动物所吓住。

图5-1是一些适合用作软件对象的真实物体。你能想出其他对象吗？能想出不适合用作对象的物体吗？后者是一个很难的问题，答案必然是“不能”。在某种情况下，几乎所有的物体都可以用作对象。不适合用作对象的物体是那些合并了几个概念的物体，例如银行账户对象具备的某些属性和行为也属于银行职员。记住，真实世界中的某些概念对应于程序中的特定概念。

图5-1　真实世界中的对象

在进一步讨论之前，需要注意，我们并不尽力模拟真实世界，因为这太困难了。我们只是尽力确保软件受真实世界中概念的影响，使软件更容易开发和改变。系统和计算机的需求也是很重要的考虑因素。一些开发人员不喜欢真实世界和软件过于接近，但是，如果为医院开发的面向对象系统中不包含Patient对象，就没有什么用。

我们不可能编写出理想的Person对象或其他完美的对象。真实世界中的对象可以应用的特性和功能太多了，如果把它们全包括进来，就不可能在系统中编写出其他对象了。

在一般的程序中，不需要真实世界中对象的大多数方面，因为软件系统只是解决某个方面的问题。例如，银行系统对客户的年龄和收入感兴趣，对鞋的尺寸或喜欢的颜色不感兴趣。编写对许多系统都有用的对象是合理的，尤其是编程中已得到很好理解的领域。例如，所有带用户界面的系统都能使用相同的“可滚动列表”对象。技巧是一开始就考虑要处理的业务，弄清楚以下问题：如果我在这个业务领域工作，“人”对我意味着什么？是客户、员工、患者，还是其他人？优秀的软件开发人员首先会为业务建模。

模型(model)是问题域或所提出的解决方案的表示方式，用于交流或思考真实的事务。建模可以增进了解，避免潜在的问题。例如，建筑师为新的音乐厅建立模型。有了它，建筑师就可以说：“这就是新音乐厅完工后的样子。”模型有助于他们提出新点子，例如，“我觉得屋顶还要更倾斜一些。”即使还没有开工，也可以通过模型了解许多事情。许多软件开发都涉及创建和细化模型，而不是删掉代码。

对象是独立存在的。把一支蓝色的钢笔放在左手中，把另一支蓝色的钢笔放在右手中，于是，我们的手中就有两支钢笔，它们是彼此独立的，每一支钢笔都有自己的标识。但它们有类似的属性：蓝色的墨水、相同的厂商、相同的型号等。根据它们的属性，这两支钢笔是可以互换的，如果在纸上写下什么，不会有人看出是用了哪支钢笔(除非他们看到写字的过程)。钢笔是相同的，但它们不是一支笔。在软件和真实世界中，这是非常重要的区分。

另举一个例子，考虑图5-2中的情形。在Acacia大街住着Smith和Jonese两个家庭。Smith住在4号，Jonese住在7号。这两个家庭各拥有一台GrassMaster 75割草机，并且都是在新型号推出的第一天购买的。割草机非常相似，如果有人偷偷交换了这两台割草机，Smith和Jonese是不会发现的。

图5-2 相同还是相等

除割草机外，Smith和Jonese各有一只猫，分别叫Tom和Tiddles。Tom和Tiddles都是很友善的猫，都已经三岁了，而且因为喂食的次数非常多，所以他们都长得圆圆的。但Tom喜欢在花园里抓老鼠，而Tiddles喜欢追逐毛线球。拜访Smith家和Jonese家的人都会注意到Tom和Tiddles很相似，以为Tom和Tiddles是同一只猫也就没有什么奇怪了。

在这个例子中，有两台割草机和两只猫。尽管割草机有不同的标识，这些标识记录在机体的序列号牌上，但它们是相同的，因为它们有相同的属性。猫也有标识，甚至可以有自己的名字(如Me或Hfrrr)。猫和割草机的区别是，猫是动物，而割草机不是。人、物体或动物很少需要与标识关联起来：一只猫不会考虑自己与其他猫是否有区别，割草机不需要知道自己是割草机才能割草。家人不需要知道Hfrrr的喂食次数是否是其他猫的两倍，也不需要知道工棚里的割草机是否是他们购买的那一台。

一般说来，在面向对象的系统中，如果使用一个软件对象表示真实世界中的每个物体，就不会犯错。

有时还可以共享对象，互换相同的对象，但很少需要担心标识：只要告诉对象应该做什么，对象就会使用自己的知识和能力来响应请求。

5.1.2 封装

封装可以隐藏对象的属性(对象把属性密封在盒子中，把操作放在盒子的边缘)。隐藏的属性称为私有属性。一些编程语言(如Smalltalk)自动把属性设置为私有属性，而另一些语言(如Java)让程序员决定属性的私有性。

封装是编程语言防止程序员相互干扰的一种方式：如果程序员可以绕过封装操作，就会依赖用于表示对象知识的属性。这会加大将来改变对象内部表示的难度，因为必须找出直接访问属性的所有代码，并修改它们。没有封装，就会丧失简单性和本地化。

以表示圆的对象作为封装的例子。圆的操作包括计算半径、直径、面积和周长。那么我们需要存储什么属性才能支持这些操作呢？我们可以存储半径或直径，按照需要计算出其他属性。实际上，只要存储这四个属性中的任意一个，就可以按照需要计算出其他三个属性(选择哪个属性取决于个人喜好)。

假定选择存储直径。要访问直径的程序员直接获取直径属性，而不是通过“获取直径”操作来访问。如果在软件的后续版本中，要存储的是半径，就必须找出系统中直接访问直径的所有代码，并更正它们(在这个过程中会引入错误)。而有了封装，就不会出问题。

理解封装的另一种方式是想象对象是谦恭的。如果想要从同事那里借一些钱，不能抢夺同事的钱包，大翻一通，看看里面是否有足够的钱；而应询问他们是否可以借你一些钱，他们会自己翻钱包。

5.1.3 关联和聚合

对象都不是孤立的。所有的对象都与其他对象有直接或间接的联系，这种联系或强或弱。对象彼此联系起来，就会更强大。这种联系允许我们在对象中浏览，找出额外的信息和行为。例如，如果处理表示Freda Bloggs的Customer对象，要给Freda送一封信，就需要知道Freda住在Acer路的42号。我们希望把地址信息存储在某个Address对象中，这样就可以查找Customer对象和Address对象之间的联系，确定把信送到什么地方。

在用对象建模时，可以用两种方式连接对象：关联或聚合。有时很难判定两者的区别，这里有以下一些规则。

- 关联是一种弱连接，对象可以是小组或家庭的一部分，但它们不完全相互依赖。例如，汽车、司机、一名乘客和另一名乘客。当司机和两名乘客在汽车上时，他们就是关联的：他们都朝着同一个方向前进，占用相同的空间等。但这种关联是松散的：司机可以让一名乘客下车，这样这名乘客就与其他乘客没有关联了。图5-3显示了对象图中的关联(这里省略了属性和操作，强调结构)。

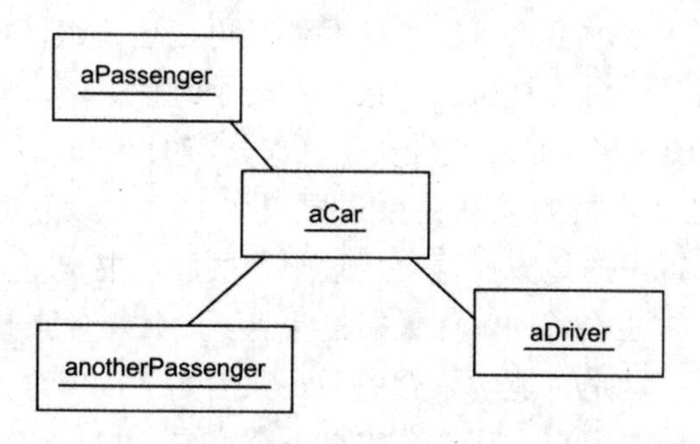

图5-3　关联

- 聚合表示把对象放在一起，变成一个更大的对象。例如，微波炉由柜子、门、指示板、按钮、马达、玻璃盘、磁电管等组成。聚合常常会形成“部分-整体(part-whole)”层次结构，其中隐含了较大的依赖性，至少是整体对部分的依赖。例如，如果把电磁管从微波炉中取出来，那么微波炉就没有用了，因为无法加热食物了。

图5-4说明了如何把房子绘制为聚合关系。为了强调聚合和关联的区别，在“整体”端加上了白色的菱形框。

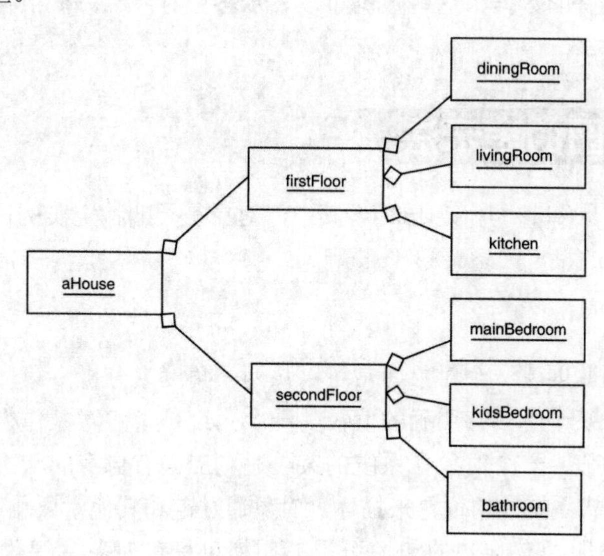

图5-4　聚合

如前所述，关联和聚合的区别是很微妙的。使用“如果去除其中一个对象，会发生什么”的测试区分关联和聚合很有帮助，但这并不总能解决问题，还需要仔细思考和一定的经验。

我们常常需要在关联和聚合之间做出选择，因为这会影响设计软件的方式。下面是一些例子。

- 朋友：朋友是关联关系。原因如下：把朋友聚集在一起，变成更大的朋友是没有意义的；朋友会随着时间的流逝离开或回来。
- 电视机中的组件：这是比较容易理解的聚合关系。原因如下：把按钮和旋钮放在一起，制作出控制面板；把屏幕、电子枪和磁性卷放在一起，做出显像管；把这些小部件组装起来，就会得到较大的组件；再把这些组件放在电视外壳中，加上后盖，最终就得到一台电视机。如果其中一个组件失败，它们就不再是电视机，而只是一堆没用的垃圾。这就是经典的“部分-整体”层次结构。
- 书架上的书：这是典型的关联关系。原因如下：书架不需要书，就可以成为书架，书架只是放置书的地方而已。反过来，书放在书架上，就肯定与书架相关联(如果移动书架，书也会移动，如果书架散架了，书就会掉下来)。
- 办公室中的窗户：这是可能的聚合关系。原因如下：窗户是办公室的一部分。尽管可以移走已打破的窗户，让办公室少一个窗户，但人们仍希望不久之后就换上新窗户。

5.2 对象图

对象图是系统的“快照”，显示在给定时刻实际存在的对象以及它们之间的连接。可以为一个系统绘制多个不同的对象图，每个都代表系统在某个给定时刻的状态。对象图展示系统在给定时刻持有的数据，这些数据可以表示各个对象、对象中存储的属性值或对象之间的连接。

5.2.1 对象图的表示法

对象图中包含对象(object)和链(link)。其中，对象是类的特定实例，链是类之间关系的实例，表示对象之间的特定关系。

1. 对象(object)

对象是类的实例，创建一个对象通常可以从两个角度来分析。第一个角度是，将对象作为一个实体，它在某个时刻有明确的值；另一个角度是，将对象作为一个身份持有者，在不同时刻有不同的值。一个对象在系统的某一时刻应当有自身的状态，通常这个状态使用属性的赋值或分布式系统中的位置来描述，对象通过链和其他对象相联系。

对象可以通过声明拥有唯一的句柄引用，句柄可标识对象、提供对对象的访问、代表对象拥有唯一的身份。对象通过唯一的身份与其他对象相联系，彼此交换消息。对象不仅可以是一个类的直接实例，如果执行环境允许多重类元，对象还可以是多个类的直接实例。对象也拥有直属和继承操作，可以调用对象来执行任何直属类的完整描述中的任何操作。对象也可以作为变量和参数的值，变量和参数的类型被声明为与对象相同的类或对象直属类的祖先，从而简化编程语言的完整性。

对象在某一时刻的属性都是有相关赋值的，在对象的完整描述中，每一个属性都有一个属性槽，换言之，每一个属性在直属类和祖先类中都进行了声明。当对象的实例化和初始化完成后，每个属性槽中就有了一个值，它是所声明的属性类型的一个实例。在系统运行时，属性槽中的值可以根据对象要满足的限制进行改变。如果对象是多个类的直接实例，那么在对象的直属类和任何祖先类中声明的每一个属性在对象中都有一个属性槽。相同的属性不可以多次出现，但如果两个直属类是同一祖先的子孙，则不论通过何种路径到达属性，祖先类中的每个属性只有一个备份被继承。

一些编程语言支持动态类元，这时对象就可以在执行期间通过更改直属类操作，指明属性值改变对象的直属类，在过程中获得属性。如果编程语言同时允许多类元和动态类元，则在执行过程中可以获得和失去直属类，如C++等。

对象是类的实例。对象与类使用相同的几何符号作为描述符，但对象使用带有下画线的实例名，从而作为个体区分开来。顶部显示对象名和类名，使用的语法是“对象名：类名”，底部包含属性名和值的列表。在Rational Rose中，虽然不显示属性名和值的列表，但可以只显示对象名，不显示类名，并且对象的符号图形与类图中的符号图形类似，如图5-5所示。

对象也有其他一些特殊的形式，如多对象和主动对象等。多对象表示多个对象的类元角色，如图5-6所示。多对象通常位于关联关系的“多”端，表明操作或信号应用在对象集而不是单个对象上。主动对象是拥有一个进程(或线程)并能启动控制活动的一种对象，是主动类的实例。

图5-5　对象的表示方法　　　　图5-6　多对象

2. 链(link)

链是两个或多个对象之间的独立连接，可以是对象引用元组(有序表)，或是关联的实例。对象必须是关联中相应位置类的直接或间接实例。一个关联不能有来自同一关联的迭代连接。

链可以用于导航，通过连接一端的对象就可以得到另一端的对象，从而可以发送消息(称通过联系发送消息)。如果连接对目标方向有导航作用，那么这一过程就是有效的。如果连接是不可导航的，则访问可能有效或无效，但消息发送通常是无效的，相反方向的导航另外定义。

在UML中，链的表示形式为一个或多个相连的线或弧。在自身相关联的类中，链是两端指向同一对象的回路。

5.2.2 链的可导航性

对象图中的连接都称为链。如果要说明一个对象知道另一个对象在哪里，就可以加上箭头，如图5-7所示。图5-7说明，Customer连接了Address和String(String在编程中很有用，它由一系列字符组成)。

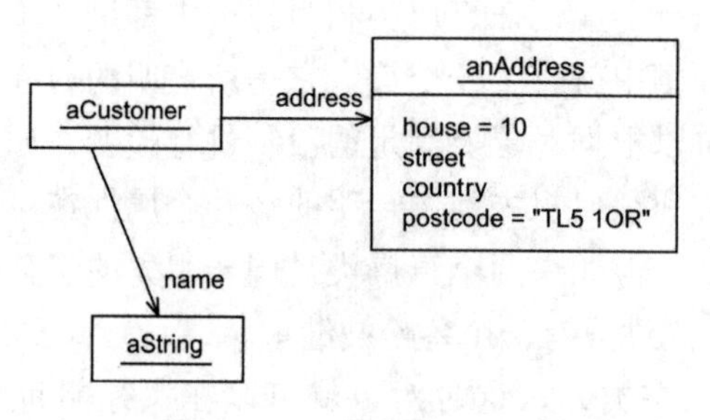

图5-7 可导航的连接

每个连接都可以看作一个属性：标签或角色，表示属性的名称。因此可以说，aCustomer的属性address把它连接到anAddress对象上，属性name把它连接到aString对象上。箭头表示是否可导航，即是否知道另一个对象在哪里。因为aCustomer端没有箭头，所以表示aString不知道它与aCustomer是否关联。可导航的连接在面向对象的程序中常常称为指针(指针是对象在内存中的地址，以便在需要时能找到对象)。

图5-7中的连接相比前面的连接(没有任何箭头)内容较多。对象图的一个优点是，它允许显示模型中任意级别的细节，这可以增进对对象的理解，使我们对所做的工作更有信心。简单的值显示为属性，重要的对象显示为连接的盒子，中间值根据需要显示为属性或连接的盒子。

图5-7还显示了一些其他信息，这些信息读者肯定可以理解和接受：连接的对象和属性都指定了名称。还显示了一些字面值，例如数字10和字符串TL5 1OR。这里为对象、属性和角色使用了很常见的命名约定：使用一两个描述性的单词，中间没有空格，每个单词的首字母大写。至于字面值，我们都知道如何写数字，如何把字符放在双引号中。

在一些地方，对象会扩展；而在其他地方，对象不会扩展。例如，aCustomer的name属性显示为独立的对象，而anAddress的street和country属性甚至没有值。

所有图的关键都在于显示所需要的细节以达到我们的目的。不要因为别人画的图与自己的不同，就认为自己的图是错误的。一般在开发过程中，都必须处理越来越多的信息，但很少在一个地方显示所有的内容(否则，事情就会变得混乱、乏味)。

对于值，最后要注意的是，尽管所有的物体都可以建模为对象，但不需要为不重要的值建立对象。例如，数字10可以看作对象：内部数据表示为10，操作有“加上另一个数字”和“乘以另一个数字”。但是，在许多面向对象的编程语言中，对于数字这样的简单值，我们只把它们用作属性值，它们没有标识，不能分解。

5.2.3 消息

每个对象都至少与另一个对象联系，孤立的对象对任何人来说都没有用。对象一旦建立了联系，就可以协作，执行更复杂的任务。对象在协作时要相互发送消息，如图5-8所示。消息显示在实线箭头的旁边，说明消息的发送方向，回应显示在蝌蚪符号的旁边，表示数据的移动。

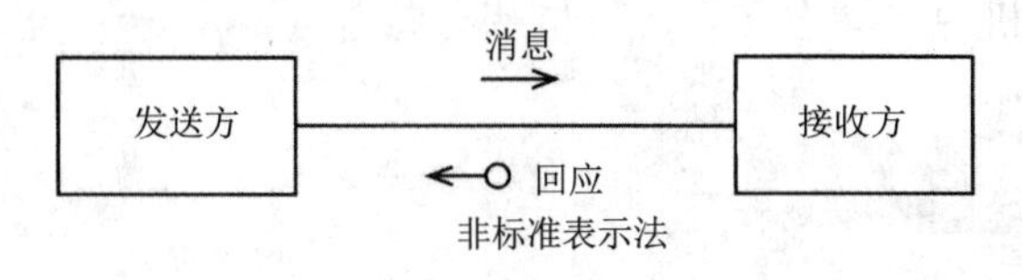

图5-8 使用消息进行协作

图5-8是一幅UML通信图。通信图虽然看起来很像对象图，但连接没有方向，对象名称也没有加下画线。因为通信的方式无法在通信图中显示回应，所以这里使用了蝌蚪符号，这是长期存在的一个约定。理想情况下，还应显示序号，但这里省略了，因为要涉及UML编号方案。

消息的内容可以是“现在几点”“启动引擎”“你叫什么名字”等，如图5-9所示。可以看出，接收对象可以提供回应，也可以不提供。例如，“现在几点”“你叫什么名字”应提供回应，而“启动引擎”不需要回应。

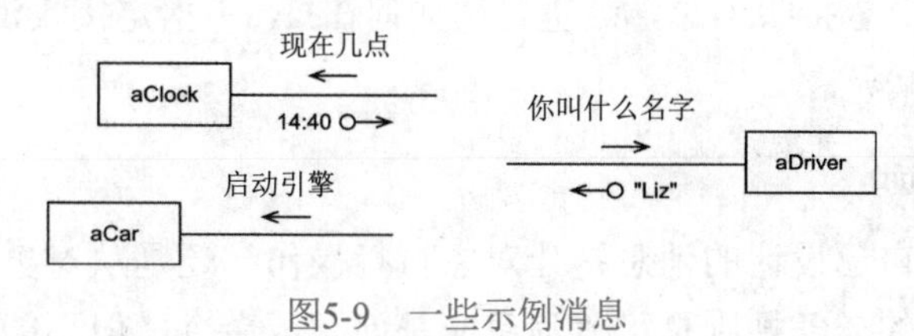

图5-9 一些示例消息

如前所述，对象是谦恭的，当接收到消息时，肯定会处理请求。这样，发送对象就不需要处理消息被拒绝的情形。实际上，尽管接收对象的意图是好的，但仍不能执行一些请求。考虑请求失败的原因，参见表5-1。

表5-1 请求失败的原因

问题	例子	解决方案
发送者不应该发送消息	给企鹅发送“飞”的消息	编译器应检查出大多数此类错误，在测试和维护过程中应检查出其他错误
发送者出错	当微波炉中没有食物时，让微波炉开始加热	编译器可以提供帮助，但大多数情况下依赖于好的设计、编程、测试和维护
接收者出错	假定2+2=5	编译器可以提供帮助，但大多数情况下依赖于好的设计、编程、测试和维护
接收者遇到一个可预测但很少见的问题	当电梯中的人过多时，命令电梯“上升”	异常处理机制使用编程语言的功能把正常操作和非正常操作分开
计算机不能完成应完成的任务	把桌子上的计算机放倒，让宇宙光穿透中央处理器，把内部位从0改为1，操作系统错误，等等	软件开发人员除了向用户界面报告问题或把问题写入日志文件之外，干不了别的
人为错误	对象在给磁盘写信息时取出了磁盘	异常处理机制使用编程语言的功能把正常操作和非正常操作分开

有时，我们不允许失败：如果自动驾驶的飞机因软件错误而失事，我们会相当难过。为了确保成功，我们引出一个专门的术语——软件可靠性。下面是保证软件可靠性的一个策略：在飞机上安装三台计算机，让它们确定下一步的任务；如果一台计算机说“向左飞”，但其他两台计算机说“向右飞”，飞机就会向右飞。

5.2.4 启动操作

软件对象在收到消息时，就会执行一些代码，每段代码都是一个操作。换言之，消息启动了操作。在UML中，可以显示发送者发送给接收者的消息，或者接收者执行的操作，也可以显示两者。

除了回应之外，消息还可以带参数(parameter)，也称为变元(argument)。参数是一个对象或简单值，接收者用它来满足请求。例如：可以给Person对象发送消息“你的身高是多少厘米？”，一分钟后再发送另一条消息“你的身高是多少英寸？”。在这个例子中，“你的身高是多少”就是消息，而“厘米”和“英寸”就是参数。参数显示在括号中，放在消息的后面。如果有好几个参数，就用逗号把它们分开。

还需要指定哪个对象接收消息，这里说明如何在Java中指定接收消息的对象，Java使用点把接收者和消息分隔开：

```
aPerson.getHeight(aUnit)
```

有时，你不知道自己设计的消息是让对象执行操作，还是从对象那里提取信息，或者两者均有。消息样式的一条规则是：“消息应是问题或命令，但不能两者都是”，这可以避免许多问题。

提出问题的消息要求对象提供一些信息，所以总是有回应。问题不应改变对象的属性(或者与它连接的任何对象的属性)。提出问题的信息如下：“你有什么烤肉？”“现在几点？”。我们不会希望仅仅因为我们问了这个问题，柜台上才有更多的烤肉。同样，我们也不会希望仅仅因为我们看了时钟，时钟上的时间才变化。

命令消息告诉对象执行某个操作，对象不需要提供回应。命令可以是告诉银行账户“取100欧元”，告诉微波炉“停机”。如果发出了合理的命令，对象就会执行它，所以不需要反馈任何信息。命令会改变接收对象或者与它联系的其他对象。

问题和命令的消息都是有用的，但它们都是高级技术，这里不举例子了。

5.2.5 面向对象程序的工作原理

面向对象的程序在工作时，要创建对象，并把它们连接在一起，让它们彼此发送消息，相互协作。但是，谁启动这个过程？谁创建第一个对象？谁发送第一条消息？为了解决这些问题，面向对象的程序必须有入口点(entry point)。例如，Java在启动程序时，要在用户指定的对象上找到main操作，执行main操作中的所有指令，当main操作结束时，程序就停止。

main操作中的每个指令都可以创建对象、把对象连接在一起或者给对象发送消息。对象发送消息后，接收消息的对象就会执行操作。这个操作也可以创建对象、把对象连接在一起或者给对象发送消息。这样，就可以完成我们想完成的任何任务。

图5-10显示了一个面向对象的程序。main操作中一般没有太多代码，大多数动作都在其他对象的操作中。如图5-10所示，对象给自己发送消息是有效的。例如，我们可以问自己一个问题：我昨天干了什么？

main操作的理念不仅可以应用于在控制台上执行的程序，也可以应用于更复杂的程序，例如图形化用户界面(GUI)、Web服务器和服务小程序(servlet)。下面是一些提示：

- 用户界面的main操作创建顶级窗口，告诉它显示自己。
- Web服务器的main操作有一个无限循环，告诉socket对象监听某个端口的入站请求。

servlet是由Web服务器拥有的对象，它接收从Web浏览器传送过来的请求。注意，Web服务器有main操作。

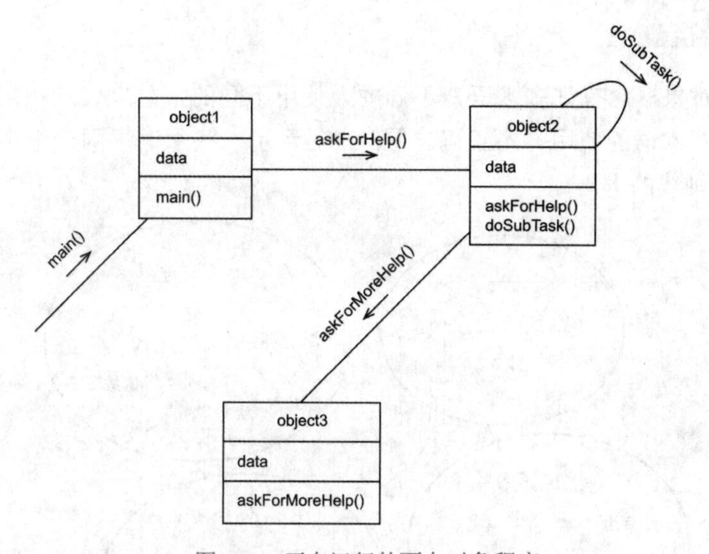

图5-10 正在运行的面向对象程序

5.2.6 垃圾收集

当创建对象的程序不再使用该对象了，该怎么办？这似乎是一个小问题，但程序中的对象都不是免费的：每个新对象都要占用计算机内存中的一块区域，在程序运行时，可能会创建越来越多的对象，这样，运行其他程序的内存就会减少。如果在对象使用完后不重新声明，计算机就可能用尽内存(程序使用的内存通常在程序结束后返回给计算机，但有可能同时运行好几个程序，其中一些可能运行几天、几星期或几年)。

最好不要让程序创建越来越多的对象，因为在它们的生命周期结束后，要采取措施清理它们。传统上，程序员必须确定何时去除与对象的最后连接，以便显式地删除或释放对象的内存(结构化的语言没有对象，但有记录、结构和数组，它们也需要释放)。跟踪对象的生命周期是很复杂的，程序员很容易忘记一些已没有用的对象，从而忘记释放，这种错误称为内存泄漏。

像Java这样的语言规定，程序会自动重新声明对象，程序员不需要做任何事。背后的理念是每个程序都有一个助手，称为垃圾收集器。它四处巡视，查找未连接的对象，并清理它们。听起来很神奇吧？实际上并非如此。现在，每个程序都有一个运行时系统(run-time system)，这个软件在我们编写的代码后面执行，它执行后台操作，例如垃圾收集。

这里不详细讨论垃圾收集器的工作原理，知道垃圾收集器可以删除不能在程序中直接或间接通过名称访问的对象即可。不能访问的对象就不能发送消息，如果对象不能发送消息，就不能回应问题或执行命令，因此必须通过垃圾收集来清除。

纯面向对象语言(例如Smalltalk、Java和Eiffel)都有垃圾收集器。复杂的面向对象语言(例如Object Pascal)有时有垃圾收集器，但这些语言本身就非常复杂了，所以最好避免带垃圾收集器。C++就没有垃圾收集器，程序员必须使用“智能指针”，当对象失去最后一个引用时，智能指针就会删除该对象。

5.2.7 术语

前面介绍的对象概念有许多术语，不同的人使用不同的术语来表示相同的概念。更糟糕的是，一些人对术语的使用并不正确。图5-11显示了一些术语，同一组中的术语可以互换(本书使用带下画线的术语)。

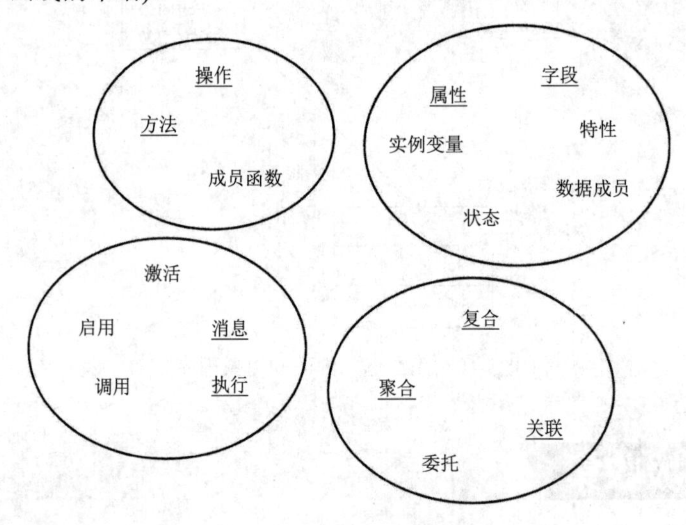

图5-11 面向对象中的术语

你还可能遇到集合术语，例如：行为(操作的集合)、接口(消息的集合)、对象协议(接口的同义词)和数据(字段的集合)。在本书中，只以描述性方式使用表5-2中列出的术语。

表5-2 本书使用的术语

术语	定义
属性	一小段信息，例如颜色、高度或重量，描述对象的一个特性
字段	对象内部的指定值
操作	属于对象的一段代码
方法	操作的同义词

(续表)

术语	定义
消息	从一个对象发送到另一个对象的请求
调用	执行操作，以响应消息
执行	调用的同义词
关联	两个对象之间的直接或间接连接
聚合	强关联，隐含着某种部分—整体层次结构
复合	强聚合，部分在整体的内部，整体可以创建和销毁部分
接口	对象理解的一组消息
协议	通过网络传送消息的认可方式
行为	对象的所有操作的集合

属性可以由对象存储(封装)，但不是必须如此。例如，圆有半径和直径属性，但只需要存储半径，因为直径可以计算出来。为了避免混淆，本书只介绍存储的属性，如有必要，添加一个或多个操作(如getDiameter)会隐藏派生的属性。

字段与属性不完全相同。首先，字段表示存储什么内容的决策；其次，字段可以用于存储与另一个对象的连接，如对象图中的可导航连接。在开始设计时，属性和关联会生成字段。

在面向对象软件开发的早期，使用术语“属性”和“操作”(因为它们是UML术语)。在后期，处理低级设计和源代码时，使用术语“字段”和“方法”(因为它们是编程术语)。

5.2.8 类图与对象图的区别

类图与对象图的区别如表5-3所示。

表5-3　类图与对象图的区别

类图	对象图
类中包含三部分，分别是类名、类的属性和类的操作	对象包含两部分，分别是对象的名称和对象的属性
类的名称栏只包含类名	对象的名称栏包含“对象名：类名”
类的属性栏定义了所有属性的特征	对象的属性栏定义了属性的当前值
类图中列出了操作	对象图中不包含操作内容，因为属于同一个类的对象，操作是相同的
类中使用了关联连接，关联中包含名称、角色以及约束等特征定义	对象使用链进行连接，链中包含名称、角色
类是一类对象的抽象，类不存在多重性	对象可以具有多重性

5.3 对象图建模

对象图无须提供单独的形式。类图中就包含了对象，所以只有对象而没有类的类图就是对象图。然而，对象图在刻画各方面的特定使用时非常有用。对象图显示了对象的集合及联系，代表了系统某时刻的状态。它们是带有值的对象而非描述符，当然，在许多情况下对象可以是原型的。使用协作图可显示一个可多次实例化的对象及其联系的总体模型，协作图包含对象和连接的描述符。如果实例化协作图，就会产生对象图。

5.3.1 使用Rational Rose建立对象图

Rational Rose不直接支持对象图的创建，但是可以利用协作图来创建。

1. 在协作图中添加对象

(1) 在协作图的图形编辑工具栏中，单击▣图标，此时光标变为＋符号。

(2) 在类图中单击，任意选择一个位置，系统便在该位置创建一个新的对象。

(3) 双击该对象的图标，弹出对象的规范设置对话框。

(4) 在对象的规范设置对话框中，可以设置对象的名称、类的名称、持久性和是否是多对象等。

(5) 单击OK按钮。

2. 在协作图中添加对象之间的连接

(1) 单击协作图的图形编辑工具栏中的▨图标，或者选择Tools→Create→Object Link菜单命令，此时光标变为↑符号。

(2) 单击需要连接的对象。

(3) 将线段拖动到要与之连接的对象。

(4) 双击线段，弹出设置连接规范的对话框。

(5) 在弹出的对话框中，在General选项卡中设置连接的名称、关联、角色以及可见性等。

(6) 如果需要在对象的两端添加消息，可以在Messages选项卡中进行设置。

5.3.2 对象属性建模详解

属性是对象的特性，例如对象的大小、位置、名称、价格、字体、利率等。在UML中，每个属性都可以指定类型，可以是类或原型。如果选择指定类型，那么类型就应显示在属性名称右面的冒号之后(也可以在分析阶段不指定属性类型，因为类型很明显，或者因为还不想提交)。

在类名的下方添加一条分隔线，就可以在类图中显示属性。为了节省空间，可以把它们单独保存在属性列表中，并加上描述。如果使用软件开发工具，就可以放大以显示属性(及其描述)，或者缩小只显示类名。如果不能在这个阶段为属性提供简短的描述，属性就应拆分为几个属性或自成一类。

图5-12显示了Engine类的属性：capacity、horsePower、manufacturer、numberOfCylinders和fuelInjection。我们给manufacturer指定了String类型，给fuelInjection指定了boolean类型。

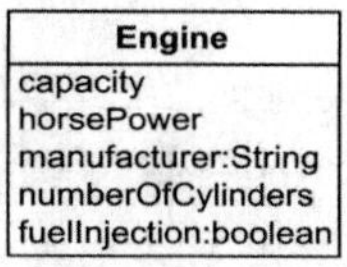

Engine
capacity horsePower manufacturer:String numberOfCylinders fuelInjection:boolean

图5-12 用UML描述属性

一开始显示属性类型，就会遇到许多问题：String是什么？boolean是什么？如果类型是一个类的名称，就不会有问题。本书不针对特定的编程语言或库。所以，最好使用常见的原型(例如int、boolean和float)和一两个明确的类(如String表示包含一系列字符的对象)。

UML允许用独立于语言的表示法定义自己的原型，例如integer、real和boolean，但应避免使用这个功能，因为在开始设计时，就必须考虑与特定语言相关的内容(另一个原因是在Java中，像integer这样的类型是类，不是原型)。

还应避免使用数组类型，尽管大多数面向对象语言都支持数组，但数组常常是对象和原型的交叉。原因是，如果使用集合类(如List和Set)，可能更好理解。在设计阶段，使用数组可能比较多，但仍需要小心，不要因改进性能而牺牲好的样式。

为了简单起见，应避免在制品中包含派生的属性。例如，圆的属性包括半径、直径、周长和面积。但是，只要存储其中的一个属性，就可以在运行期间计算出其余属性。所以，只需要在类图中存储上述4个属性中的一个。在这种情况下，半径似乎是明智的选择，因为相比其他属性的访问次数多(所以不计算)，其他属性可以使用乘法计算出来(比除法快)。

就UML而言，可以在类型名的后面给属性增加多重性，例如*表示多值属性，[0..1]表示可选属性。这是UML避免在某种情况下遭遇显示属性或是关联的棘手问题的处理方法。在本书中，不给属性显示多重性，除非是可选属性。

图5-13显示了在检查iCoot系统用例时找出的所分析对象的全部属性。为了完整，显示的一些属性来自完整的iCoot系统(例如totalAmount)。为了避免在系统中处理图像和视频，为广告和海报指定了存储位置的属性(例如使用URL)。

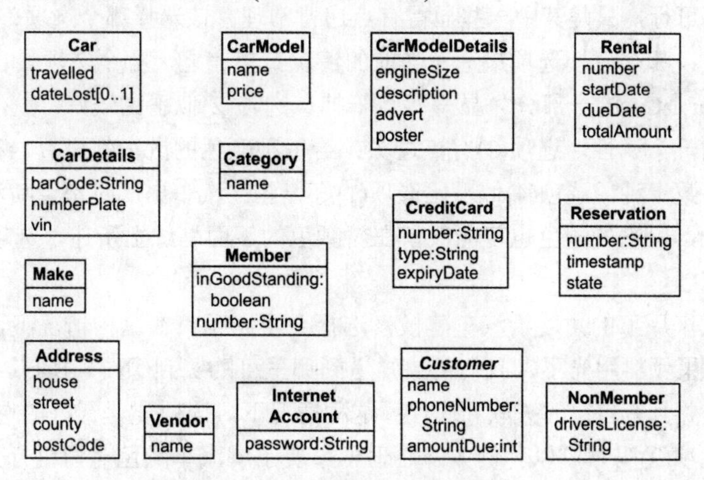

图5-13 iCoot系统用例的属性

dateLost属性是可选的(由[0..1]表示)：如果Car丢了，就记录丢失日期，否则什么也不记录。在编程术语中，可以使用null指针表示某个Car没有丢。如果可选属性有原型，例如int，就必须保存一个值，表示“此处没有值”。例如，模型允许设置0或-1。

属性的多重性偶尔也是有用的，但不要过多使用它们。例如，本书只有一个属性(dateLost)需要多重性(从长远看，使用“汽车状态”会更好)。

如前所述，UML允许绘制运行时对象和编译时类。图5-14显示了如何在对象图上指定运行时属性的值。

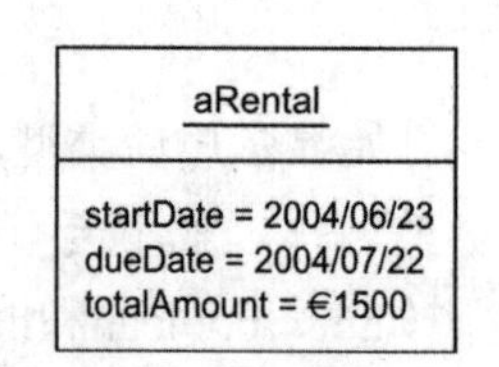

图5-14　用UML描述属性值

我们常常需要从信息建模的几种方法中选择。例如，从顾客的角度看，如何为Car的颜色建模？选择属性还是关联，图5-15给出了4种方法：

(1) 在Car和Color类之间引入聚合。

(2) 给Car添加属性color，类型是Color。

(3) 给每种颜色引入Car的一个子类。

(4) 在Car和Color之间引入复合。

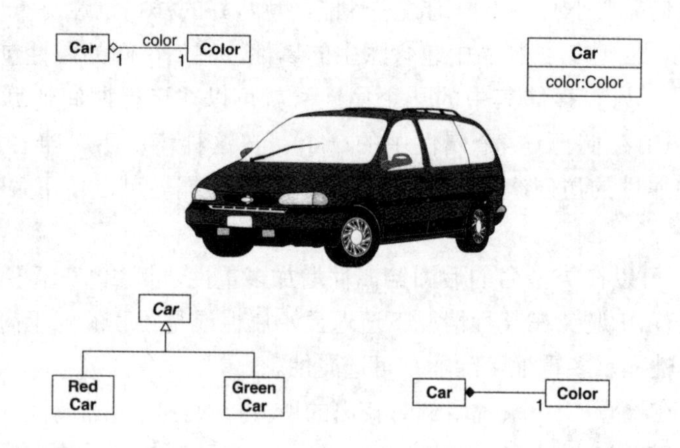

图5-15　在属性和关联之间选择

这些选项都可行，只是其中一些显得有点违背常理。该选择哪个选项？

中心议题是：哪个建模选项最适合当前的情况？换言之，哪个选项最自然？就选项(1)而言，说“Color是Car的一部分”显得有点笨拙。选项(2)似乎比较好：就汽车买主而言，颜色只是汽车的一个属性。选项(3)有点过头：给每种颜色的汽车都设置一种新类型，而汽车的颜色可能有数十种。选项(4)似乎比选项(1)好一些：汽车出厂时都会喷涂一种颜色，即使以后改变颜色，原来的颜色也可能保留在新颜色的下面。综上所述，选项(2)在购买汽车时是最合适的。

但如果从汽车厂家的角度给汽车建模，选择会不同吗？在这种情况下，颜料厂家可能比较重要——如果颜料用光了，我们需要知道到哪里可购买到颜料。所以，需要把Color建立为单独的类，并且有自己的关联和属性；这种情况下，选项(4)是最好的选择。

可以选择选项(3)吗？可以。例如：心理学家要了解汽车颜色对司机行为的影响——红色汽车会激发危险驾驶行为，而绿色汽车可使司机谨慎驾驶。在这种情况下，红色和绿色的汽车完全不同，应将它们建立为单独的类。

这个例子的寓意是，分析人员必须选择最适合当前情况的表达方式，这没有固定答案。不要过多地考虑哲学体系，而应利用常识、经验、直觉，反复斟酌，找出成功的实现方式。

为了避免混乱，应忽略UML不区分属性和关联+角色这一点。根据模型来确定：如果看起来像属性，就绘制为属性；如果看起来像关联，就绘制为关联。

5.3.3 关联类

关联偶尔也有相关的信息或行为。关联类可以和关联一起引入，如图5-16所示。图5-16表示，一个CarModel对象可以与任意多个Customer对象关联，一个Customer对象也可以与任意多个CarModel对象关联。对于每个连接，都有一个对应的Reservation对象，包含号码、时间戳和状态。在本例中没有给关联指定名称，因为已隐含在关联类的名称中。

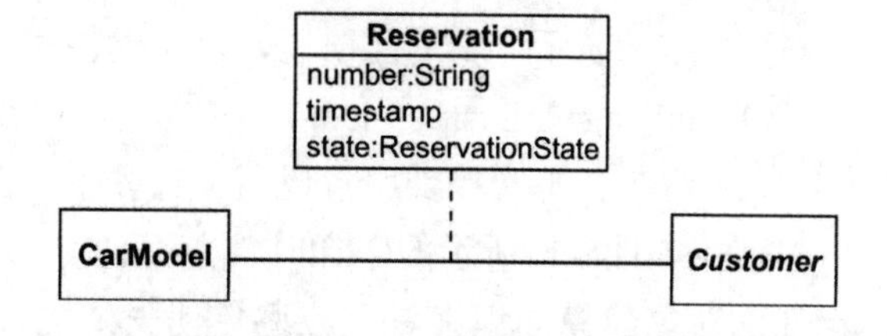

图5-16　iCoot系统实例的关联类

关联类表示的属性和操作仅仅因为关联类的存在而存在：属性和操作与关联两端的对象无关。在上面的例子中，当顾客进行预约时，在运行期间就在Customer和相应的CarModel之间建立一个新的连接。在需求捕捉和分析阶段，必须记录预约号、时间戳和状态。但是，这些属性对Customer和CarModel都没有意义，它们位于这两个对象之间。所以，使用关联类比较合适。

在设计时，必须用更具体的类替换关联类，因为大多数编程语言都不直接支持关联类。但是，它们在分析过程中非常有用。

5.3.4 有形对象和无形对象

我们常常为无形(intangible)对象建模，例如目录中描述的产品；也常常为有形(tangible)对象建模，例如送到门口的实际产品。目录中的对象描述了可以从供应商处预订的产品的属性，但产品不一定已生产出来。送到门口的对象肯定已生产出来，它们是目录中描述的产品类型的实例。一般情况下，每种无形对象都有许多有形对象。

把有形产品和无形产品建立为对象是常见的错误。例如：如果为汽车经销商编写销售系统，就会发现在分析过程中，我们处理的是描述可销售汽车的“目录表”、卖给顾客的“汽车”和购买汽车的“顾客”。很容易得出结论：应创建如图5-17所示的三个具体类。但实际上，这里有两个“汽车”概念：目录表中的汽车是无形的，它描述了该类型的所有汽车的特性，但这种汽车可能还不存在；而顾客拥有的汽车是有形的，它肯定存在，因为它可以驾驶，并且与另一个顾客拥有的同类型汽车是不同的。

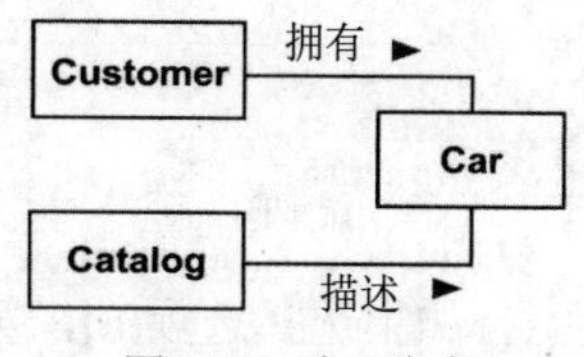

图5-17　购买汽车

1. 错误的建模

为了强调有形性问题，假定除了销售汽车之外，经销商还给顾客提供服务。与销售相关的信息如下。

- modelNumber：表示制造这类汽车的过程。
- availableColors：这类汽车在出厂前可以喷涂的颜色。
- numberOfCylinders：这类汽车的引擎拥有的气缸数。

与服务相关的信息如下。

- owner：汽车的注册主人。
- vehicleIndentificationNumber：制造汽车时在车身的固定小板子上刻上的唯一数字，表示汽车的注册码，可帮助警察找出被盗汽车的主人。
- mileageAtLastService：汽车在上次接受服务时已行驶的千米数，通过它可以计算出汽车在上次接受服务以后又行驶了多远。

使用如图5-17所示的Car的概念，只能把这些属性都放在一个类中，如图5-18所示。从已知的对象建模知识来看，应避免使一个类有两组完全不同的任务——这种类的内聚力很脆弱，它们的任务也不会构成块。

假定要销售Alpha Rodeo 156 2.0型汽车，就必须创建一个Car类，并设置相应的属性，这会得到如图5-19所示的结果(可能的属性值显示为花括号中的列表——这不是严格的UML，但很方便)。

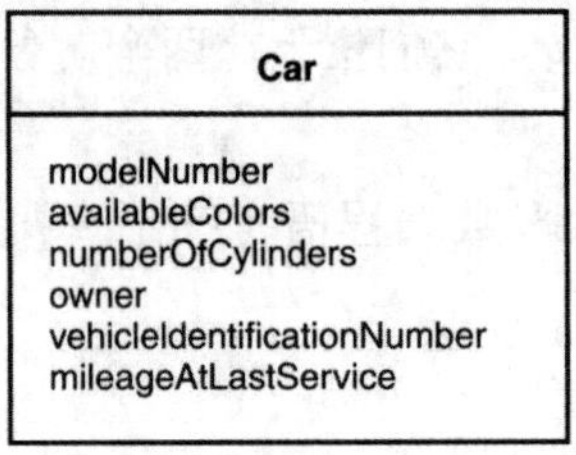

Car
modelNumber availableColors numberOfCylinders owner vehicleIdentificationNumber mileageAtLastService

图 5-18　显示了属性的 Car 类

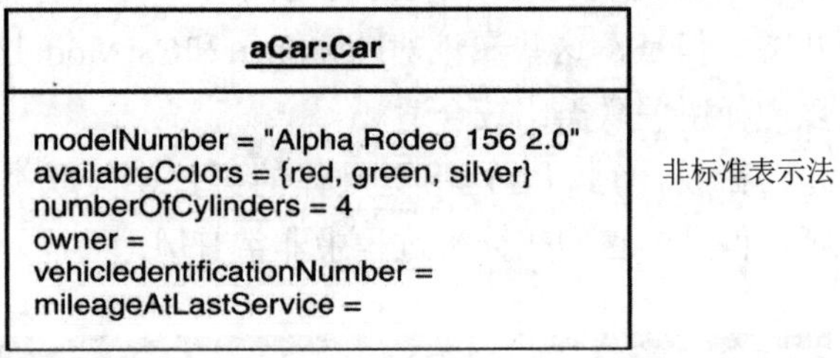

aCar:Car
modelNumber = "Alpha Rodeo 156 2.0" availableColors = {red, green, silver} numberOfCylinders = 4 owner = vehicledentificationNumber = mileageAtLastService =

非标准表示法

图5-19　用于销售的汽车

现在假定顾客开来了Alpha Rodeo 156 2.0型汽车，接受第一次服务。此时有两个选择：可以创建一个新的Car类来表示这个顾客拥有的汽车，如图5-20(a)所示；也可以使用已有的Car，得到如图5-20(b)的结果。

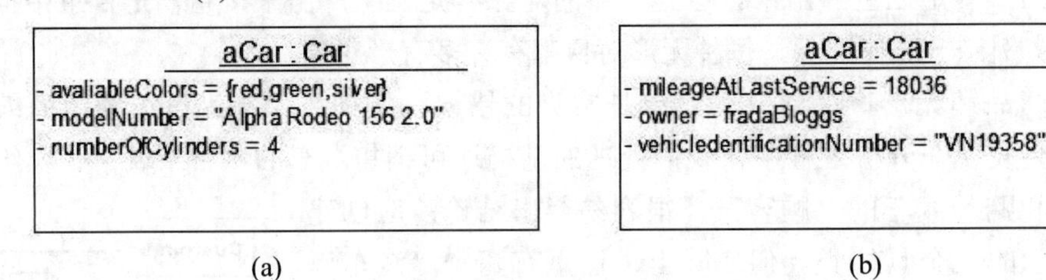

图5-20　给汽车提供服务

如果选择选项(a)，第一个Car对象上的一半属性都没有用，第二个Car对象上也有冗余信息。如果选择选项(b)，每次就只能给一辆Alpha Rodeo 156 2.0型汽车提供服务(否则先得到服务的第一个Car对象的信息就会丢失)。

图5-20所示的原始模型很自然、合理，但没有意义。前面已指出，我们有一个无形概念，负责第一组属性；还有一个有形概念，负责第二组属性。

2. 正确的建模

舍弃图5-18中的模型，用新的无形概念CarModel和有形概念Car来代替，得到如图5-21所示的类图。现在可以把属性modelNumber、availableColors和numberOfCylinders放在CarModel上，把属性owner、vehicleIdentificationNumber和mileageAtLastService放在Car上。把这个新模型应用于前面的例子，就会创建如图5-22所示的运行时对象。这里有一个CarModel，表示Alpha Rodeo 156 2.0型汽车以及两个Car对象，这两个Car对象表示这类汽车要接受服务的独立实例。有了这个新模型，就不必担心某类型的汽车销售了多少辆、有多少辆汽车返回接受服务、有多少辆汽车同时接受服务，因为型号可以按照逻辑简明地处理所有的可能性。

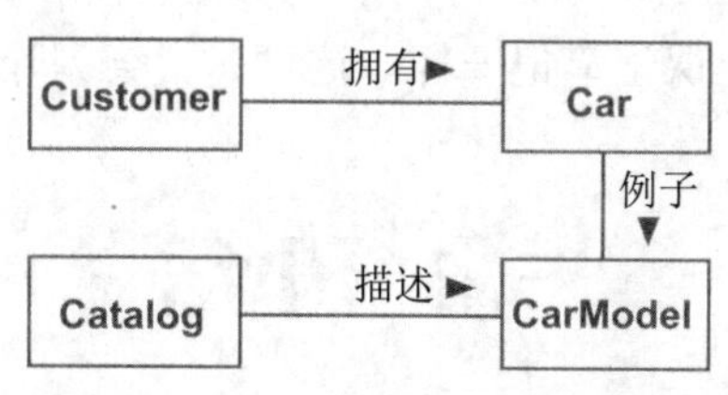

图5-21　有形汽车和无形汽车模型

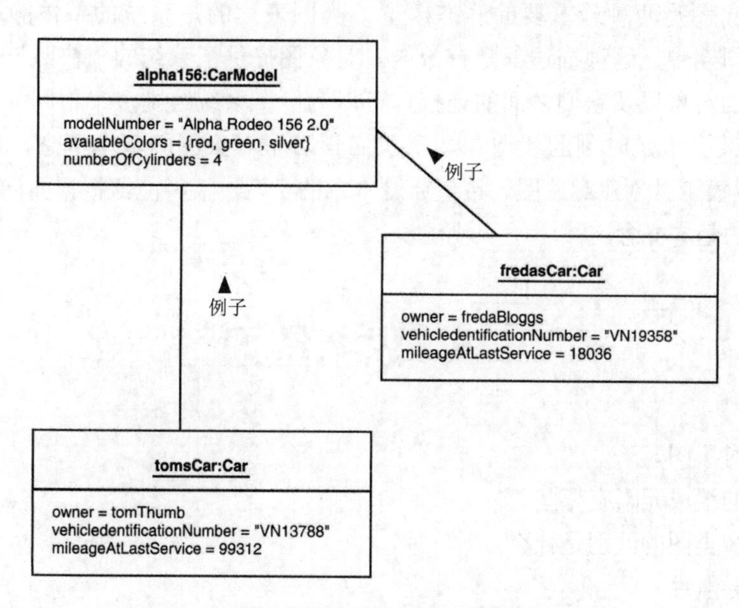

图5-22　用于销售的汽车模型和已销售出去的汽车

一般情况下，一个无形对象可以产生许多有形对象。另外，无形对象的属性是固定的，而有形对象的属性是随时间变化的。在前面的例子中，有一个CarModel，它表示已销售出去的、任意数量的Alpha Rodeo 156 2.0型号的汽车。CarModel的属性不会随时间而变化(厂家偶尔可能改变规格，例如添加新的颜色，但这不是很频繁)。CarModel显示了两个Car对象，它们分别表示一辆汽车主人至少有一次返回接受服务的Alpha Redeo 156 2.0型汽车。当汽车卖出时，主人就变了，每次接受服务时，mileageAtLastService都会改变。

vehicleIdentificationNumber不会改变，但这是身份属性的特殊情况。在对象的生命周期中，这种属性用于把这个对象与其他类似对象区分开来。

5.3.5 好的对象

我们既要能用完美的UML表示法绘制对象图，又要能找出好的对象、属性和关系。

什么是对象？什么不是对象？如果思考或讨论的东西听起来像是对象，那它就是对象。应把它画在纸上，看看它能做什么——此时，离编写代码还远着呢。如果思考对象的特性，就有了属性。如果思考对象能做什么，就有了操作。动态分析之前不要过多地关注操作，但及时记下操作是没有什么害处的。动态分析用于验证需要的操作，以满足用例，多几个操作有益无害。

如果从用例中找不到合适的对象，另一个技巧是与同事讨论业务或系统。让他们记下你认为重要的概念，就好像上课记笔记一样。这样，就会剔除没有用的偏见。

5.4 小结

类图和对象图是两种最重要的静态模型。类图表达的是系统的整体静态结构，在系统的整个生命周期中，这种描述都是有效的。对象图提供了系统的“快照”，显示在给定时刻实际存在的对象以及它们之间的连接。可以为一个系统绘制多个不同的对象图，每个都代表系统在某个给定时刻的状态。本章我们学习了对象图的基本概念，以及如何使用Rational Rose建模工具创建对象图。希望通过本章的学习，读者能够根据面向对象分析的方法掌握对象图的基本概念。

5.5 思考练习

1. 什么是对象图？
2. 对象图的组成元素有哪些？
3. 对象图和类图的区别是什么？
4. 什么是导航性？
5. 简述垃圾收集机制。
6. 简述有形对象和无形对象的含义。

第 6 章

动态分析与序列图

系统的静态模型通过类图和对象图描述了系统操纵的数据块之间结构上的关系。但是，对象是如何交互的以及这些交互是如何影响对象的状态的，这些则需要用动态模型来表示。系统的动态模型描述系统的动态行为，分为状态模型和交互模型。在UML中，用序列图和协作图为交互模型建模，用状态图和活动图为状态模型建模。交互视图描述执行系统功能的各个角色之间相互传递消息的顺序关系，本章将要讲到的序列图和下一章中介绍的协作图是系统动态交互模型的两种形式。

本章的学习目标：

- 理解动态分析的含义
- 理解对象交互的含义
- 掌握序列图的基本概念和组成要素
- 掌握对象生命线的概念
- 掌握激活的概念和表示方法
- 掌握序列图的建模方法
- 理解序列图建模的指导原则

6.1 序列图简介

序列图描述对象之间传递消息的时间顺序，表示用例中的行为顺序。序列图的主要用途之一是更加详细地描述用例表达的需求，并转换为进一步、层次更加正式的精细表达。用例常常被细化为一个或多个序列图。

6.1.1 动态分析

为什么要进行动态分析?

用例模型用于对系统功能进行描述和建模，但它关注的重点是系统能做什么(What)，而怎么做(How)才能实现系统的每一种功能在用例模型中并未涉及。另一方面，静态模型确定了所有构成系统的类、类之间的关系以及类的属性。然而，类之间的关系是否确切、类的操作定义是否合理，并没有合理的标准进行评判。上述内容都必须放在系统的动态运行场景中才能正确认识，合理解释。

面对具体项目的开发，进行面向对象的系统分析与设计时，如何理解和掌握系统的控制流是很困难的。系统中有很多对象类，每个对象类都有一组操作。对象之间通过一些操作完成系统功能要求，而要通过这些众多的操作来理解和想象系统行为的先后顺序非常困难。

事实上，所有系统均可表示为两个方面：静态结构和动态行为。UML提供图来描述系统的结构和行为。类图(class diagram)最适合描述系统的静态结构。类图包括类、对象以及它们之间的关系；而状态图、序列图、协作图和活动图则适合描述系统的动态行为，也就是描述系统中的对象在执行期间，在不同时间点是如何动态交互的。

类图将生活中的各种对象以及它们之间的关系抽象成模型。类图能够说明系统包含什么以及它们之间的关系，但并不解释系统中的各个对象是如何协作来实现系统功能的。

系统中的对象需要相互通信，也就是相互发送消息。例如，客户对象张三发送消息“买”给售货员对象李四。通常情况下，消息就是一个对象激活另一个对象的操作调用。对象如何进行通信？通信的结果如何？这是系统的动态行为。也就是说，对象通过通信来协作的方式，以及系统中的对象在系统的生命周期中改变状态的方式是系统的动态行为。一组对象为了实现一些功能而进行通信称为交互，也就是对象之间的协作。交互是为了达到某一目的而在一组对象之间进行消息交换的行为，交互可以对软件系统为实现某一任务而必须实施的动态行为进行建模。

进行动态分析有如下原因：

- 确认类图是完整、正确的，以便尽早更正错误，包括添加、删除或修改类、关系、属性和操作。
- 相信当前的模型可以在软件中实现，在进一步工作之前，不仅我们自己要有自信，客户也要有。
- 验证最终系统中用户界面的功能，在进行详细设计之前，最好按照用例中的线条，把对系统的访问放在各个界面上。

可以通过两类图来描述交互：序列图和协作图。序列图用来显示对象之间的关系，强调对象之间的时间顺序，同时显示对象之间的交互。协作图主要用来描述对象间的交互关系。序列图和协作图具有共同的建模对象，即对象和消息，但是二者的建模侧重点不同，所以图形的形式不同。

6.1.2 对象交互

当一个对象向其他对象发送消息时，会调用接收对象的操作。例如，在Agate案例研究中，要确定广告团队的当前广告成本。该职责被分配给Campaign类。对于特定的广告团队来说，如果Campaign对象向每一个Advert对象都发送消息，询问各自的当前成本，就能完成这一需求。在编程语言中，为了发送消息getCost给Advert对象，可以使用如下语法结构：

```
currentAdvertCost.anAdvert.getCost();
```

注意在上述示例中，Advert对象是由变量名anAdvert以及对消息的响应确定的，而响应就是所谓的返回值，保存在变量currentAdvertCost中。

由getCost操作返回的每一则广告的成本，都在发送对象Campaign的currentActualCost属性中累计。该属性可能对于计算广告团队中广告成本的Campaign对象中的操作来说是本地的。为了计算广告团队中所有广告的累计成本，上述得到每个广告成本的语句需要重复执行。然而，我们不是从调用操作的角度进行考虑的，而是使用消息传递的隐喻描述对象交互，因为这突出了对象是封装的，并且在本质上是自主的。

很难决定由每个对象发送的消息。在这种情况下，显然getCost操作应该被置于Advert类中。该操作使用存储于advertCost属性中的数据，并且已经被置于Advert类中。我们也可以很容易地看到：计算团队成本的操作必须能够找到每一个广告的成本。但是这一简单的交互以及这些操作的分配，在很大程度上取决于类中特定属性的存在。复杂任务的性能可能涉及更为复杂的需求，其中接收到一条消息的对象自身必须发送消息，从而进一步启动与其他对象的交互，但是对于这些操作应该如何在交互中进行，可能不是很直接。

面向对象分析与设计的目标之一是在类中合适地分配系统功能。这并不意味着所有的类都具有同等地位的职责，相反，每一个类都应该具有与自身相关的职责。如果均匀地分配职责，每一个类都不会过于复杂，因此更易于开发、测试和维护。在类中合适地分配职责，对于生成更具灵活性的系统来说，存在严重的副作用。当用户对系统的需求发生改变时，期望应用程序做出一些修改是合理的。但是，理论上对应用程序的改动幅度应该小于需求的改动幅度。在这种情况下，灵活的应用程序的维护和扩展成本更低。图6-1阐述了这一点。

建模对象交互的目标是确定对象之间消息传递的最合理机制，从而支持特定的用户需求。用户需求首先由用例进行归档。每一个用例都可以看作执行者和系统之间的对话，这会使得系统中的对象运行任务，以便系统给出需要的响应。因此，很多交互图都明确包含了表示用户界面(边界类)以及管理用户界面(控制类)的对象。如果没有明确显示这些对象，那么大部分情况下，会假定在稍后阶段包括它们。边界对象的确认和规范是分析活动的一部分，也是设计活动的一部分。在分析需求的时候，需要考虑的是从用户需求以及用户访问系统功能的角度确认对话的本质。决定应该如何在软件中实现交互，涉及用于管理对话的边界对象的详细设计，以及引入其他用于启动交互有效执行的对象。

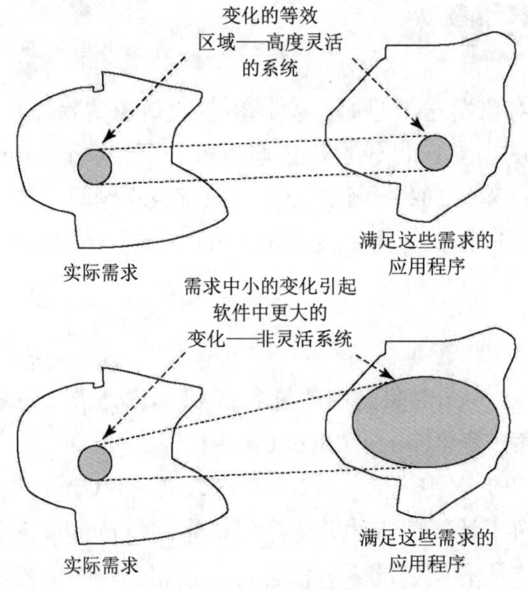

图6-1　设计的灵活性

6.1.3　序列图概述

在UML的表示中，序列图是描述系统中各个对象之间的交互关系的二维图。其中，纵向是时间轴，时间沿竖线向下延伸；横向代表协作中各独立对象的角色。角色用生命线表示，当对象存在并处于激活状态时，生命线用一条虚线表示。当对象的过程处于激活状态时，生命线是一个细长的矩形框。序列图中的消息使用从一个对象的生命线指向另一个对象的生命线的箭头表示。箭头以时间顺序在序列图中从上到下排列。

图6-2显示的是系统管理员查询借阅者信息的序列图。该序列图涉及三个对象的交互，分别是系统管理员、查询借阅者界面和借阅者。系统管理员通过查询借阅者界面查询借阅者信息。查询借阅者界面根据借阅者的编号将借阅者类实例化，并请求借阅者信息。借阅者对象根据借阅者的编号加载借阅者信息，并提供给查询借阅者界面。查询借阅者界面显示借阅者信息。

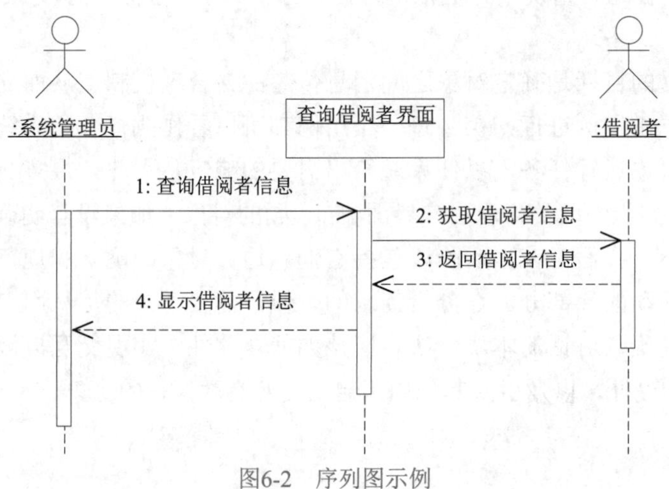

图6-2　序列图示例

序列图显示以时间顺序安排的对象之间的交互。对于简单的交互，序列图等价于通信图。通常，在交互设计期间，会根据对象实例扮演的角色及其在消息传递中的角色进行建模。

可以在不同的细节层面绘制序列图，以满足开发生命周期中几个阶段的不同要求。序列图最常见的应用是表示详细的对象交互，这种交互发生在用例和操作上。当使用序列图对用例的动态行为建模时，可以被看作用例的详细规范。这些在分析期间绘制的序列图与在设计期间绘制的序列图有两个主要不同之处：分析序列图通常不包括设计对象，也不包括消息签名的任何细节。

6.2 序列图的组成要素

序列图(sequence diagram)由对象(object)、生命线(lifeline)、激活(activation)和消息(message)等构成。序列图描述对象以及对象之间传递的消息，强调对象之间的交互是按照时间先后顺序发生的，这些交互序列从开始到结束需要一定的时间。

6.2.1 对象

序列图中的对象(object)和对象图中的对象一样，都是类的实例。序列图中的对象可以是系统的参与者或任何有效的系统对象。对象的表示形式也和对象图中对象的表示方式一样，使用包围名称的矩形框标记，显示的对象和类的名称带有下画线并且用冒号隔开，形如“对象名：类名”，对象的底部有一条被称为“生命线”的垂直虚线，如图6-3所示。

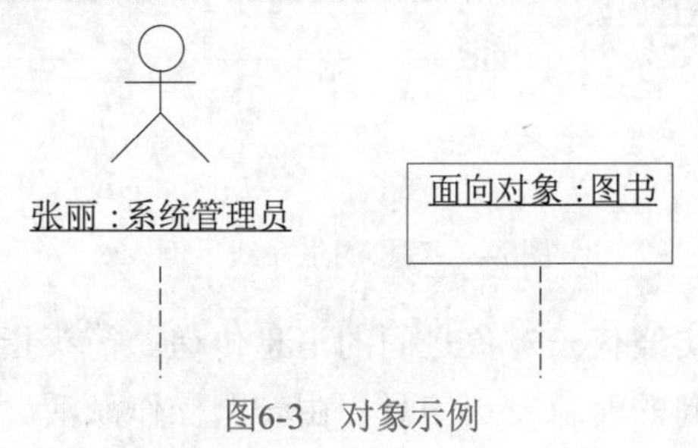

图6-3 对象示例

如果对象的开始位置在序列图的顶部，那就意味着序列图在开始交互的时候该对象就已经存在了。如果对象的位置不在顶部，那么表明该对象在交互过程中将被创建。

在序列图中可以通过以下几种方式使用对象。

- 使用对象的生命线建立类与对象行为的模型，这是序列图的主要目的。
- 事先不指定对象的类，直接用对象创建序列图，随后指定它们所属的类。这样可以描述系统的一个场景。
- 区分同一个类的不同对象之间的交互时，首先应给出对象名，然后描述同一类对象的交互。也就是说，同一序列图中的几条生命线可以表示同一个类的不同对象，两个对象之间的区分是根据对象名称进行的。

- 表示类的生命线可以与表示类对象的生命线平行存在。可以将表示类的生命线的对象名称设置为类的名称。

通常将发起交互的对象称为主角，对大多数业务应用软件来讲，主角通常是一个人或一个组织。主角实例通常由序列图中的第一条(最左侧)生命线表示，也就是把它们放在模型“可看见的开始之处”。如果同一序列图中有多个主角实例，就应尽量使它们位于最左侧或最右侧。与主角交互的角色被称为反应系统角色，通常放在序列图的右边。在许多的业务应用软件中，反应系统角色经常被称为Backend Entity(后台实体)，比如那些通过存取技术交互的系统，例如消息队列、Web Service等。

6.2.2 生命线

生命线(lifeline)是一条垂直的虚线，表示序列图中的对象在一段时间内存在。每个对象在底部的中心位置都带有生命线。生命线是一条时间线，从序列图的顶部一直延伸到底部，所用的时间取决于交互持续的时间，也就是说，生命线体现了对象存在的时段。

对象与生命线结合在一起称为对象的生命线。对象存在的时段包括对象拥有控制线程时或被动对象在控制线程通过时。当对象拥有控制线程时，对象被激活，作为线程的根。被动对象在控制线程通过时，也就是被动对象被外部调用时，通常称为活动，它的存在时间包括调用下层过程的时间。

对象的生命线包含矩形的对象图以及图标下面的生命线，如图6-4所示。

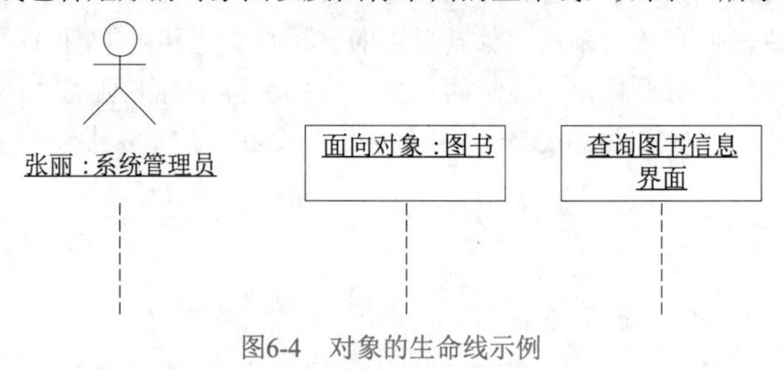

图6-4　对象的生命线示例

生命线之间带箭头的实线代表对象之间的消息传递。箭头指向的对象接收信息，通常由一个操作完成；箭尾指向的对象发送信息，由一个操作激活。生命线之间带箭头的实线排列的几何顺序代表了消息的时间顺序。

6.2.3 激活

对象生命线上窄的矩形被称为激活(activation)，激活表示对象正在执行某个操作。激活条的长度表示执行操作的时间。一个被激活的对象要么执行自己的代码，要么等待另一个对象的返回结果，如图6-5所示。

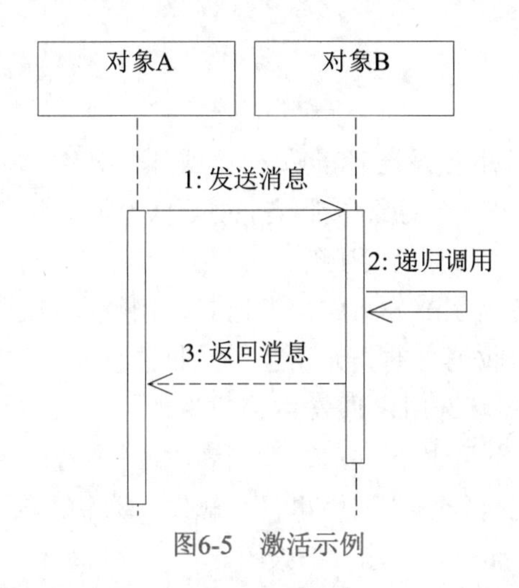

图6-5　激活示例

激活在序列图中不能单独存在，必须与生命线连在一起使用，当一条消息被传递给对象时，该消息触发对象的某个行为，此时对象就被激活了。

通常情况下，表示激活的矩形的顶点是消息和生命线交汇的地方，表示对象从此时开始获得控制权。矩形的底部则表示此次交互已经结束，或对象的控制权已经交出。

序列图中对象的控制期矩形不必总是扩展到对象生命线的末端，也不必连续不断。例如，在下面的示例中，当用户成功登录并进入主管理界面后，登录界面对象将失去控制期而激活主管理界面，如图6-6所示。在这个示例中，登录界面对象在图书管理员运行系统时被激活。当图书管理员成功登录后，登录界面对象发送“生成对话框”消息以激活主管理界面对象，而登录界面对象将丢失控制权暂停活动。

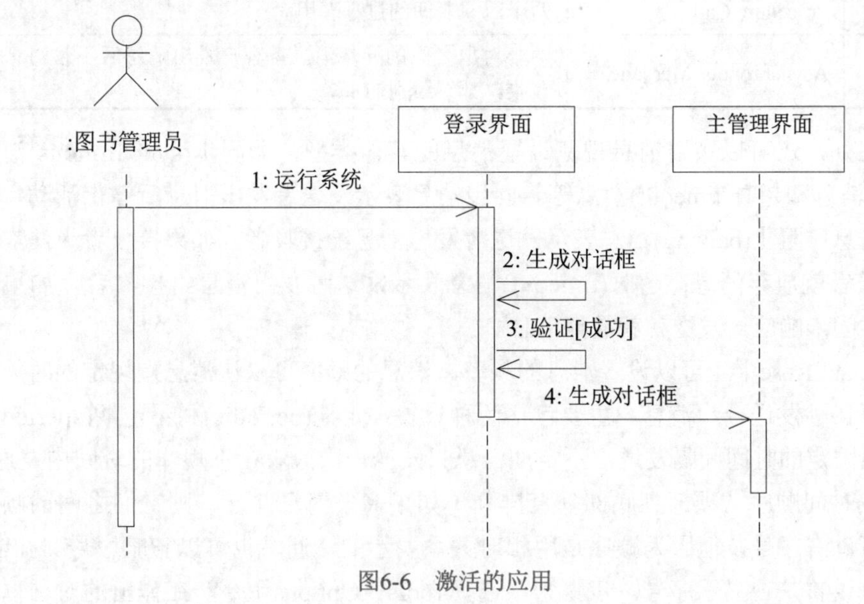

图6-6　激活的应用

6.2.4 消息

消息(message)是从一个对象(发送者)向另一个或几个对象(接收者)发送的信号，或一个对象(发送者或调用者)调用另一个对象(接收者)的操作。消息有不同的实现方式，如过程调用、活动线程间的内部通信、事件的发生等。

从消息的定义看，消息由三部分组成：发送者、接收者和活动。发送者担负发出消息的类元角色，接收者担负接收消息的类元角色。接收消息的一方也被认为是事件的实例，接收者有两种调用处理方式可选用，通常由接收者的模型决定。一种是操作作为方法实现，当信号到来时被激活，过程执行完后，调用者收回控制权，并且可以收回返回值。另一种是主动对象，操作调用可能导致调用事件，触发一次状态转换；活动为调用、信号、发送者的局部操作或原始活动，如创建、销毁等。

在序列图中，消息的表示形式为从一个对象(发送者)的生命线指向另一个对象(目标)的生命线的带箭头的实线。在Rational Rose序列图的图形编辑工具栏中，消息有表6-1所示的几种形式。

表6-1　序列图中消息的表示形式

符号	名称	含义
→	Object Message	两个对象之间的普通消息，消息在单个控制线程中运行
⇄	Message to Self	对象的自身消息
⇢	Return Message	返回消息
➞	Procedure Call	两个对象之间的过程调用
⇀	Asynchronous Message	两个对象之间的异步消息，客户发出消息后不管消息是否被接收，都继续别的事务

除此之外，还可以利用消息规范设置消息的其他类型，如同步(synchronous)消息、阻止(balking)消息和超时(timeout)消息等。同步消息表示发送者发出消息后停止活动，等待接收者响应消息；阻止(balking)消息表示发送者发出消息给接收者，如果接收者无法立即接收消息，发送者就放弃消息；超时(timeout)消息表示发送者发出消息给接收者，如果接收者超过指定时间未响应，发送者就放弃消息。

在Rational Rose中还可以设置消息的频率。消息的频率可以让消息按规定的时间间隔发送，例如每10秒发送一次消息，主要包括两种设置：定期(periodic)和不定期(aperiodic)。定期消息按照固定的时间间隔发送，不定期消息只发送一次或者在不规律的时间内发送。

消息按时间顺序从顶部到底部垂直排列。如果多条消息并行，则它们之间的顺序不重要。消息可以有序号，但因为顺序是用相对关系表示的，通常也可以省略序号。在Rational Rose中可以设置是否显示序号。步骤为：选择Tools→Options命令，在弹出的对话框中打开Diagram选项卡，如图6-7所示，选中或取消Sequence numbering复选框即可。

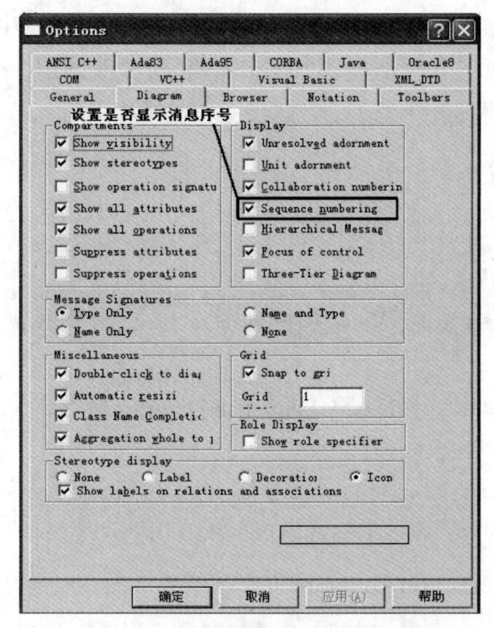

图6-7　设置是否显示消息序号

6.3　序列图建模及示例

前面介绍了序列图的各种概念，下面介绍如何使用Rational Rose创建序列图以及序列图中的各种模型元素。

6.3.1　创建对象

在序列图的工具栏中可以使用的工具按钮如表6-2所示，其中包含了Rational Rose默认显示的所有UML模型元素。

表6-2　序列图的图形编辑工具栏按钮

按钮图标	按钮名称	用途
	Selection Tool	选择工具
	Text Box	创建文本框
	Note	创建注释
	Anchor Note to Item	将注释连接到序列图中的相关模型元素
	Object	序列图中的对象
	Object Message	两个对象之间的普通消息，消息在单个控制线程中运行
	Message to Self	对象的自身消息
	Return Message	返回消息
	Destruction Marker	销毁对象标记

同样，序列图的图形编辑工具栏也可以定制，方式和类图中定制图形编辑工具栏一样。将序列图的图形编辑工具栏完全添加后，将增加过程调用(procedure call)和异步消息(asynchronous message)的图标。

1. 创建和删除序列图

要创建新的序列图，可以通过以下两种方法进行。

方法一：

(1) 右击浏览器中的Use Case View(用例视图)、Logical View(逻辑视图)或者这两种视图下的包。

(2) 在弹出的快捷菜单中选择New→Sequence Diagram命令。

(3) 输入新的序列图名称。

(4) 双击打开浏览器中的序列图。

方法二：

(1) 选择Browse→Interaction Diagram命令，或者在标准工具栏中单击按钮，弹出如图6-8所示的对话框。

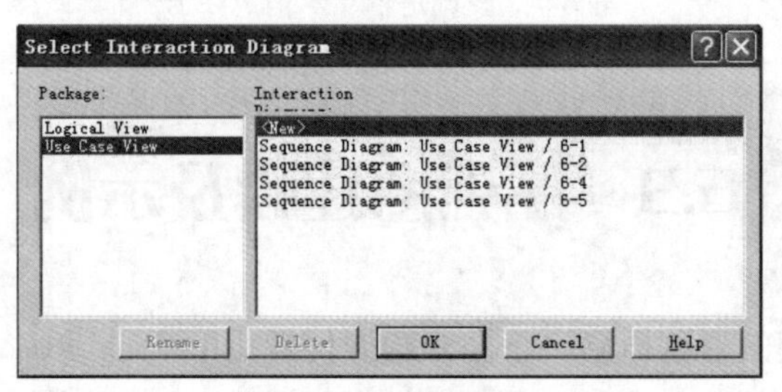

图6-8　添加序列图

(2) 在Package列表框中选择要创建的序列图所属包的位置。

(3) 在Interaction Diagram列表框中选择New选项。

(4) 单击OK按钮，在弹出的对话框中输入新的序列图名称，并选择Diagram Type为序列图。

如果需要在模型中删除序列图，可以通过以下操作步骤进行。

(1) 在浏览器中选中需要删除的序列图并右击。

(2) 在弹出的快捷菜单中选择Delete命令即可。

2. 创建和删除序列图中的对象

如果需要在序列图中增加对象，可以通过工具栏、浏览器或菜单栏三种方式进行添加。

通过图形编辑工具栏添加对象的步骤如下。

(1) 在图形编辑工具栏中单击按钮，此时光标变为+符号。

(2) 在序列图中单击任意一个位置，系统会在该位置创建一个新的对象，如图6-9所示。

(3) 在对象的名称栏中输入对象的名称。这时，对象的名称会在对象顶端的栏中显示。

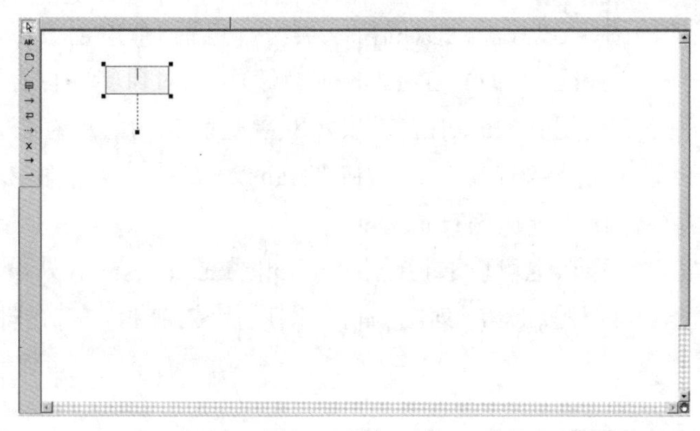

图6-9 添加对象

使用菜单栏添加对象的步骤如下。

(1) 选择Tools→Create→Object命令，此时光标变为+符号。

(2) 接下来的步骤与使用工具栏添加对象的步骤类似，按照使用工具栏添加对象的步骤添加即可。

如果使用浏览器进行添加，只需要选择需要添加对象的类，拖动到编辑框中即可。

删除对象可以通过以下步骤进行。

(1) 选中需要删除的对象并右击。

(2) 在弹出的快捷菜单中选择Edit→Delete from Model命令，或者按Ctrl+Delete快捷键。

3. 设置序列图中的对象

序列图中的对象可以通过设置增加细节，例如设置对象名、对象的类、对象的持续性以及对象是否有多个实例等。

选中需要打开的对象并右击，在弹出的快捷菜单中选择Open Specification命令，弹出如图6-10所示的对话框。

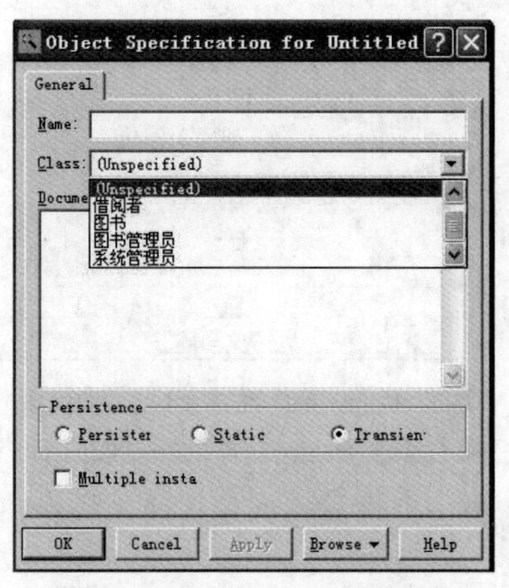

图6-10 序列图中对象的设置

在Name文本框中可以设置对象的名称，规则和创建对象图的规则相同，在整个序列图中，对象具有唯一的名称。在Class下拉列表框中可以选择新建类或选择现有的类。新建类与在类图中创建类相似。选择类之后，对象便与类完成映射，此时的对象是类的实例。

在Persistence选项组中可以设置对象的持续类型，包括3个单选按钮，分别是Persistent(持续)、Static(静态)和Transient(临时)。Persistent(持续)表示对象能够保存到数据库或其他的持续存储器中，如硬盘、光盘；Static(静态)表示对象是静态的，保存在内存中，直到程序终止才会销毁，不会保存在外部持续存储器中；Transient(临时)表示对象是临时对象，只是短时间内保存在内存中。默认选项为Transient。

如果是多对象实例，那么也可以通过选择Multiple Instances命令来设置。多对象实例在序列图中没有明显表示，但是在对序列图与协作图进行转换时，在协作图中就会明显地表现出来。

6.3.2 创建生命线

在序列图中，生命线(lifeline)是位于对象底部的垂直虚线，表示对象在一段时间内存在。当对象被创建后，生命线便存在。当对象被激活后，生命线的一部分虚线变成细长的矩形框。在Rational Rose中是否将虚线变成矩形框是可选的，可以通过菜单栏设置是否显示对象生命线被激活的矩形框。

设置是否显示对象生命线被激活的矩形框的步骤为：选择Tools→Options命令，在弹出的对话框中打开Diagram选项卡，如图6-11所示，选中或取消Focus of control复选框。

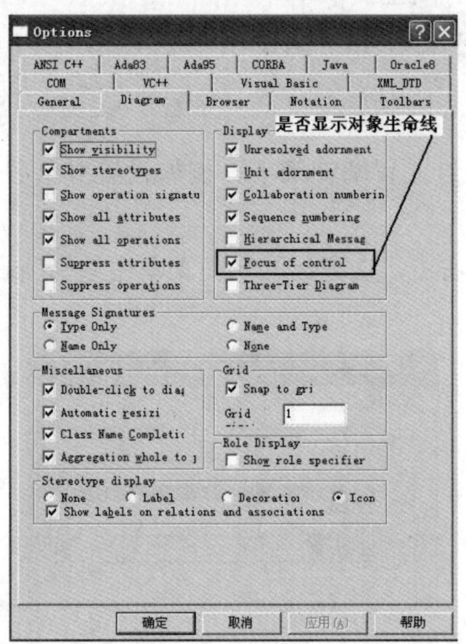

图6-11 设置是否显示对象生命线

6.3.3 创建消息

在序列图中添加对象与对象之间的简单消息的步骤如下。

(1) 单击序列图的图形编辑工具栏中的→图标，或者选择Tools→Create object→Message命令，此时光标变为↑符号。

(2) 单击需要发送消息的对象。

(3) 将消息的线段拖动到接收消息的对象中。

(4) 在线段中输入消息的文本内容。

(5) 双击消息的线段，弹出设置消息规范的对话框，如图6-12所示。

(6) 在General选项卡中可以设置消息的名称，消息的名称也可以是消息接收对象的执行操作，在Name下拉列表中选择或新建一个即可，这称为消息的绑定操作。

(7) 如果需要设置消息的同步信息，比设置消息为简单消息、同步消息、异步消息、返回消息、过程调用、阻止消息和超时消息等，可以在Detail选项卡中进行设置，如图6-13所示。还可以设置消息的频率，主要包括两种设置：定期(Periodic)和不定期(Aperiodic)。

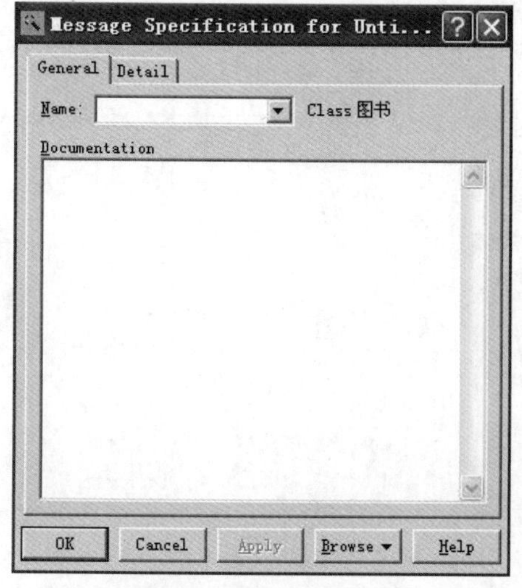

图6-12　消息的常规设置

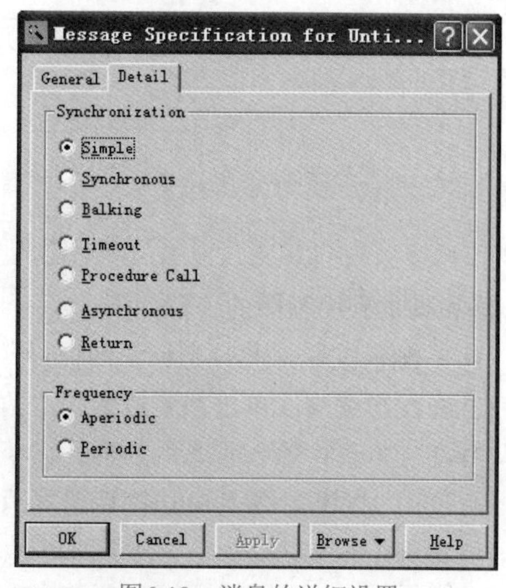

图6-13　消息的详细设置

消息的显示有层次结构，例如，在创建自身的消息时会有层次结构。在Rational Rose中可以设置是否在序列图中显示消息的层次结构。

设置是否显示消息的层次结构的步骤为：选择Tools→Options命令，在弹出的对话框中打开Diagram选项卡，如图6-14所示，选中或取消Hierarchical Message复选框。

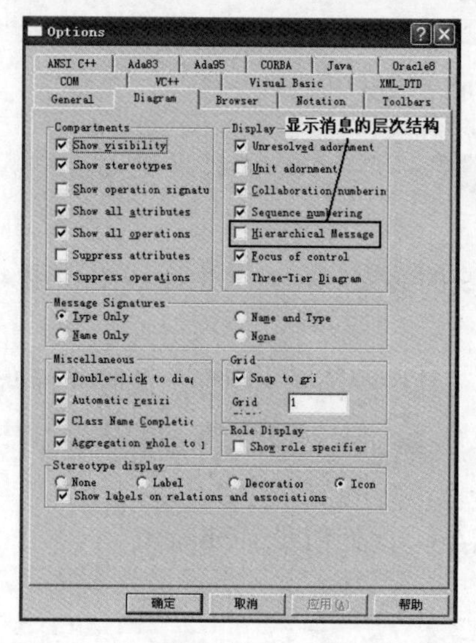

图6-14　设置是否显示消息的层次结构

在序列图中，为了增强消息表达的内容，还可以在消息中增加一些脚本，例如消息"用户验证"，可以在脚本中添加注释"验证用户名和密码是否正确"。添加完脚本后，如果移动消息的位置，脚本也会随消息一同移动，如图6-15所示。

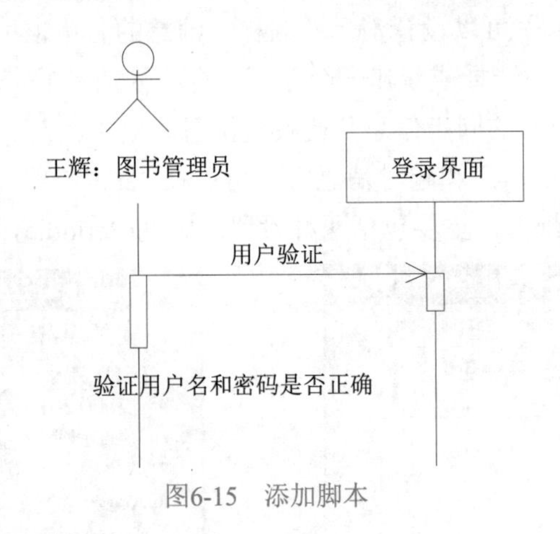

图6-15　添加脚本

添加脚本到序列图的步骤如下。

(1) 单击ABC按钮，此时光标变为↑符号。

(2) 在图形编辑区单击需要放置脚本的位置。

(3) 在文本框中输入脚本的内容。

(4) 选中文本框，按住Shift键后选择消息。

(5) 选择Edit→Attach Scrip命令即可。

另外，也可以在脚本中输入一些条件逻辑，如if…else语句等。除此之外，还可以用脚本显示序列图中的循环和其他的伪代码等。

不可能指望这些脚本来生成代码，但是可以通过这些脚本让开发人员了解程序的执行流程。

如果要将脚本从消息中删除，可以通过以下的步骤进行。

(1) 选中消息，这时也会默认选中消息绑定的脚本。

(2) 选择Edit→Detach Script命令即可。

6.3.4 销毁对象

销毁对象表示对象生命线的结束，在对象生命线中使用×进行标识。在对象生命线中添加销毁标记的步骤如下。

(1) 在序列图的图形编辑工具栏中选择×图标，此时光标变为+符号。

(2) 单击欲销毁对象的生命线，使用×标记在对象生命线中进行标识。对象生命线自销毁标记以下的部分消失。

销毁对象的图示参见图6-16，此处销毁了ObjectC。

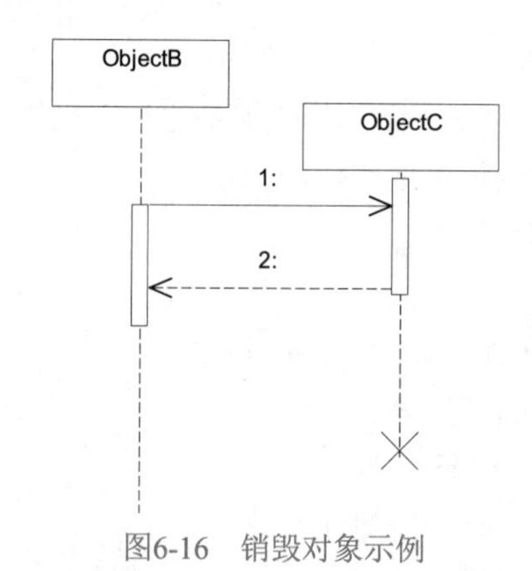

图6-16　销毁对象示例

6.3.5　序列图建模示例

以下将以图书管理系统的简单用例“借阅图书”为例，介绍如何创建系统的序列图。

根据系统的用例或具体的场景，描绘出系统的一组对象在时间上交互的整体行为，是使用序列图进行建模的目标。一般情况下，系统的某个用例往往包含好几个工作流程，这时候就需要创建几个序列图来进行描述。

创建序列图模型包含以下四项任务。

(1) 确定需要建模的用例。

(2) 确定用例的工作流。

(3) 确定各工作流涉及的对象，并按从左到右的顺序进行布置。

(4) 添加消息和条件以便创建每一个工作流。

1. 确定用例与工作流

建模序列图的第一步是确定要建模的用例。系统的完整序列图模型是为每一个用例创建序列图。在本例中，将只对系统的借阅图书用例创建序列图。因此，这里只考虑借阅图书用例及其工作流。借阅图书用例的描述信息如表6-3所示。

表6-3　借阅图书用例的描述信息

用例名称	借阅图书
标识符	UC0001
用例描述	图书管理员代理借阅者办理借阅手续
参与者	图书管理员
前置条件	图书管理员已经登录系统
后置条件	如果这个用例成功，在系统中存储借阅记录

可以通过更具体的描述来确定工作流程，基本的工作流程如下。

(1) 图书管理员输入借阅证信息。

(2) 系统验证借阅证的有效性。

(3) 图书管理员输入图书信息。

(4) 添加新的借阅记录。

(5) 显示借书后的借阅信息。

这些基本的工作流程中还存在分支，可使用备选过程来描述。

备选过程A：所借图书数量超过规定。

(1) 获取借阅者的借书数量。

(2) 系统验证借书数量。

(3) 创建MessageBox对象以提示借书数量超过规定。

备选过程B：借阅者的借阅证失效。

(1) 借阅者对象返回借阅者信息错误。

(2) 创建MessageBox对象以提示借阅证失效。

备选过程C：借阅者有超期借阅信息。

(1) 获取借阅者的所有借阅信息。

(2) 查询数据库以获取借阅信息的日期，且系统验证借阅期限。

(3) 显示超期的图书信息。

(4) 创建MessageBox对象以提示借阅超期。

2. 布置对象与添加消息

在确定用例的工作流后，下一步是从左到右布置工作流涉及的所有参与者和对象。接下来将每个工作流作为独立的序列图并进行建模，按照消息的过程一步一步将消息绘制在序列图中，添加适当的脚本绑定到消息中。基本工作流程的序列图如图6-17所示。

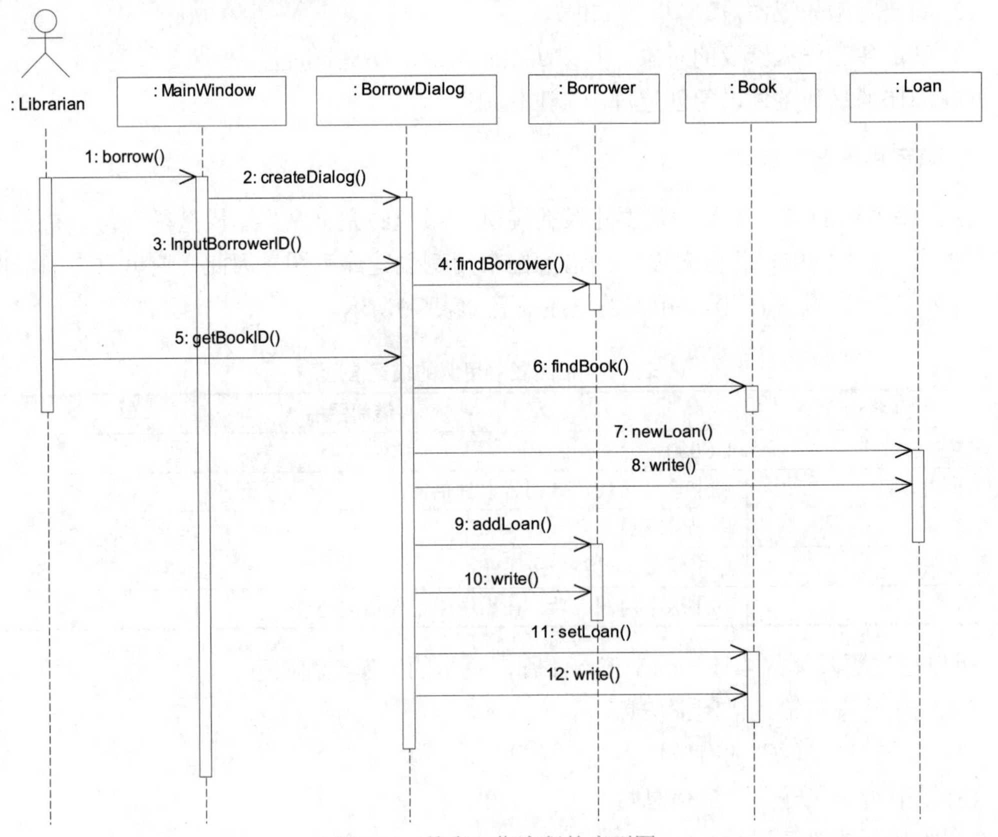

图6-17　基本工作流程的序列图

备选过程A的序列图如图6-18所示。

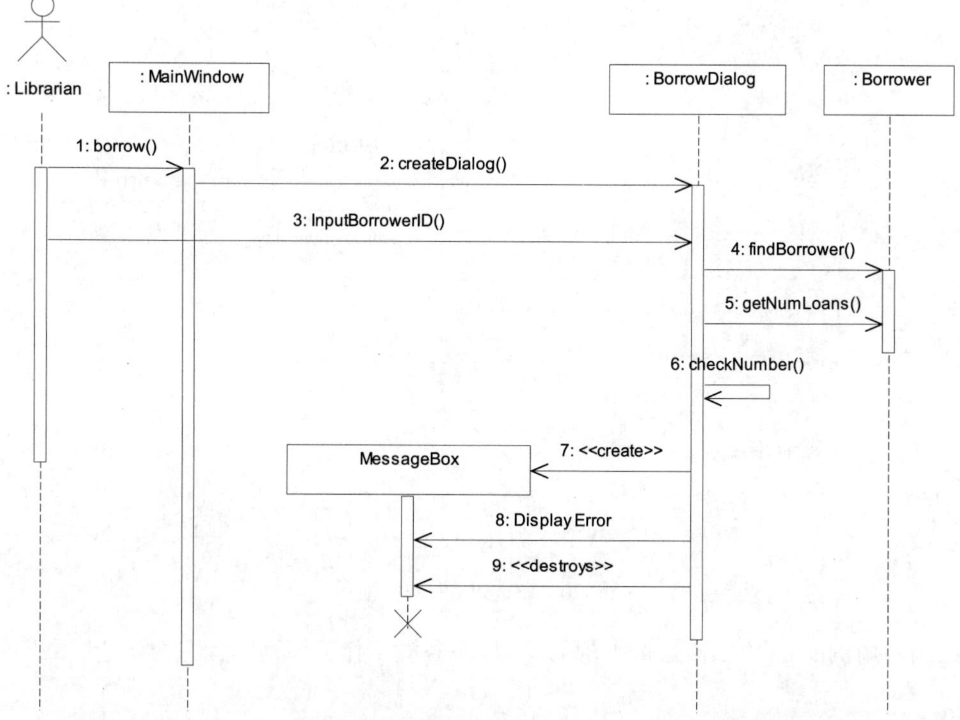

图6-18　备选过程A的序列图

备选过程B的序列图如图6-19所示。

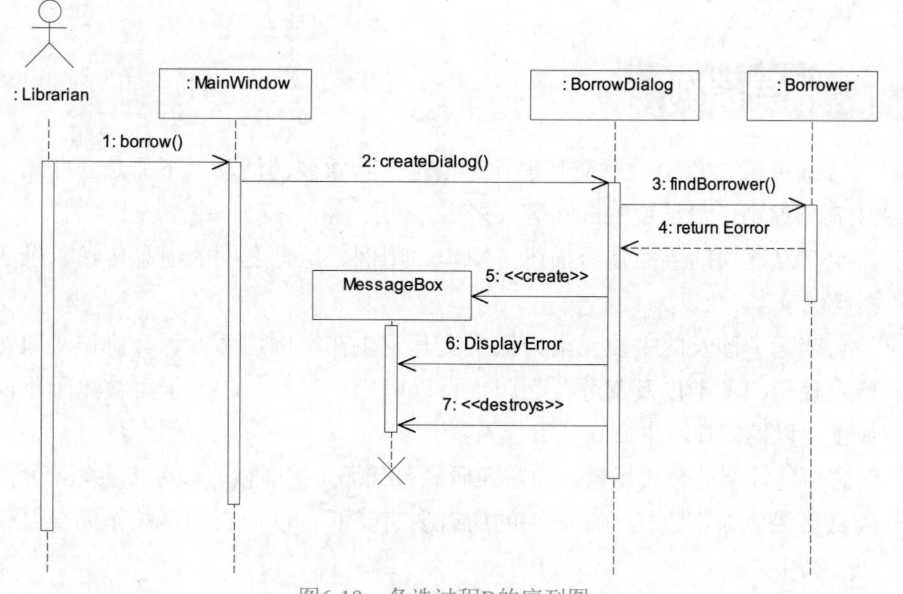

图6-19　备选过程B的序列图

备选过程C的序列图如图6-20所示。

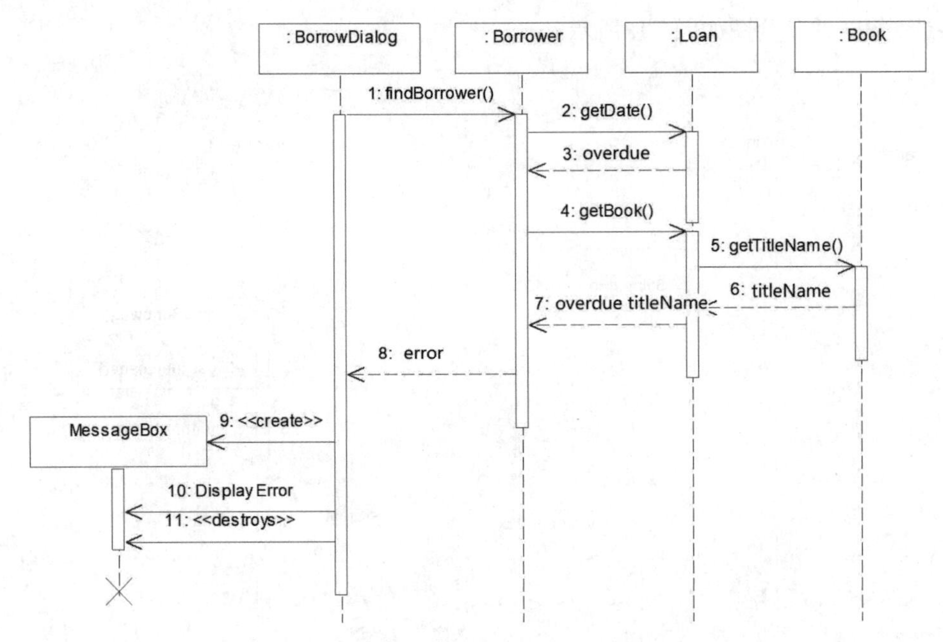

图6-20 备选过程C的序列图

绘制完用例的各种工作流序列图后，可以将各种工作流序列图合并为一个序列图。

6.4 序列图建模的指导原则与并发建模

6.4.1 指导原则

在软件系统开发过程中，对交互进行建模是一项重要的活动。下面是一些用于序列图准备的通用指导原则，最早被Bennett等人采用。

- 决定交互建模的层面是否描述了操作、用例、组件之间的消息传递以及子系统或系统的交互？
- 确认交互中涉及的主要元素。如果交互发生在用例层面，那么协作对象可能已经通过使用CRC卡以及部分分配职责得以确定。当然，CRC卡可被用于不同层面的粒度，以挖掘任何生命线分组行为。
- 考虑可能需要的替代场景。通常在研究替代场景的时候，CRC卡会很有用。
- 确认已经或即将建模为序列图的所有现有交互，以便它们可被作为交互使用并被包含其中。
- 绘制图的大纲结构。
- 使用合适的名称创建框图。
- 添加合适的生命线，从最先在交互中涉及的生命线开始，然后从左向右放置其他的生命线。这可以改善序列图的页面布局。如果执行者的生命线已经被建模，那么应该紧跟着边界生命线(如果已经被建模的话)被放置。

- 添加详细交互。
- 从框图的最上面添加首条消息。从上至下布局接下来的消息，在消息标签中显示合适的细节层面。
- 使用带有合适交互操作符的组合片段来进行描述，例如循环、分支和选择路径。交互操作符的完整列表如表6-4所示。需要的话，添加交互约束。
- 确认在其他交互中正在或即将使用的所有交互片段，将它们布置在单独的序列图中。对于这些交互片段准备序列图，以便尽可能进行重用。在绘制的序列图中布置对应的交互使用。
- 需要的话，注释序列图，可以包括前置或后置条件以提高可读性。
- 在序列图中按需要添加状态变量。
- 检查与连接的序列图的一致性，需要的话进行修改。如果交互是在用例层面进行的，考虑由扩展或包含依赖关系连接的其他用例是非常有用的。
- 检查与其他UML图或模型的一致性，特别是与相关类图的一致性(如果此时已经准备的话，检查与状态图的一致性)。

一旦生成第一幅序列图，就从上面第2条开始执行上述操作，这对于改善模型是很重要的。对于复杂的交互，需要多次迭代，才能生成能够清晰无误地描述所需要行为的模型。

表6-4 与组合片段一起使用的交互操作符

交互操作符	说明和使用
alt	其他行为的其他表示方法，每一个行为的选择在单独的操作符中显示。交互约束被判断为真的情况下，则执行对应的序列行为；否则，执行另一序列行为
opt	描述操作域的单个选择，在交互约束被判定为真的情况下，只能执行一次
break	指明执行组合框架，而不是封装的交互约束的其余部分
par	指明一旦每个操作域中的事件顺序被保留，组合框架中的执行操作域就会合并为任意顺序
seq	弱排序生成被维护的每个操作域的次序，但是，位于不同生命线上的不同操作域的事件可能以任意次序发生。通用操作域的事件发生次序与这些操作域的发生次序相同
strict	严格排序强调了操作域执行的严格顺序，但是不会在嵌套片段中使用
neg	描述无效的操作域
critical	临界区域强调对操作域的约束，对于操作域，生命线上事件的发生不能交织
ignore	指明规范为参数的消息类型，应该在交互中忽略
consider	指明在交互中应该考虑的消息，相当于指明其他所有的消息都应该忽略
assert	指明操作域中的消息顺序是唯一的有效延续
loop	用于指明操作域会被重复一定次数，直到循环的交互约束不再为真为止

6.4.2 并发建模

根据在严格时序约束下对外部事件响应的需要，实时系统被广泛地建模。部分是因为，它们频繁以同时执行路径或线程控制的形式展示了并发行为。具有并发执行的应用程序通常包含一些协作和启动控制线程的对象，它们被称为主动对象。另外，实时应用程序通常包括很多其他只在控制线程中工作的对象，它们被称为被动对象。在交互图中，主动对象或类在生命线的头部两侧以双行的形式显示。主动对象不需要调用其他对象中的操作就能继续运行，它们具有自己的控制线程。主动对象一般与嵌入部件组合。

对于并发系统的顺序图来说，在任意时间明确显示哪些控制线程是有效的并且很重要。显示并行(关键字par)、可选(关键字opt)和关键活动的组合片段，在对实时系统进行建模的时候是很有用的。表6-4显示了在UML中定义的交互操作符的完整列表，对每一个操作符都有简短的解释。时序图对时间约束、状态改变以及生命线之间的消息传递提供了明确的图解，稍后我们会讲到。

6.5 小结

本章详细介绍了UML动态模型中的序列图。首先介绍了序列图的基本概念，接着介绍了序列图的组成要素以及如何使用Rational Rose建模工具来创建序列图，然后通过一个案例介绍如何创建序列图，最后介绍了序列图建模的指导原则和并发建模。希望通过这一章的学习，读者能够根据需求分析和用例模型描绘出简单的序列图。

6.6 思考练习

1. 什么是序列图？
2. 序列图的组成元素有哪些？
3. 激活的含义是什么？
4. 简述序列图建模的指导原则。
5. 创建序列图模型包含哪些任务？
6. 序列图建模的主要步骤有哪些？

第 7 章

动态分析与协作图

动态分析模型用于描述系统的动态行为，分为交互模型和状态模型。其中，交互模型描述执行系统功能的各个角色之间相互传递消息的顺序关系。序列图主要描述某个用例的系统各组成部分之间的次序，而协作图从另一个角度描述系统对象之间的连接。协作图中明确表示了角色之间的关系，通过协作角色来限定协作中的对象或链。

本章的学习目标：

- 掌握协作图的基本概念和组成要素
- 理解边界、控制器和实体的概念
- 掌握协作图的UML表示方法
- 掌握协作图的建模方法
- 理解协作图和序列图的区别与联系

7.1 协作图简介

序列图侧重于某种特定情形下对象之间传递消息的时序性。和序列图不同的是，协作图侧重于描述哪些对象之间有消息传递，也就是说，序列图强调交互的时间顺序，而协作图强调交互的情况和参与交互的对象的整体组织。从另一个角度看这两种图：序列图按照时间顺序布图，而协作图按照空间组织布图。序列图和协作图在语义上是等价的，所以建模人员可以先对一种交互图进行建模，然后转换成另一种交互图，而且在转换的过程中不会丢失信息。

7.1.1 协作图的定义

协作图对一次交互过程中有意义的对象和对象间的链建模，显示了对象之间如何进行交互以执行特定用例或用例中特定部分的行为。在协作图中，类元角色描述对象，关联角色描述协作关系中的链，并通过几何排列表现交互作用中的各个角色。

为了理解协作图(collaboration diagram)，首先要了解什么是协作(collaboration)？所谓协作，是指一定语境中的一组对象以及实现某些行为的对象间的相互作用，描述了一组对象为实现某种目的而组成相互合作的“对象社会”。在协作图中，同时包含了运行时的类元角色(classifier role)和关联角色(Association Role)。类元角色是对参与协作执行的对象的描述，系统中的对象可以参与一个或多个协作；关联角色是对参与协作执行的关联的描述。

协作图是表现对象协作关系的交互图，表示协作中作为各种类元角色的对象所处的位置。协作图中的类元角色和关联角色描述了对象的配置，以及当协作的实例执行时可能出现的连接。当协作被实例化时，对象受限于类元角色，连接受限于关联角色。

下面从结构和行为两个方面分析协作图。从结构方面讲，协作图和对象图一样，包含了角色集合以及它们之间定义的行为方面的内容关系。从这个角度看，协作图是类图的一种。但是，协作图与类图这种静态视图的区别是：静态视图描述类固有的内在属性，协作图描述类实例的特性。因为只有对象的实例才能在协作中扮演自己的角色，它在协作中起特殊的作用。从行为方面讲，协作图和序列图一样，包含一系列的消息集合。这些消息在具有某一角色的各对象间进行传递交换，完成协作中的对象想要达到的目标。可以说，在协作图的一个协作中，描述了由该协作的所有对象组成的网络结构以及相互发送消息的整体行为，代表了潜藏于计算过程中的三个主要结构的统一，即数据结构、控制流和数据流的统一。

在一张协作图中，只有涉及协作的对象才会被表示出来，协作图只对具有交互作用的对象和对象间的关联建模，而忽略其他对象和关联。可以将协作图中的对象标识成四组：存在于整个交互作用中的对象、在交互作用中创建的对象、在交互作用中销毁的对象、在交互作用中创建并销毁的对象。在设计时要区分这些对象，并首先表示操作开始时可获取的对象和连接，然后决定控制如何流向协作图中正确的对象以实现操作。

在UML表示中，协作图将类元角色表示为类的符号(矩形)，将关联角色表现为实线的关联路径，关联路径上带有消息符号。通常，不带消息的协作图标明了交互作用发生的上下文，而不表示交互，它可以用来表示单一操作的上下文，甚至可以表示一个或一组类中所有操作的上下文。如果关联线上标有消息，就可以表示一个交互。交互用来代表操作或用例的实现。

图7-1显示的是系统管理员查询借阅者信息的协作图，其中涉及三个对象之间的交互，分别是系统管理员、查询借阅者界面和借阅者。消息的编号显示了对象交互的步骤，与前一章中介绍的序列图示例等价。

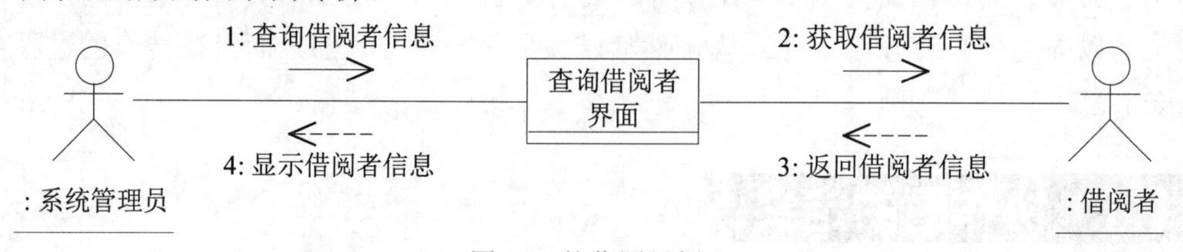

图7-1　协作图示例

协作图作为一种在给定语境中描述协作中各个对象之间组织交互关系的空间组织结构的图形化方式，在用来进行建模时，可以将作用分为以下三个方面。

- 通过描绘对象之间消息的传递情况来反映具体的使用语境的逻辑表达：所使用语境的逻辑可能是用例的一部分或一条控制流。这和序列图的作用类似。
- 显示对象及其交互关系的空间组织结构：协作图显示了在交互过程中各个对象之间的组织交互关系以及对象彼此之间的连接。与序列图不同，协作图显示的是对象之间的关系，并不侧重于交互的顺序。协作图没有将时间作为单独的维度，而是使用序列号确定消息及并发线程的顺序。
- 表示类操作的实现：协作图可以说明类操作中用到的参数、局部变量和返回值等。当使用协作图表现系统行为时，消息编号对应程序中嵌套调用的结构和信号传递过程。

协作图和序列图虽然都表示对象间的交互作用，但是它们的侧重点不同。序列图注重表达交互作用中的时间顺序，但没有明确表示对象间的关系；而协作图注重表示对象间的关系，但时间顺序可以从对象流经的顺序编号中获得。序列图常常用于表示方案，而协作图则用于过程的详细设计。

一般情况下，序列图可以显示：

- 与边界交互的参与者(例如，Member与MemberUI交互)；
- 与系统内部对象交互的边界(例如，MemberUI与ReservationHome、Member、CarModel和Reservation交互)；
- 系统内部对象与外部系统的边界交互(例如，内部的ReportGenerator对象与HeadOffice边界交互)。

不需要显示位于系统外部的业务对象和不直接与系统交互的参与者。

这里可以不使用双向交互，而使用更面向计算机的客户-提供商模式：参与者启动与边界对象的交互，边界对象启动与系统对象的交互，系统对象启动与其他系统对象和系统边界的交互。

7.1.2　与序列图的区别与联系

协作图与序列图有很多相似的地方。对于直接交互来说，协作图以不同的格式表达了与序列图相同的信息，它们可能在各种细节层面以及系统开发过程的不同阶段绘制。对于这两种类型的交互模型，最显著的区别在于：协作图明确显示了参与协作的生命线之间的连接，并且协作图没有明确的时间维度，生命线只是使用方框表示。

7.2　协作图的组成要素

协作图(collaboration diagram)是由对象(object)、消息(message)和链(link)等构成的。协作图通过各个对象之间的组织交互关系以及对象彼此之间的连接，表达对象之间的交互。

7.2.1 对象

由于在协作图中要实现建模系统的交互，而类在运行时不做任何工作，系统的交互是由类的实例化形式(对象)完成的；因此，首要关心的问题是对象之间的交互。协作图中的对象和序列图中的对象相同，都是类的实例。协作代表为了完成某个目标而共同工作的一组对象。对象的角色表示一个或一组对象在完成目标的过程中所起的部分作用。对象是角色所属类的直接或间接实例。在协作图中，不需要关于某个类的所有对象都出现，同一个类的对象在一个协作图中可能要充当多个角色。

在协作图中可以使用三种类型的对象实例，如图7-2所示。其中，第一种类型未指定对象所属的类，这种表示法说明实例化对象的类在模型中未知或不重要。第二种完全限定对象名，包含对象名和对象所属的类名，这种表示法用来引用特有的、唯一的命名实例。第三种只指定类名，而未指定对象名，这种表示法表示类的通用对象实例名。

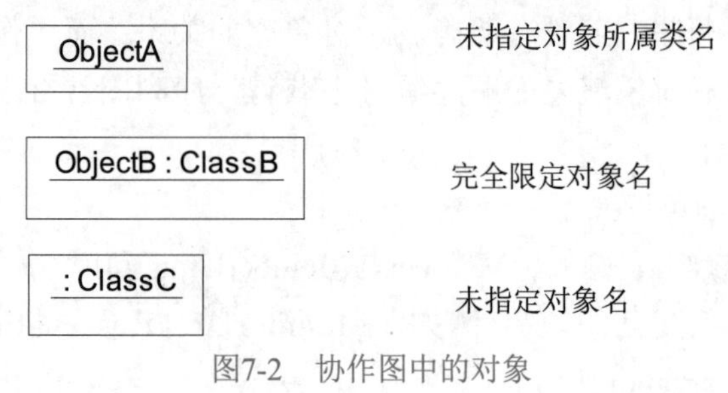

图7-2　协作图中的对象

7.2.2 消息

在协作图中，通过一系列的消息(message)来描述系统的动态行为。和序列图中的消息相同，都是从一个对象(发送者)向另一个或几个对象(接收者)发送信号，或是一个对象(发送者或调用者)调用另一个对象(接收者)的操作，并且都由三部分组成，分别是发送者、接收者和活动。

协作图中消息的表示方式与序列图不同。在协作图中，消息使用带有标签的箭头表示，附在连接发送者和接收者的链上。链连接了发送者和接收者，箭头指向的是接收者。消息也可以依附于发送给对象本身的链上。在一个连接上可以有多条消息，它们沿相同或不同的路径传递。消息包括顺序号和名称。消息标签中的顺序号标识了消息的相关顺序，同一个线程内的所有消息按照顺序排列，除非有明显的顺序依赖关系，不同线程内的消息是并行的。消息的名称可以是方法，包含了名字、参数表和可选的返回值表。

在协作图中，每条消息的前面都有序号。利用消息的序号，能够比较容易地跟踪协作图中的消息。最简单的编号方法是1、2、3等，对于较大的协作图，更加实用且常用的编号方法是使用嵌套编号方法，如1、1.1、1.2、…、2、2.1、2.2等。

使用顺序号可以明确地指定协作图中消息的时序。跟踪协作图的难度要比跟踪顺序图更大，因为后续消息往往位于协作图中的不同位置。进一步地，如果协作图中的对象没有生命线，那么对象何时创建和销毁就没有那么明显。但是，协作图方便了设计者，使其可以更好地理解对象之间的连接，从而使得实现类的任务变得更加简单。

图7-3显示了两个对象之间的消息通信，包含“发送消息”和“返回消息”。

如图7-4所示，协作图中的对象也能给自己发送消息。这首先需要一个从对象到其本身的通信连接，以便能够调用消息。

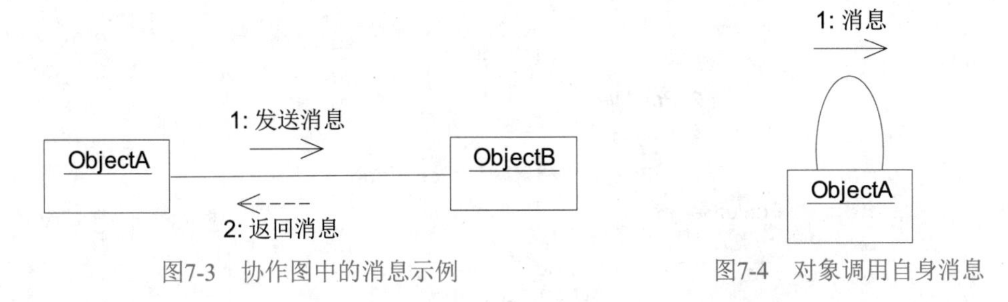

图7-3　协作图中的消息示例　　图7-4　对象调用自身消息

协作图中的消息可以被设置成同步消息、异步消息、简单消息等。

协作图中的同步消息使用一个实心的箭头表示，它在处理流发送下一条消息之前必须处理完。如图7-5所示，文本编辑器对象将Load(File)同步消息发送到文件系统FileSystem，文本编辑器将等待打开文件。

协作图中的异步消息显示为一个半开的箭头。如图7-6所示，登录界面对象(LoginDialog)发送一条异步消息给登录日志文件对象(Log)，登录界面对象不需要等待登录日志文件对象的响应消息，即可立刻执行其他操作。

图7-5　同步消息示例　　图7-6　异步消息示例

简单消息在协作图中显示为一个开放的箭头。如图7-7所示，它的作用与序列图中一样，表示未知或不重要的消息类型。

在传递消息时，与序列图中的消息一样，也可以为消息指定传递的参数。如图7-8所示，计算器对象(Calculator)向Math对象传递参数，以计算某数的平方根。

图7-7　简单消息示例　　图7-8　传递参数

协作图中采用数字加字母的方式表示并发的多条消息。如图7-9所示，假设一个项目包含资源文件和代码文件。当打开该项目时，开发工具将同时打开所属的资源文件和代码文件。

图7-9　并发消息示例

有时消息只有在特定条件为真时才应该被调用。为此，需要在协作图中添加一组控制点，用来描述调用消息之前需要评估的条件。控制点由一组逻辑判断语句组成，只有当逻辑判断语句为真时，才调用相关的消息。如图7-10所示，当在消息中添加控制点后，只有当打印机空闲时才打印。

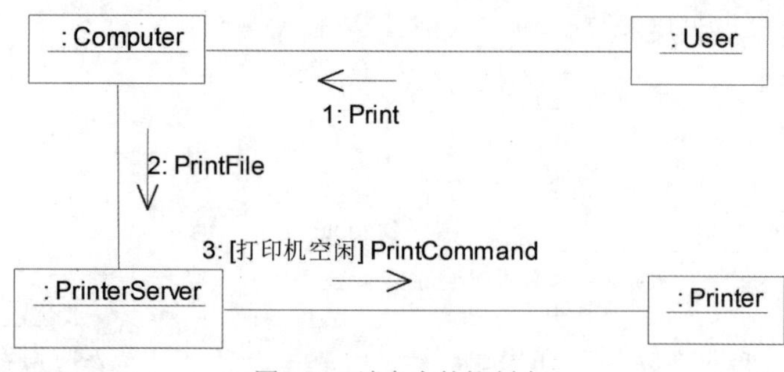

图7-10　消息中的控制点

7.2.3　链

协作图中的链与对象图中链的概念及表示形式相同，是两个或多个对象之间的独立连接，是对象引用元组(有序表)或是关联的实例。在协作图中，关联角色是与具体语境有关的暂时类元之间的关系，关系角色的实例也是链，寿命受限于协作的长短。在协作图中，链的表示形式是一个或多个相连的线或弧。在自身相关联的类中，链是两端指向同一对象的回路，是一条弧。为了说明对象是如何与另外一个对象进行连接的，还可以在链的两端添加提供者和客户端的可见性修饰，图7-11展示了链的普通表示形式以及自身关联的表示形式。

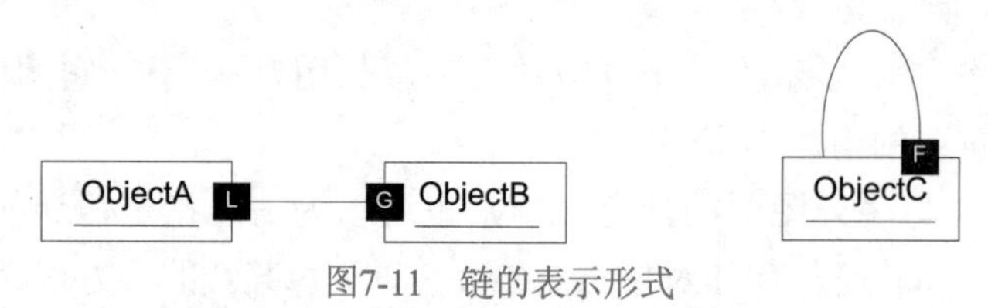

图7-11　链的表示形式

7.2.4　边界、控制器和实体

清晰的协作图把对象显示为带标签的方框。为了表达额外的信息，UML允许开发人员使用图标代替方框，表示对象的特性。图7-12显示了Jacobson图标的UML含义。

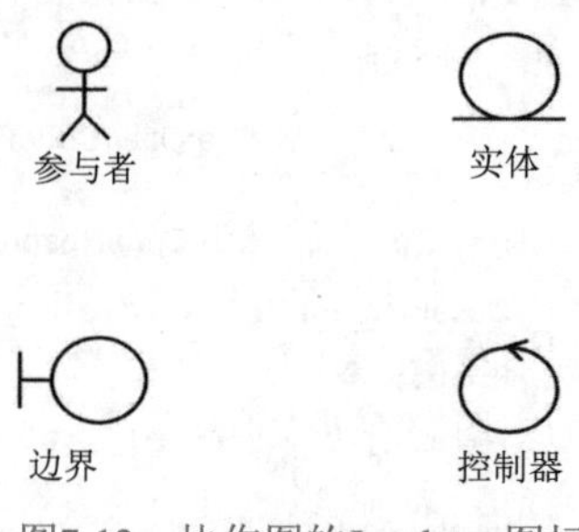

图7-12　协作图的Jacobson图标

- 参与者：存在于系统外部的人(通常)或系统(偶尔)。
- 实体：系统内部的对象，表示业务概念，例如顾客、汽车或汽车型号，包含有用的信息。实体一般是由边界和控制器对象操纵的，没有自己的行为。实体类出现在分析类图中。大多数实体在设计过程结束后仍旧存在。
- 边界：位于系统边缘上的对象，在系统和参与者之间。对于系统参与者，边界提供了通信路径。对于作为参与者的人，边界表示用户界面，以执行命令和查询，显示反馈和结果。每个边界对象通常都对应一个用例或一组相关的用例。更准确地说，这种边界通常映射为用户界面草案(此时，可以是整个界面，也可以是子窗口)。边界对象在设计过程结束后仍旧存在。
- 控制器：一种封装了复杂或凌乱过程的系统内部对象。控制器是一种服务对象，提供下述服务：控制系统过程的全部或部分、创建新实体、检索已有的实体。没有控制器，实体就会充满混乱的细节。控制器只是为了便于分析，所以许多控制器在设计过程结束后就不存在了。一个重要的例外是“家(home)”的概念。“家”是用于创建新实体、检索已有实体的控制器。“家”还可以包含实体消息，例如carModelHome.findEngineSizes()。“家”常常在设计过程结束后仍旧存在。

RUP方法为设计阶段保留所有的控制器，以及在动态分析过程中找出所有操作。在RUP中，分析模型和设计模型没有区别——我们只是从分析模型开始，一次一次地丰富，直到把它转换为可以实现的设计模型为止。

从分析中得到的有价值的结果如下。

- 好的实体对象和已验证的属性。
- 反映用例的高级边界对象。
- 模型正确的自信。
- “家”(忽略所有的实体消息)。

为了便于实现，设计人员不应有机会修改这些基本结果。缺陷是分析人员不应考虑编程细节，例如如何实现对象的属性、关系或操作。建议设计人员从新的类图开始，类图中应有在分析过程中找出的实体对象。然后把选中的边界和“家”添加到类图中。

7.3 协作图建模及示例

了解了协作图中的各种基本概念，下面介绍如何使用Rational Rose创建协作图以及协作图中的各种模型元素。

7.3.1 创建对象

在协作图的图形编辑工具栏中，可以使用的图标如表7-1所示，其中包含了Rational Rose默认显示的所有UML模型元素。

表7-1　协作图的图形编辑工具栏中的图标

图标	名称	用途
	Selection Tool	选择工具
	Text Box	创建文本框
	Note	创建注释
	Anchor Note to Item	将注释连接到协作图中的相关模型元素
	Object	协作图中的对象
	Class Instance	类的实例
	Object Link	对象之间的链接
	Link to Self	对象自身链接
	Link Message	链接消息
	Reverse Link Message	相反方向的链接消息
	Data Token	数据流
	Reverse Data Token	相反方向的数据流

1. 创建和删除协作图

要创建新的协作图，可以通过以下两种方法进行。

方法一：

(1) 右击浏览器中的Use Case View(用例视图)、Logical View(逻辑视图)或者这两种视图下的包。

(2) 在弹出的快捷菜单中选择New(新建)→Collaboration Diagram(协作图)命令。

(3) 输入新的协作图名称。

(4) 双击打开浏览器中的协作图。

方法二：

(1) 在菜单栏中选择Browse→Interaction Diagram命令，或者在标准工具栏中单击图标，弹出如图7-13所示的对话框。

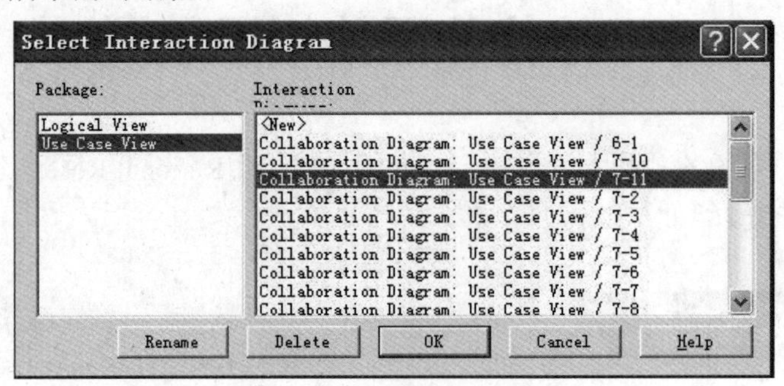

图7-13　添加协作图

(2) 在Package列表框中，选择要创建的协作图的包位置。

(3) 在Interaction Diagram列表框中，选择New(新建)选项。

(4) 单击OK按钮，在弹出的对话框中输入新的协作图名称，并选择Diagram Type(图的类型)为协作图。

要在模型中删除协作图，可以通过以下两种方法进行。

方法一：

(1) 在浏览器中选中需要删除的协作图并右击。

(2) 在弹出的快捷菜单中选择Delete命令即可。

方法二：

(1) 在菜单栏中选择Browse→Interaction Diagram命令，或者在标准工具栏中单击图标，弹出如图7-13所示的对话框。

(2) 在Package列表框中，选择要删除的协作图的包位置。

(3) 在右侧的Interaction Diagram列表框中，选中要删除的协作图。

(4) 单击Delete按钮，在弹出的对话框中确认即可。

2. 创建和删除协作图中的对象

要在协作图中添加对象，可以通过工具栏、浏览器或菜单栏三种方式进行添加。

通过图形编辑工具栏添加对象的步骤如下。

(1) 在图形编辑工具栏中，单击图标，此时光标变为+符号。

(2) 在协作图中任意选择一个位置并单击，系统将在该位置创建一个新的对象。

(3) 在对象的名称栏中输入名称，这时对象的名称也会显示在对象顶部的栏中。

使用菜单栏添加对象的步骤如下。

(1) 在菜单栏中选择Tools→Create Object命令，此时光标变为+符号。

(2) 后面的步骤与使用图形编辑工具栏添加对象的步骤相似，按照使用图形编辑工具栏添加对象的步骤添加对象即可。

如果使用浏览器方式，选择需要添加对象的类，并将其拖动到编辑框中即可。

删除对象可以通过以下方式进行。

(1) 选中需要删除的对象并右击。

(2) 在弹出的快捷菜单中选择Edit→Delete from Model命令。

协作图中的对象，也可以通过规范设置增加对象的细节，例如设置对象名、对象的类、对象的持续性以及对象是否有多个实例等。设置方式与序列图中对象规范的设置方式相同，参照序列图中对象规范的设置即可。

在Rational Rose的协作图中，对象还可以通过设置显示对象的全部或部分属性信息。设置步骤如下。

(1) 选中需要显示属性的对象。

(2) 右击对象，在弹出的快捷菜单中选择Edit Compartment命令，弹出如图7-14所示的对话框。

(3) 在左侧的All Items列表框中选择需要显示的属性，将它们添加到右侧的Selected Items列表框中。

(4) 单击OK按钮即可。

图7-15显示了一个带有自身属性的对象。

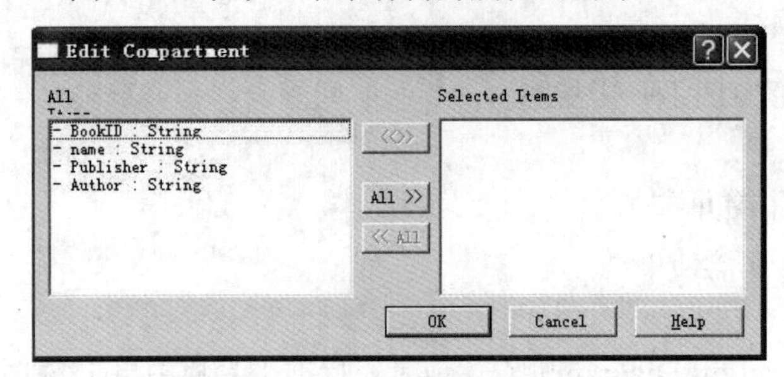

图7-14　添加对象属性

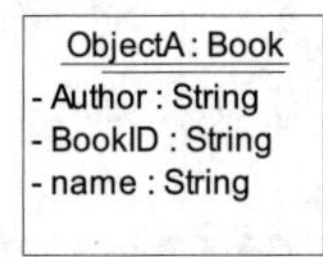

图7-15　一个带有自身属性的对象

3. 序列图和协作图之间的切换

在Rational Rose中，可以很轻松地从序列图中创建协作图或者从协作图中创建序列图。一旦拥有序列图或协作图，就很容易在两种图之间切换。

从序列图中创建协作图的步骤如下。

(1) 在浏览器中选中序列图，双击打开。

(2) 选择Browse→Create Collaboration Diagram命令，或者按F5键。

(3) 这时会在浏览器中创建一个与序列图同名的协作图，双击打开即可。

从协作图中创建序列图的步骤如下。

(1) 在浏览器中选中协作图，双击打开。

(2) 选择Browse→Create Sequence Diagram命令，或者按F5键。

(3) 这时会在浏览器中创建一个与协作图同名的序列图，双击打开即可。

如果需要在创建好的这两种图之间切换，可以在协作图或序列图中选择Browse→Go To Sequence Diagram命令，或者选择Browse→Go To Collaboration Diagram命令进行切换，抑或通过F5快捷键进行切换。

7.3.2 创建消息

在协作图中添加对象与对象之间的简单消息的步骤如下。

(1) 单击协作图的图形编辑工具栏中的↗图标，或者选择Tools→Create Message命令，此时光标变为+符号。

(2) 单击对象之间的链。

(3) 此时链上出现一个从发送者到接收者的带箭头的线段。

(4) 在线段上输入消息的文本内容即可，如图7-16所示。

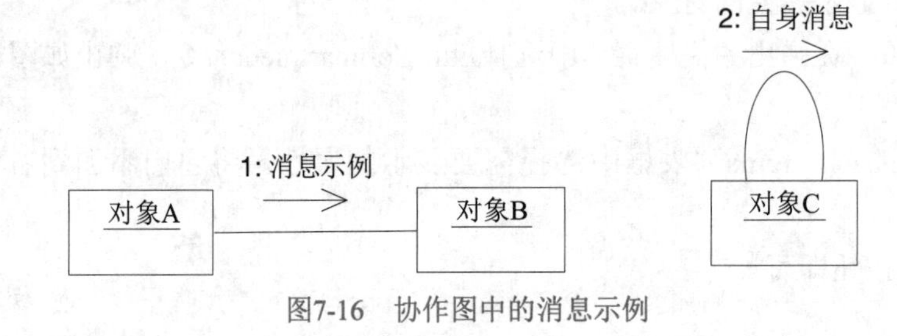

图7-16　协作图中的消息示例

7.3.3 创建链

在协作图中创建链的操作与在对象图中创建链的操作相同，可以按照在对象图中创建链的方式进行创建。同样，也可以在链的规范设置对话框的General选项卡中设置链的名称、关联、角色和可见性等。链的可见性是指一个对象是否能够对另一个对象可见。链的可见性包含以下几种类型，如表7-2所示。

表7-2　链的可见性类型

可见性类型	用途
Unspecified	默认设置，对象的可见性没有被设置
Field	提供者是客户的一部分
Parameters	提供者是客户的一个或一些操作的参数
Local	提供者对客户来讲是本地声明对象
Global	提供者对客户来讲是全局对象

对于使用自身链连接的对象，没有提供者和客户，因为对象本身既是提供者又是客户，只需要选择一种可见性即可，如图7-17所示。

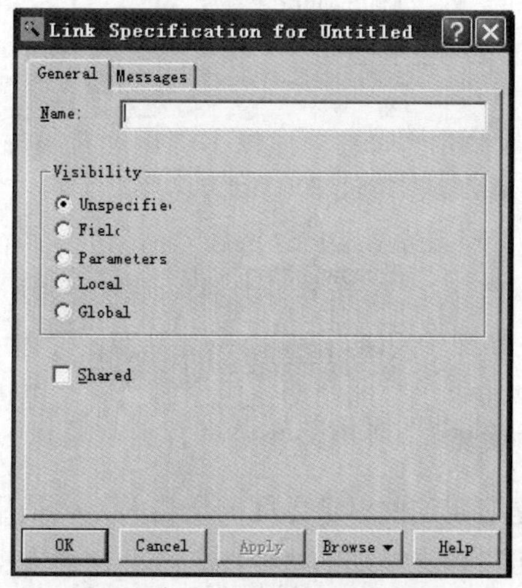

图7-17　自身链的规范设置

7.3.4 示例

下面以序列图中已经介绍过的图书管理系统中的简单用例“借阅图书”为例，介绍如何创建系统的协作图。

根据系统的用例或具体的场景，描绘出系统中的一组对象在空间组织结构上交互的整体行为，是使用协作图进行建模的目标。一般情况下，系统的某个用例往往包含好几个工作流程，这时候就需要同序列图一样，创建几个协作图来进行描述。协作图仍然是对某个工作流程进行建模，使用链和消息将工作流程涉及的对象连接起来。从系统中的某个角色开始，在各个对象之间通过消息的序号依次将消息画出。如果需要约束条件，可以在合适的地方附上条件。

创建协作图的操作步骤如下。

(1) 根据系统的用例或具体的场景，确定协作图中应当包含的元素。

(2) 确定元素之间的关系，可以着手建立早期的协作图，在元素之间添加连接和关联角色等。

(3) 将早期的协作图细化，把类角色修改为对象实例，并在链上添加消息以及指定消息的序列。

1. 确定协作图的元素

首先，根据系统的用例确定协作图中应当包含的元素。从已经描述的用例中，可以确定需要“图书管理员”“借阅者”和“图书”对象，其他对象暂时还不能明确地判断。

对于本系统来说，需要为图书管理员提供与系统交互的场所，因而需要“主界面”和“借阅界面”对象。如果“借阅界面”对象需要获取“借阅者”对象的借阅信息，那么还需要“借阅”对象。

将这些对象列举到协作图中，如图7-18所示。

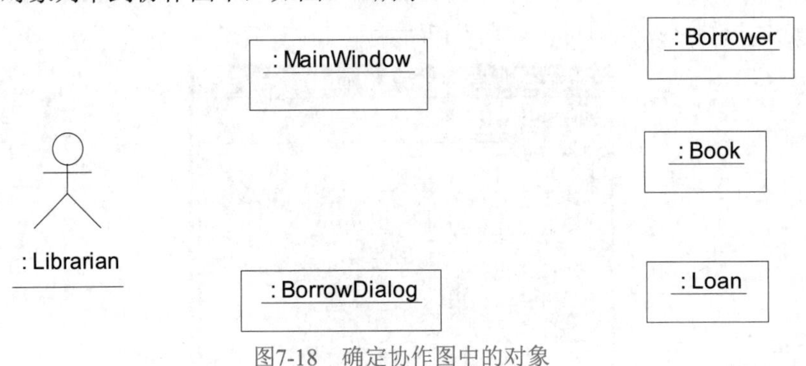

图7-18　确定协作图中的对象

2. 确定元素之间的结构关系

创建协作图的下一步是确定这些对象之间的结构关系，使用链和角色将这些对象连接起来。在这一步，基本上可以建立早期的协作图，表达出协作图中的元素如何在空间上交互，图7-19显示了该用例中各元素之间的基本交互。

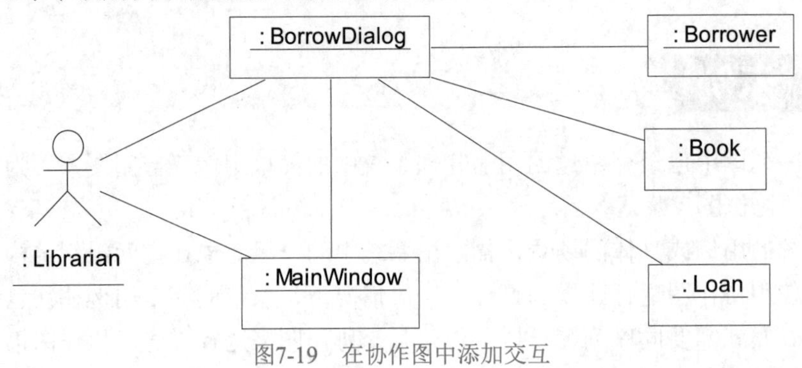

图7-19　在协作图中添加交互

3. 细化协作图

最后，在链上添加消息并指定消息的序列，如图7-20所示。为协作图添加消息时，一般从顶部开始向下依次添加。

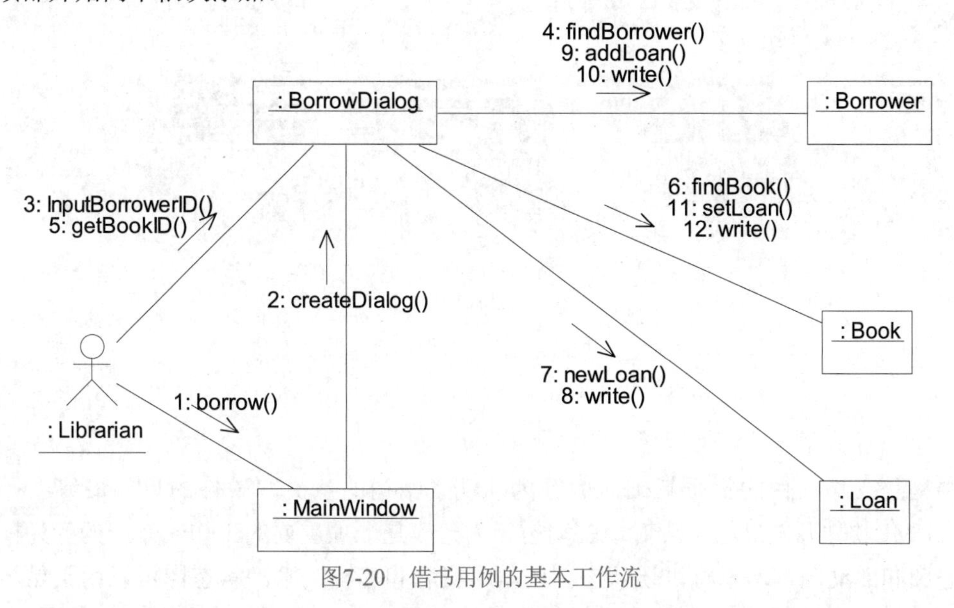

图7-20 借书用例的基本工作流

7.4 小结

动态分析的交互模型描述了交互场景中包含的对象以及它们发送和接收的消息，可用来对交互场景中的协作对象建模。这些对象既可以是外部对象，也可以是内部对象，消息表示引用接收对象的操作。有两种交互图：序列图和协作图。两者都描述了场景中对象的协作，但是前者强调消息的时间次序，后者关注对象的结构组织和协作对象之间的连接。本质上，序列图侧重于时态方面，因此最适于分析对象之间交互的顺序；协作图侧重于结构方面，最适于分析实现某个场景所需的对象间的结构关系。在本章中，我们介绍了协作图的基本概念和UML表示法，同时详细介绍了协作图的基本使用技巧和建模方法。

7.5 思考练习

1. 什么是协作图？
2. 协作图的组成元素有哪些？
3. 协作图和序列图的区别与联系是什么？
4. 协作图和对象图的联系是什么？
5. 为什么序列图和协作图能够进行相互转换？

第 8 章

动态分析与状态图

结构是支撑软件的物质基础，而行为体现了结构的意义，软件的目的最终由行为体现。在UML软件开发过程中，对象的动态行为建模是一项重要的工作。系统的行为模型包括状态图和活动图，本章将讲述状态图的基本概念和建模技术。状态图可以用于显示各种UML元素的状态改变，包括系统、子系统、接口和端口。

本章的学习目标：

- 理解状态机的含义
- 理解状态和事件的含义
- 掌握状态图的基本概念和组成要素
- 掌握如何使用状态机建模对象的生命周期
- 掌握如何从交互图中开发状态图
- 掌握对象中并发行为的建模方法
- 理解如何确保状态图与其他UML模型的一致性

8.1 状态图简介

状态图用于描述模型元素的实例(如对象或交互)行为，适用于描述状态和动作的顺序，不仅可以展现对象拥有的状态，还可以说明事件如何随着时间的推移影响这些状态。另外，状态图还可以用于许多其他情况。例如，状态图可以用来说明基于用户输入的屏幕状态的改变，也可以用来说明复杂的用例状态进展情况。

8.1.1 状态机

状态机是一种记录给定时刻状态的设备，可以根据不同的输入，对每个给定的变化改变状态或引发动作。比如计算机、各种客户端软件、Web上的各种交互页面等都是状态机。

UML中的状态机由对象的各个状态和连接这些状态的转换组成，是展示状态与状态转换的图。在面向对象的软件系统中，无论对象多么简单或复杂，都必然经历从开始创建到最终消亡的完整过程，这个过程通常被称为对象的生命周期。一般说来，对象在生命周期内是不可能完全孤立的，必然会接收消息来改变自身或发送消息去响应其他对象。状态机用于说明对象在生命周期中响应事件时经历的状态序列以及对这些事件的响应。在状态机中，一个事件就是一次激发的产生，每个激发都可以触发状态转换。

状态机由状态、转换、事件、活动和动作五部分组成。

- 状态是对象在生命周期中的一种状况，处于某个特定状态的对象必然会满足某些条件、执行某些动作或等待某些事件。状态的生命周期是有限的时间阶段。
- 转换是两个不同状态之间的一种关系，表明对象将在第一个状态下执行一定的动作，并且在满足某个特定条件的情况下由某个事件触发进入第二个状态。
- 事件是发生在某特定时间和空间的对状态机来讲有意义的事情。事件通常会引起状态的变迁，促使状态机从一种状态切换到另一种状态。
- 活动是状态机中进行的非原子操作。
- 动作是状态机中可执行的原子操作。所谓原子操作，指的是它们在运行的过程中不能被其他消息中断，必须一直执行下去，最终导致状态的变更或返回一个值。

通常，状态机依附于一个类，并且描述该类的实例(即对象)对接收到的事件的响应。除此之外，状态机还可以依附于用例、操作等，用于描述它们的动态执行过程。在依附于某个类的状态机中，总是将对象孤立地从系统中抽象出来进行观察，而将来自外部的影响抽象为事件。

在UML中，状态机常用于对模型元素的动态行为建模，更具体地说，是对系统行为中受事件驱动的方面进行建模。不过，状态机总是对象、协作或用例的局部视图。由于考虑问题时将实体与外部世界相互分离，因此适合对局部、细节进行建模。

系统控制方面的规范用于处理系统应该如何响应事件的问题。对于一些系统来说，这可能是复杂的，因为对事件的响应根据时间段以及已经发生事件的不同而有所区别。

对于实时系统来说，很容易认识到事件的响应依赖于系统的状态。例如，在飞机的飞行控制系统中，飞行状态和起飞状态对事件(例如引擎故障)的响应有所不同。更为现实的示例是自动售货机。除非输入合适的金额，否则自动售货机不会输出商品。自动售货机的状态取决于是否输入合适的金额以支付选择的商品，这决定了自动售货机的行为。当然，实际的情况要比这复杂得多。例如，即使输入正确的金额，如果缺货的话，自动售货机不会出售商品。对诸如此类的依赖于状态的行为进行建模是很重要的，因为它们表示对系统执行方式的约束。

不仅是实时系统，所有类型系统的对象在依赖于状态的行为中都有类似的变化。UML使用状态机对对象、交互的状态和依赖于状态的行为进行建模。UML中使用的标记法基于Harel所做的工作，并且已经被OMT(对象建模技术)采用，另外还在Booch方法的第2个版本中使用。UML 2.2描述了行为型状态机和协议型状态机的区别。行为型状态机可以用于规范独立实体的行为，例如类的实例。协议型状态机用于描述类、接口和端口的用法协议。

交互图和状态机之间有着重要的联系。状态机中的状态模型获取单个对象对涉及的所有用例的可能响应。相比之下，序列图或协作图则获取在单个用例或其他交互中涉及的所有对象的响应。可以认为状态机描述类对象会遵循的所有可能的生命周期。状态机也被视为对类的更为详细的描述。状态机是多用途模型，可以在面向对象方法中使用，描述其他模型实体的行为。

8.1.2 状态和事件

所有对象都有状态。对象的当前状态是对象已经发生的事件的结果，由对象特性的当前取值决定，也由对象与其他对象之间的连接决定。并非对象的所有特性和连接都与状态相关。例如，在Agate案例研究中，StaffMember对象的staffName和staffNo特性的取值就不影响状态，而职员的入职日期则决定了试用期的时间(例如6个月)。StaffMember对象处于6个月的试用状态。在试用状态下，职员具有不同的雇佣权利，在被公司解雇的时候没有资格获得遣散费。

状态描述了已建模元素占用一般时间的特定情况。在这段时间内，已建模元素会等待某一事件或触发。类的对象可能只有一个状态。例如，在Agate案例研究中，Grade对象可以存在，也可以不存在。如果存在的话，就可以使用；否则，就不能使用。Grade对象只有一个状态，我们称为Available。类的对象也可能有多个状态。例如，GradeRate对象可能处于多个状态之一。如果当前日期的取值早于起始日期，那么处于Pending状态；如果当前日期等于或晚于起始日期，但是早于结束日期，那么处于Active状态(假定结束日期要晚于起始日期)；如果当前日期晚于结束日期，那么处于Lapsed状态；如果当前日期比结束日期至少晚了一年，那么将对象从系统中移除。GradeRate对象的当前状态可以通过检查两个日期特性得到。另外，GradeRate对象可能只有一个特性(枚举型，即每一个可能的状态对应一个整数值)，这个特性的取值表明对象的当前状态。保存对象的当前状态取值的特性，有时被称为状态变量。值得注意的是，GradeRate对象从一个状态转移到另一个状态，取决于在占用时间段内发生的事件。

8.1.3 对象的特性和状态

对象的状态影响对事件的响应方式。对象的状态可以根据部分特性的实例取值来描述。当特性值发生改变的时候，对象自身会改变状态。不是所有特性值的变化都会显著影响作为整体的对象的行为。但是，有一些会对对象和系统行为产生重要的影响，而使用状态图可以对此建模。

例如：大部分银行会规定ATM自动取款机的日现金取款最高额度。为了保证这一需求，ATM系统必须知道日现金取款的最高额度，并且必须记录当天取款总额。没有超过额度的取款请求会被允许，取款之后会更新总额。超过额度的取款请求会被拒绝，通常会给出一条消息，告知可以取款的额度。在当天结束的时候，总额会被归零，上述过程重新进行(注意：实际的银行系统更为复杂)。

为了从对象状态的角度理解这一点，想象对象yourCard，特性为dayTotal和dailyLimit。这两个特性在任何给定时刻的取值决定了yourCard对象的状态。在每天业务刚开始时，dayTotal的取值归零。这时yourCard对象处于Active状态。只要dayTotal的取值不超过dailyLimit的取值，yourCard对象就一直处于Active状态。如果dayTotal的取值与dailyLimit的取值相等，那么yourCard对象的状态转为Barred。yourCard对象如何响应withdraw(amount)消息取决于当前的状态。在Active状态，有效请求(那些不会引起超出限额的请求)会被允许，而无效请求(那些会引起超出限额的请求)会被拒绝，并生成一条警告消息。然而，在Barred状态下，所有的取款请求都会被拒绝，并且生成与Active状态下不同的消息。

8.1.4 状态图

状态图本质上就是状态机或状态机的特殊情况，是状态机中元素的投影，这也就意味着状态图包括状态机的所有特征。状态图主要用来描述特定对象的所有可能状态，以及由于各种事件的发生而引起的状态之间的转换。通过状态图可以知道对象、子系统、系统的各种状态，以及收到的消息对状态的影响。通常，创建UML状态图的目的是研究类、角色、子系统或构件的复杂行为。

状态图适合描述跨越多个用例的单个对象的行为，而不适合描述多个对象之间的行为协作。状态图描述从状态到状态的控制流，适合对系统的动态行为建模。在UML中对系统动态行为建模时，除了使用状态图，还可以使用序列图、协作图和活动图，但这4种图的重要差别是：

- 序列图和协作图用于对共同完成某些对象群体进行建模。
- 状态图和活动图用于对单个对象(可以是类、用例或整个系统的实例)的生命周期进行建模。

在UML中，状态图由表示状态的节点和表示状态之间转换的带箭头的直线组成。状态转换由事件触发，状态和状态之间由转换箭头连接。每一个状态图都有初始状态(实心圆)，表示状态机的开始；还有终止状态(半实心圆)，表示状态机的终止。状态图主要由元素状态、转换、初始状态、终止状态和判定等组成，图8-1显示了一个简单的状态图。

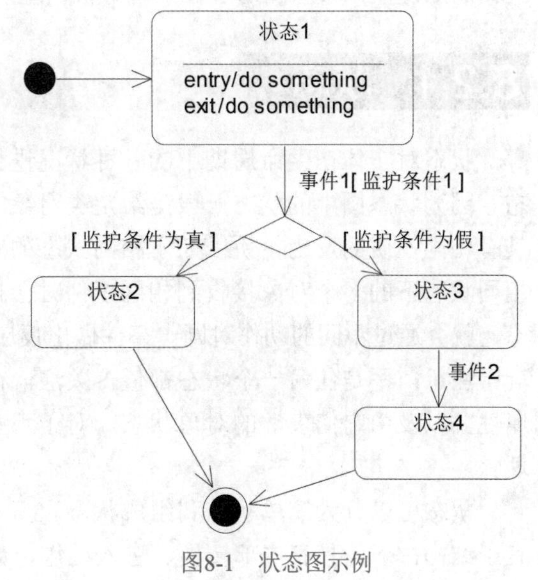

图8-1　状态图示例

状态图通常用来为子系统、控制对象或实体对象建模。有以下两种方法可用来实现状态图：

- 使用程序中的某个位置保存状态。
- 使用明确的属性保存状态。

第一种方法适合实现主动对象或子系统这类主动实体的状态图。这是因为主动实体通过使用if-then-else和while这类控制语句，已经具备自己的控制流逻辑。这种方法类似于前面描述的活动图实现方法。

第二种方法适合实现非主动实体的状态图。可以通过应用以下技术实现状态图。

- 将状态图映射到类。
- 添加状态属性用来存放状态消息。
- 将事件映射成方法，并将所需的所有状态转换和事件动作都嵌入方法中。
- 对于具有顺序子状态的组合状态来说，有必要创建嵌套类(内部类)来实现这些顺序子状态。父状态机可以调用嵌套类的方法来处理嵌套状态图内部的状态转换。实现组合状态图的另一种方法是将父状态变形，以消除组合状态，这样就变成了平面状态图。
- 对于具有并发子状态的组合状态来说，可以创建嵌套类来实现每个子状态。这种实现方法类似于实现嵌套状态图的方法。当所有并发子状态到达它们的最终状态时，组合状态退出。

换句话说，通过一组处理某个事件的方法来实现状态图。这些方法将更新状态属性，并在触发某个状态转换时执行适当的动作。每次发生状态转换，都将事件映射成方法，方法中包括对守卫条件的检查以及相关动作。如果某个事件出现在从不同状态产生的状态转换中，那么常常需要switch语句来确定到底应该出现哪一个转换。

8.2 状态图的组成要素

状态图主要用于描述对象在生存期间的动态行为，表现为对象经历的状态序列、引起状态转移的事件(event)以及因状态转移而伴随的动作(action)。一般可以用状态机对对象的生命周期建模，状态图用于显示状态机，重点在于描述状态图的控制流。

8.2.1 状态

状态对实体在生命周期中的各种状况进行建模，实体总是在有限的时间内保持某个状态。因为状态图中的状态一般是给定类对象的一组属性值，并且这组属性值对发生的事件具有相同性质的反应，所以处于相同状态的对象对同一事件的反应方式往往是一样的，当相同状态下的多个对象接收到相同事件时会执行相同的动作。但是，如果对象处于不同状态，就会通过不同的动作对同一事件做出反应。

注意，不是任何一个状态都值得关注。在系统建模时只关注那些明显影响对象行为的属性，以及由它们表达的对象状态。对于那些对对象行为没有什么影响的状态，可以不予理睬。

状态可以分为简单状态和组成状态。简单状态是不包含其他状态的状态，简单状态没有子结构，但是具有内部转换、进入动作、退出动作等。UML还定义了两种特别的状态：初始状态和终止状态。

状态由带圆角的矩形表示，状态名位于矩形中。另外，还可以在状态上添加入口和出口动作、内部转换和嵌套状态。图8-2演示了简单状态、初始状态、终止状态和带有动作的状态。

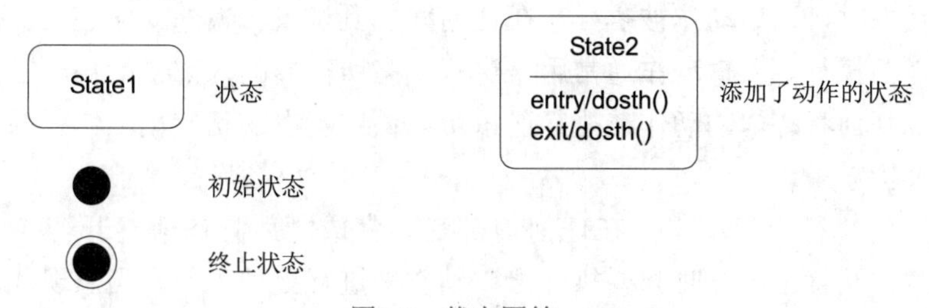

图8-2　状态图符

1. 状态名

状态名指的是状态的名称，通常用字符串表示，每个单词的首字母大写。状态名可以包含任意数量的字母、数字和除冒号外的符号，可以很长，但是一定要注意，状态名在状态图所在的上下文中是唯一的。在实际使用中，状态名通常是直观、易懂、能充分表达语义的名词短语。

2. 初始状态

每个状态图都应该有初始状态，以代表状态图的起始位置。初始状态是伪状态(一种和普通状态有连接的假状态)，对象不可能保持在初始状态，必须有无触发转换(即没有事件触发器的转换)。通常，初始状态上的转换是无监护条件的，并且初始状态只能作为转换的源，而不能作为转换的目标。在UML中，一个状态图只能有一个初始状态，用实心的圆表示。

3. 终止状态

终止状态代表状态图的终点，一个状态图可以拥有一个或多个终止状态。对象可以保持在终止状态，但是终止状态不可能有任何形式的触发转换。因此，终止状态只能作为转换的目标而不能作为转换的源。在UML中，终止状态用含有实心圆的空心圆表示。

需要注意的是，对于一些特殊的状态图，可以没有终止状态。图8-3为一部电话的状态图，在这个状态图中没有终止状态。因为不管在什么情况下，电话的状态都是“空闲”或“忙”。

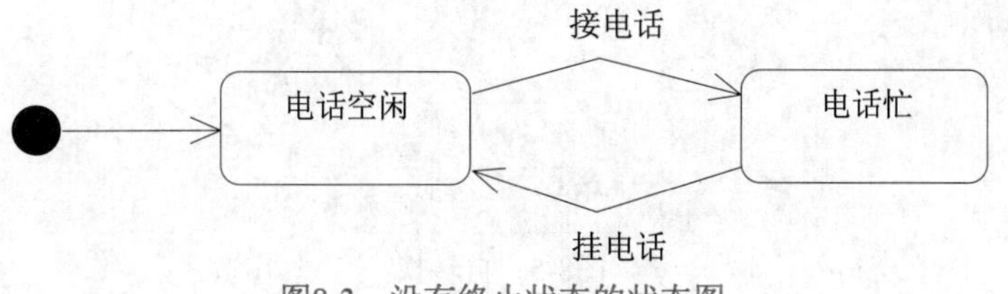

图8-3　没有终止状态的状态图

4. 入口动作和出口动作

状态可以有也可以没有入口和出口动作。入口和出口动作分别是在进入和退出状态时执行的“边界”动作。这些动作的目的是封装状态，这样就可以在不知道状态的内部情况下在外部使用状态。入口和出口动作原则上依附于进入和出去的转换，但将它们声明为特殊的动作可以使状态的定义不依赖于状态的转换，从而起到封装的作用。

当进入状态时，入口动作被执行，在任何附加到进入转换的动作之后，且在任何状态的内部活动之前执行。入口动作通常用来进行状态所需要的内部初始化。因为不能回避入口动作，所以任何状态内的动作在执行前都可以假定状态的初始化工作已经完成，不需要考虑如何进入状态。

退出状态时执行出口动作，在任何内部活动完成之后且任何离开转换的动作之前执行。无论何时，从状态离开时都要执行出口动作来进行处理工作。当出现代表错误情况的高层转换使嵌套状态异常终止时，出口动作特别有用。出口动作可以处理这种情况，以使对象的状态保持前后一致。

如图8-4所示，在登录系统中，输入密码前需要将密码输入框中的文本清空，输入密码后需要进行密码验证。也就是说，对象处于输入密码状态时，入口动作是清空文本框，出口动作是验证密码。语法形式：entry/入口动作，exit/出口动作。

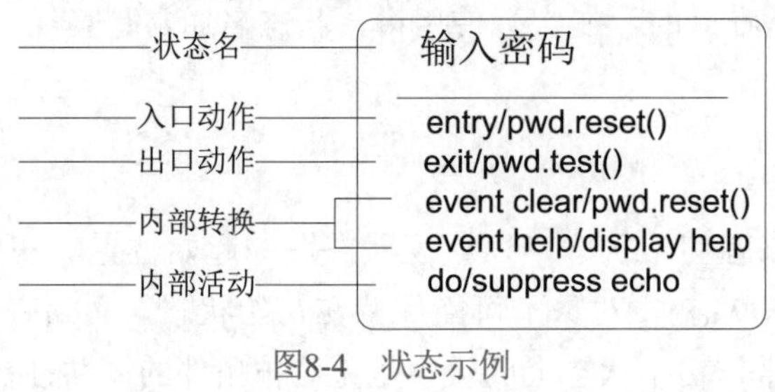

图8-4　状态示例

5. 自转换

建模时对象会收到一个事件，该事件不会改变对象的状态，却会导致状态的中断，这种事件称为自转换。它打断当前状态下的所有活动，使对象退出当前状态，然后又返回该状态。自转换的标记符使用一种弯曲的开放箭头，指向状态本身。图8-5显示了自转换的使用方法。

自转换在作用时首先将当前状态下正在执行的动作全部中止，然后执行该状态的出口动作，接着执行引起转换事件的相关动作(在图8-5中执行ChangeInfo()动作)，紧接着返回该状态，开始执行该状态的入口动作和出口动作。

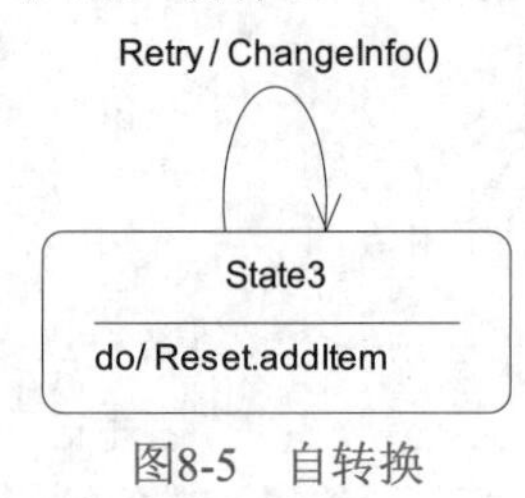

图8-5　自转换

6. 内部转换

内部转换是指在不离开状态的情况下处理一些事件。内部转换只有源状态，没有目标状态，所以内部转换的结果并不改变状态本身。如果内部转换带有动作，那么动作也要被执行。但由于没有状态改变发生，因此不需要执行入口动作和出口动作。

内部转换和自转换不同，自转换从一个状态到同一状态的外部转换发生，结果会执行所有嵌在具有自转换的状态里的出口动作。在转向当前状态的自转换中，动作被执行，退出后重新进入。如果当前状态的闭合状态的自转换激发，那么结束状态就是闭合状态自己，而不是当前状态。换句话说，自转换可以强制从嵌套状态退出，但是内部转换不可以。

当状态向自身转换时，就会用到内部转换。如图8-4所示，在不离开输入密码状态的情况下清除已输入内容时，可以使用内部转换。语法形式如下：

```
事件名 参数列表 监护条件/动作表达式
```

对于内部转换和自转换，两者虽然都不改变状态本身，但有着本质区别。自转换会触发入口动作和出口动作，而内部转换不会。

7. 内部活动

内部活动是指对象处于某状态时一直执行的动作，直到被一个事件中断为止。当状态进入时，活动在入口动作完成后就开始。如果活动结束，状态就完成，然后从这个状态出发的转换被触发，否则状态等待触发转换以引起状态本身的改变。如果在活动正在执行时转换触发，那么活动被迫结束并且出口动作被执行。如图8-4所示，在输入密码状态中，为了不将密码显示在屏幕上，可以使用suppress echo活动。语法形式如下：

```
do/活动表达式
```

8. 组成状态

除了简单状态之外，还有一种可以包含嵌套子状态的状态，称为组成状态。在复杂的应用中，当状态图处于某种特定的状态时，状态图描述的对象行为仍可以用另一个状态图描述，用于描述对象行为的状态图又称子状态。当对象或交互的状态行为比较复杂时，在不同的细节层面表示它们，并且反映应用程序中出现的任何层级结构也是合适的。例如，在Campaign的状态机中，Active状态包含几个子状态：Advert Preparation、Scheduling和Running Adverts，它们都位于状态的分解栏(decomposition compartment)。在Active状态的嵌套子状态中，有初始伪状态，转移指向在激活的时候Campaign对象进入的第一个子状态。从初始伪状态到第一个子状态(Advert Preparation)的转移不应该由事件标记，而应该由动作标记，尽管在该例中并不需要标记，可隐式地由任何状态转移到Active状态。嵌套状态图也可以显示终止伪状态符号。指向终止伪状态符号的转移表示在封装状态(例如Active)中完成的活动，以及由完成的活动触发(除非被特定的触发重写)的从该状态开始的转移。该转移可以说是未标记的(只要不会引起歧义)，因为触发事件由完成的事件暗示。

子状态可以是状态图中单独的普通状态，也可以是完整的状态图。组成状态中的子状态可以是顺序子状态，也可以是并发子状态。如果包含顺序子状态的状态是活动的，则只有顺序子状态是活动的；如果包含并发子状态的状态是活动的，那么与之正交的所有子状态都是活动的。

1) 顺序组成状态

如果组成状态的子状态对应的对象在生命周期内的任何时刻都只能处于一个子状态，也就是说，状态图中的多个子状态是互斥的、不能同时存在，那么称这种组成状态为顺序组成状态。顺序组成状态中最多只能有初始状态和终止状态。

当状态图通过转换从某种状态转入组合状态时，转换的目的可能是组成状态本身，也可能是组成状态的子状态。如果是组成状态本身，那么首先执行组成状态的入口动作，然后子状态进入初始状态并以此为起点开始运行；如果转换的目的是组成状态的某一子状态，那么首先执行组成状态的入口动作，然后以目标子状态为起点开始运行。

如图8-6所示，对于一辆行驶中的汽车，"向前"和"向后"运动这两个状态必须在前一个状态完成之后才能进行下一个状态，不可能同时进行。

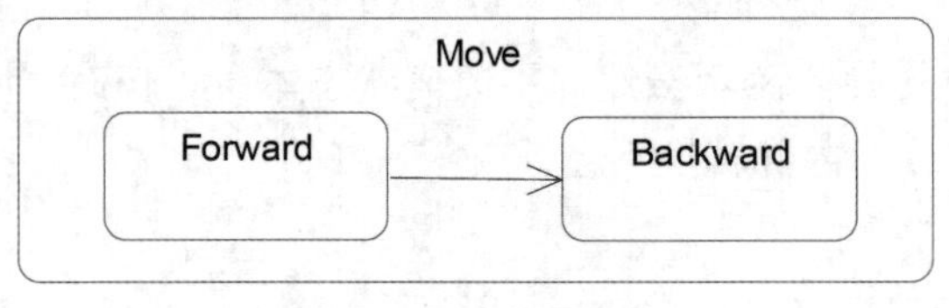

图8-6　顺序组成状态

2) 并发组成状态

有时，组成状态有两个或多个并发子状态，我们称这种组成状态为并发组成状态。并发组成状态说明很多事情发生在同一时刻。为了分离不同的活动，组成状态被分解成区域，每个区域都包含一个不同的状态图，各个状态图在同一时刻分别运行。

如果并发组成状态中有一个子状态比其他子状态先到达终止状态，那么先到的那个子状态的控制流将在终止状态下等待，直到所有的子状态都到达终点。此时，所有子状态的控制流汇合成一个控制流，转换到下一个状态。图8-7演示了一个并发组成状态。

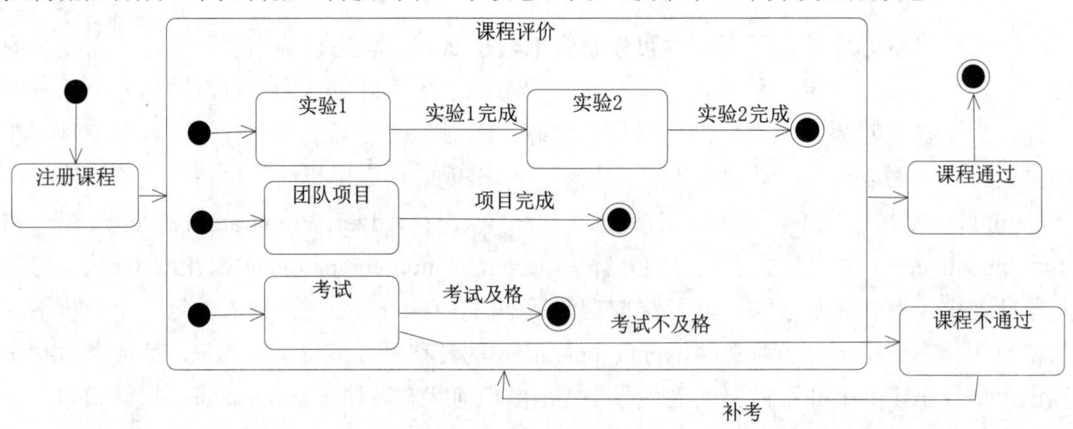

图8-7　并发组成状态

从图8-7中可以看到，有三个并发子状态。转换进入组成状态时，控制流被分解成与并发子状态数目相同的并发流。在同一时刻，三个并发子状态分别根据事件及监护条件触发转换。

对象可以有并发状态，这意味着对象的行为可以通过作为两个(或多个)不同子状态集合的结果得以阐释。每个状态都可以从其他集合的子状态中独立进入，或者独立退出到这些状态中。转移到诸如此类的复杂状态，等效于向每一个并发子状态的初始状态同时转移。初始状态必须在两个嵌套的子状态中规范，以避免对哪一个子状态应该首先进入每个并发区域产生歧义。向Active状态的转移，意味着Campaign对象在对Active对象自身定义的任何进入活动被调用之后，同时进入Advert Preparation和Survey子状态。转移可能在每个并发区域发生，而不会对其他并发区域的子状态产生影响。然而，来自Active状态的转移，会应用于Active所有的子状态(不管嵌套的深度如何)。从某种意义上说，可以认为子状态继承了来自Active状态的转移，并且触发了来自当前占用的子状态的转移。子状态Monitoring没有终止状态。当退出Active状态时，不管当前占用了子状态Survey和Evaluation中的哪一个，子状态都会退出。如果带有相同触发的转移出现在其中一个嵌套的状态中，继承的转移会被掩饰。

3) 历史状态

组成状态可能包含历史状态(history state)，历史状态是伪状态，用来说明组成状态曾经有过的子状态。

一般情况下，当通过转换进入组成状态嵌套的子状态时，被嵌套的子状态要从初始状态进行。但是，如果一个被继承的转换引起从复合状态的自动退出，状态会记住当强制性退出发生时处于活动状态。这种情况下就可以直接进入上次离开组成状态时的最后一个子状态，而不必从初始状态开始执行。

历史状态可以有外部状态或初始状态的转换，也可以有没有监护条件的触发完成转换；转换的目标是默认的历史状态。如果状态区域从来没有进入或者已经退出，到历史状态的转换会到达默认的历史状态。

历史状态代表上次离开组成状态时的最后一个活动子状态，可分为浅历史状态和深历史状态：浅历史状态保存并激活与历史状态在同一个嵌套层次上的状态，深历史状态保存在最后一个引起封装组成状态退出的显式转换之前处于活动的所有状态。要记忆深历史状态，转换必须直接从深历史状态中转出。

浅历史状态只记住直接嵌套的状态历史，用含有字母H的小圆圈表示；深历史状态会在任何深度记住最深的嵌套状态，用内部含有H*的小圆圈表示；如图8-8所示。

浅历史状态　　　　深历史状态

图8-8　两种历史状态

如果转换先从深历史状态转换到浅历史状态，再由浅历史状态转出组成状态，那么记住的将是浅历史状态的转换。如果组成状态进入终止状态，就丢弃所有保存的历史状态。一个组成状态最多只有一个历史状态，每个状态可能有自己的默认历史状态。

如图8-9所示，当从状态“结账”和“显示购物车”返回子状态“显示索引信息”时，进入的将是离开时的历史状态。也就是说，转到购物车或结账区之后，再回到“浏览目录”页面时，其中的内容是不变的，仍然保留原来的信息。

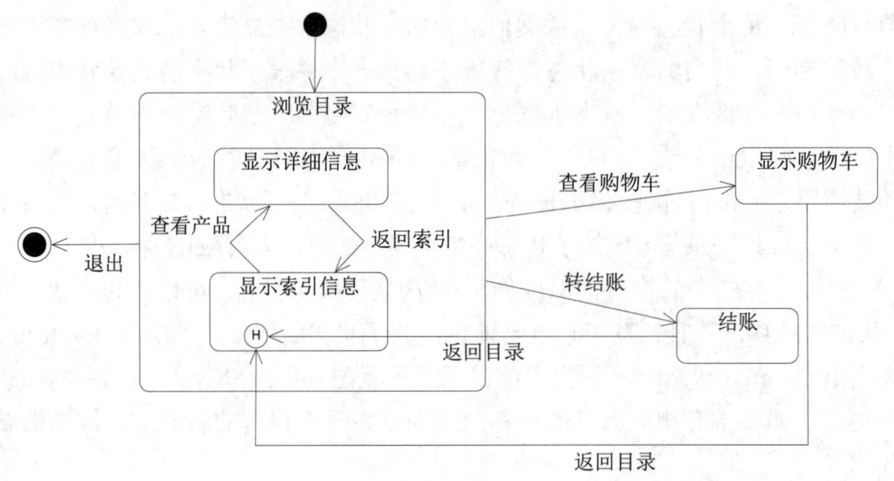

图8-9　历史状态示例

历史状态虽然有优点，但却过于复杂，而且不是一种好的实现机制，尤其是深历史状态更容易出问题。在建模的过程中应该尽量避免历史机制，使用更易于实现的机制。

8.2.2 转换

转换用于表示状态机的两个状态之间的一种关系。换言之，处在某初始状态的对象通过执行指定的动作，在符合一定条件的情况下进入第二种状态。在状态的变化过程中，转换被称作激发。激发之前的状态叫作源状态，激发之后的状态叫作目标状态。简单转换只有一个源状态和一个目标状态。复杂转换有多个源状态和目标状态。

转换通常由源状态、目标状态、事件触发器、监护条件和动作组成。在转换中，这五部分信息并不一定同时存在，有些可能会缺少。语法形式如下：

```
转换名：事件名 参数列表 监护条件/动作列表
```

1. 外部转换

外部转换是一种改变状态的转换，也是最普遍、最常见的转换。在UML中，用从源状态到目标状态的带箭头的线段表示，其他属性用文字附加在箭头旁，如图8-10所示。

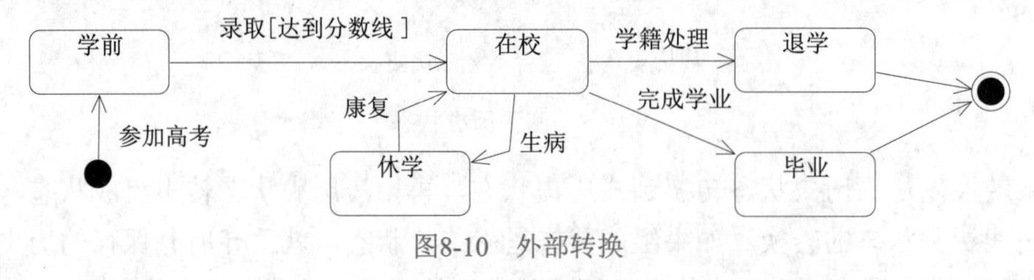

图8-10　外部转换

注意，只有当内部状态上没有转换时，外部状态上的转换才有资格激发，否则外部转换会被内部转换掩盖。

2. 内部转换

内部转换只有源状态，没有目标状态，不会激发入口和出口动作，因此内部转换激发的结果不改变本来的状态。如果内部转换带有动作，那么动作也要被执行。内部转换常用于对不改变状态的插入动作建立模型。需要注意的是，内部转换的激发可能会掩盖使用相同事件的外部转换。

内部转换的表示法与入口和出口动作的表示法相似。它们的区别主要在于入口和出口动作使用了保留字entry和exit。在其他方面，两者的表示法相同。

3. 监护条件

转换可能具有监护条件，监护条件是一个布尔表达式，是触发转换必须满足的条件。当一个触发器事件被触发时，监护条件被赋值。如果表达式为真，转换可以激发；如果表达式为假，转换不能激发；如果没有转换适合激发，事件会被忽略，这种情况并非错误。如果转换没有监护条件，监护条件就被认为是真，而且一旦触发器事件发生，转换就激活。从一个状态引出的多个转换可以有同样的触发器事件。若触发器事件发生，则所有监护条件都被测试。测试的结果中如果有超过一个的值为真，那么只有一个转换会激发。如果没有给定优先权，那么对于选择哪个转换来激发是不确定的。

注意监护条件的值只在事件被处理时计算一次。如果值开始为假，以后为真，则会因为赋值太迟导致转换不被激发。除非又有另一个事件发生，并且让这次的监护条件为真。监护条件的设置一定要考虑到各种情况，要确保触发器事件的发生能够引起某些转换。如果某些情况没有考虑到，则很可能触发器事件不引起任何转换，在状态图中将忽略这个事件。

4. 触发器事件

触发器事件是能够引起状态转换的事件。如果此类事件有参数，则这些参数可以被转换所用，也可以被监护条件和动作的表达式所用。触发器事件可以是信号、调用和时间段等。

对应于触发器事件，没有明确的触发器事件的转换称作结束转换(或无触发器转换)，在结束时被状态中的任一内部活动隐式触发。

注意，当对象接收到事件时，如果没有时间处理事件，就将事件保存起来。如果有两个事件同时发生，那么由于对象每次只处理一个事件，因此两个事件不会同时被处理，并且在处理事件的时候转换必须激活。另外，要完成转换必须满足监护条件，如果完成转换的时候监护条件不成立，则隐含的完成事件被消耗掉，并且以后即使监护条件成立，转换也不会被激发。

5. 动作

动作(action)通常是简短的计算处理过程或一组可执行语句，也可以是动作序列，即一系列简单的动作。动作可以给另一个对象发送消息、调用操作、设置返回值、创建和销毁对象。

动作是原子型的，所以是不可中断的，动作和动作序列的执行不会被同时发生的其他动作影响或终止。动作的执行时间非常短，所以在动作的执行过程中不能插入其他事件。如果在动作执行期间接收到事件，那么这些事件都会被保存，直到动作结束，这时事件一般已经获得值。

整个系统可以在同一时间执行多个动作，但是动作的执行是独立的。一旦动作开始执行，就必须执行到底，并且不能与同时处于活动状态的其他动作发生交互作用。动作不能用于表达处理过程很长的事物。与系统处理外部事件所需要的时间相比，动作的执行过程应该很简洁，使系统的反应时间不会减少，做到实时响应。

动作可以附属于转换，当转换被激发时动作被执行。它们还可以作为状态的入口动作和出口动作出现，由进入或离开状态的转换触发。活动不同于动作，活动可以有内部结构，并且活动可以被外部事件的转换中断，所以活动只能附属于状态，而不能附属于转换。

动作的种类如表8-1所示。

表8-1　动作的种类

动作种类	描述	语法
赋值	对变量赋值	Target:=expression
调用	调用针对目标对象的操作，等待操作执行结束，并且可能有返回值	Opname(arg, arg)
创建	创建新对象	New Cname(arg, arg)
销毁	销毁对象	object.destroy()
返回	为调用者指定返回值	return value
发送	创建信号实例并发送到一个或一组目标对象	Sname(arg, arg)
终止	对象的自我销毁	Terminate
不可中断	用语言说明的动作，如条件和迭代	[语言说明]

8.2.3 判定

判定表示事件依据不同的监护条件有不同的影响。在实际建模的过程中，如果遇到需要使用判定的情况，通常用监护条件来覆盖每种可能，使得事件的发生能保证触发一个转换。判定将转换路径分为多个部分，每一部分都是一个分支，都有单独的监护条件。这样，几个共享同一触发器事件却有着不同监护条件的转换，就能够在模型中被分在同一组中，以避免监护条件的相同部分被重复。

判定在活动图和状态图中都有很重要的作用。转换路径因为判定而分为多个分支，可以将一个分支的输出部分与另外一个分支的输入部分连接起来，从而组成一棵树，树的每个路径代表一个不同的转换。树为建模提供了很大方便。在活动图中，判定会覆盖所有的可能，保证转换被激发，否则活动图就会因为输出转换不再重新激发而被冻结。

通常情况下，判定有一个转入和两个转出，根据监护条件的真假可以触发不同的分支转换，如图8-11所示。使用判定仅仅为了表示上的方便，不会影响转换的语义，图8-12所示为没有使用判定的情况。

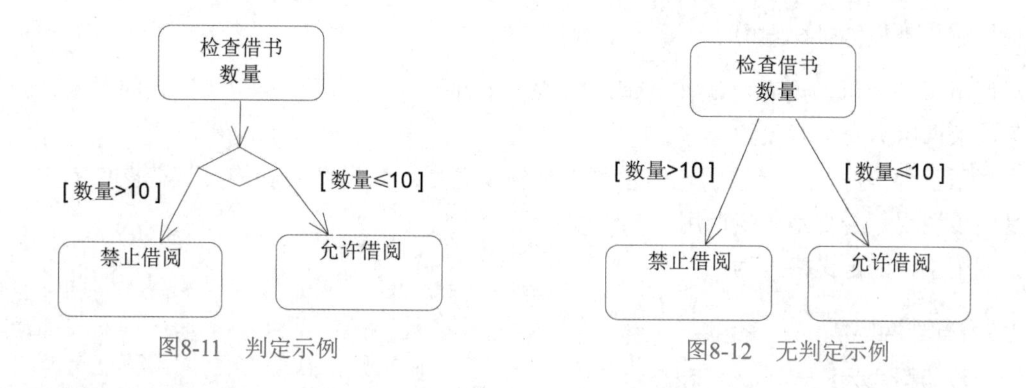

图8-11 判定示例

图8-12 无判定示例

8.2.4 同步

同步是为了说明并发工作流的分支与汇合。状态图和活动图中都可能用到同步。在UML中，同步用一条黑色的粗线来表示，图8-13显示了使用同步条的状态图。

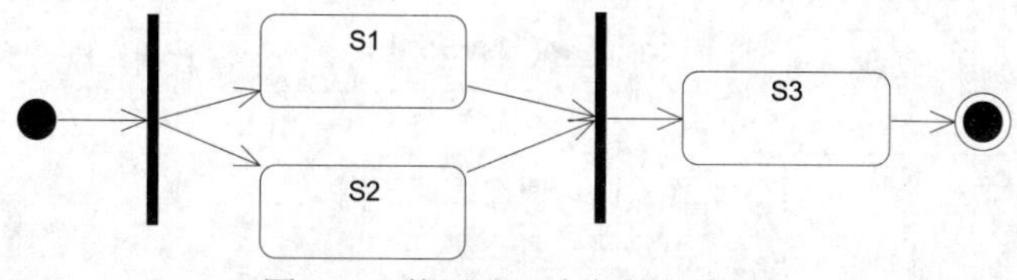

图8-13 使用了同步条的状态图

并发分支把一个单独的工作流分成两个或多个工作流，几个分支的工作流并行地进行。并发汇合表示两个或多个并发的工作流在此得到同步，这意味着先完成的工作流需要在此等待，直到所有的工作流到达后，才能继续执行后面的工作流。同步在转换激发后立即初始化，每个分支点之后都要有相应的汇合点。

在图8-13中，从开始状态便将控制流划分为两个同步分别进入S1和S2，两个控制流共同到达同步条时，才汇合成一个控制流进入S3，最后转换到终止状态。

需要注意同步与判定的区别。同步和判定都会造成工作流的分支，初学者很容易将两者混淆。它们的区别是：判定根据监护条件使工作流分支，监护条件的取值最终只会触发一个分支的执行，比如对于分支A和分支B，假设监护条件为真时执行分支A，分支B则不被执行，反之则执行分支B，分支A不被执行；而同步的不同分支是并发执行的，并不会因为一个分支的执行造成其他分支的中断。

8.2.5 事件

事件的发生能触发状态的转换，事件和转换总是相伴出现。事件既可以是内部事件，又可以是外部事件，可以是同步的，也可以是异步的。内部事件是指在系统内部对象之间传送的事件。例如，异常就是内部事件。外部事件是指在系统和系统参与者之间传送的事件。例如，在指定的文本框中输入内容就是外部事件。

在UML中有多种事件可以让建模人员进行建模，它们分别是调用事件、信号事件、改变事件、时间事件和延迟事件。

1. 调用事件(call event)

调用事件表示调用者对操作的请求，调用事件至少涉及两个及两个以上的对象，一个对象请求调用另一个对象的操作。

调用事件一般为同步调用，但也可以是异步调用。如果调用者需要等待操作的完成，则是同步调用，否则是异步调用。

调用事件的定义格式为：

```
事件名(参数列表)
```

参数的格式为：

```
参数名：类型表达式
```

如图8-14所示，我们转换上标出了一个调用事件，名为retrieve，带有参数Keyword。当在状态“查询”中发生调用事件retrieve时，触发状态转换到“数据操纵”，要求执行操作retrieve(Keyword)，并且等待该操作的完成。

图8-14　调用事件示例

2. 信号事件(signal event)

信号是两个对象之间通信媒介的命名实体，信号的接收是信号接收对象的事件之一。发送对象明确地创建并初始化一个信号实例，然后将它发送给一个或一组对象。最基本的信号是异步单路通信，发送者不会等待接收者处理信号，而是独立地做自己的工作。在双路通信模型中，要用到多路信号，即至少要在每个方向上有一个信号。发送者和接收者可以是同一个对象。

信号可以在类图中被声明为类元，并使用关键字signal来标识，信号的参数被声明为属性。同类元一样，信号间可以有泛化关系，信号可以是其他信号的子信号，它们继承父信号的参数，并且可以触发依赖于父信号的转换。

信号事件和调用事件的表示格式是一样的。

3. 改变事件(change event)

改变事件指的是当依赖于特定属性值的布尔表达式所表示的条件被满足时，事件发生改变。改变事件用关键字when来标识，包含由布尔表达式指定的条件，事件没有参数。这种事件隐含了对条件的连续测试。当布尔表达式的值从假变到真时，事件就发生。要想事件再次发生，必须先将值变成假，否则，事件不会再发生。建模人员可以使用诸如when(time=8:00)的表达式来标记绝对的时间，也可以使用when(number<100)之类的表达式进行连续测试。

改变事件的定义格式为：

```
when(布尔表达式)/动作
```

使用改变事件要小心，因为它表示一种具有事件持续性的并且可能涉及全局的计算过程，它使修改系统潜在值和最终效果的活动之间的因果关系变得模糊。可能要花费很大的代价测试改变事件，因为原则上改变事件是持续不断的。因此，当具有更明确表达式的通信形式显得不自然时，使用改变事件。

注意改变事件与监护条件的区别：监护条件只在引起转换的触发器事件触发时或事件接收者对事件进行处理时被赋值一次，如果为假，那么转换不激发且事件被遗失，条件也不会再被赋值；而改变事件隐含连续计算，因此可以对改变事件连续赋值，直到条件为真激发转换。

如图8-15所示，“打印机暂停”状态有一个自转换，其上标出了改变事件的条件是“打印纸数量=0”，动作是printTest。

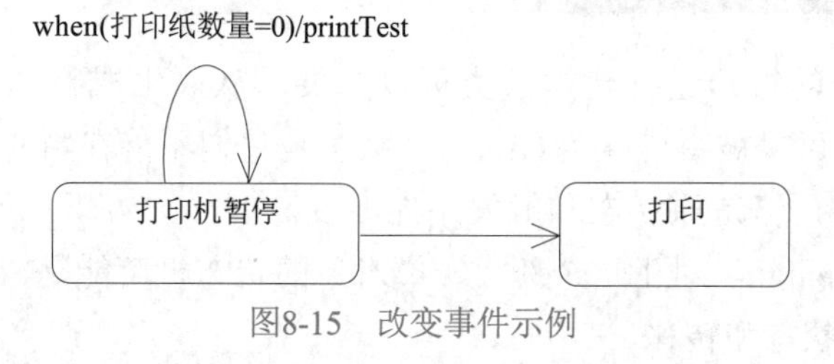

图8-15　改变事件示例

4. 时间事件(time event)

时间事件是经过一定的时间或到达某个绝对时间后发生的事件，用关键字after来标识，包含时间表达式，后跟动作。如果没有特别说明，表达式的开始时间是进入当前状态的时间。

时间事件的定义格式为：

```
after(时间表达式)/动作
```

如图8-16所示，在“打印就绪”和“打印”状态之间的转换上列出了时间事件after(2 seconds)/connectPrint，说明了在“打印就绪”状态持续2秒后就执行动作connectPrint，连接打印机，转换到“打印”状态。

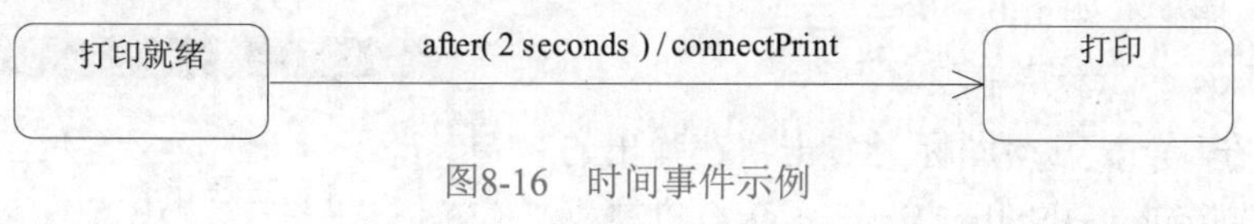

图8-16　时间事件示例

5. 延迟事件(deferred event)

延迟事件是在本状态下不处理、推迟或排队等到另一个状态时才处理的事件，用关键字defer来标识。

延迟事件的定义格式为：

```
延迟事件/defer
```

通常，在状态的生存期内出现的事件，若不被立即响应，就会丢失。这些未立即触发转换的事件，可以放入内部的延迟事件队列，直到被需要或被撤销为止。如果一个转换依赖于一个事件，而该事件已在内部的延迟事件队列中，则立即触发该转换。如果存在多个转换，内部的延迟事件队列中的首个事件将优先触发相应的转换。

例如，图8-17中的延迟事件是Print/defer，在当前状态下不执行打印，而将打印事件放进队列中排队，要求延迟到后面的状态中再执行。

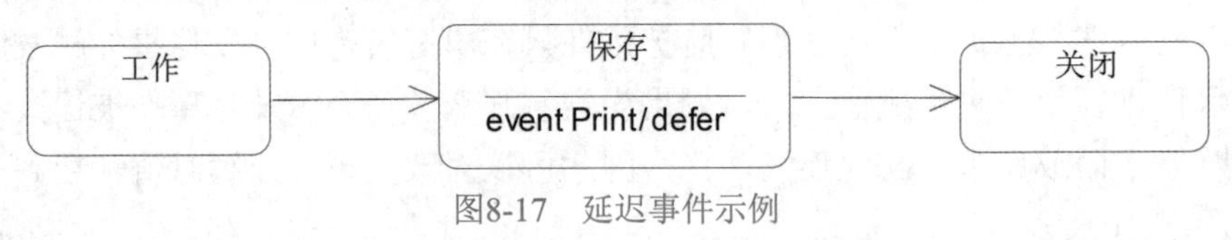

图8-17　延迟事件示例

8.2.6　状态图的特殊化

状态机对类对象的行为进行建模。类可以扩展，从而生成特殊的子类，并且最终也会扩展状态机。状态可以被特殊化为{final}，意思是它们不能在特殊化过程中被进一步扩展。转移也可以扩展，但是原状态和触发不能改变。例如，对于Agate系统，可以确认新的类InternationalCampaign。对于这个新类，类对象的状态机可能是Campaign状态机的特殊化，有可能添加新的状态和转移。

8.3　状态图建模及示例

前面介绍了状态图的基本概念，下面介绍如何使用Rational Rose创建状态图以及状态图中的各种模型元素。

8.3.1　创建状态图

在Rational Rose中可以为每个类创建一个或多个状态图，类的转换和状态都可以在状态图中体现。具体步骤如下。

(1) 展开Logic View菜单项。

(2) 然后在Logic View图标上右击，在弹出的快捷菜单中选择New→State Diagram命令以建立新的状态图。

(3) 双击状态图图标，会出现状态图绘制区域，如图8-18所示。

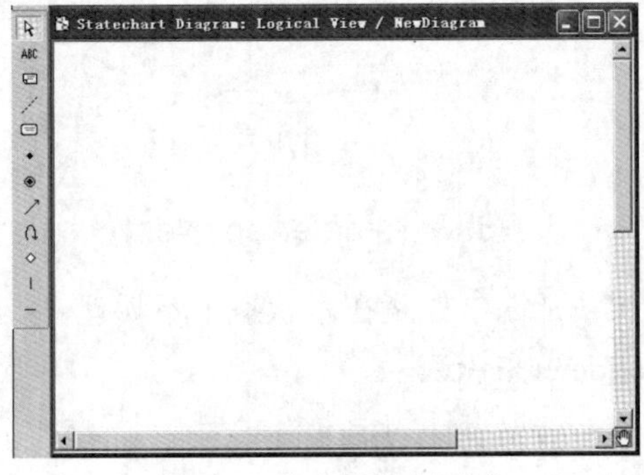

图8-18　状态图绘制区域

状态图绘制区域的左侧为状态图工具栏，表8-2列出了状态图工具栏中的各个图标、对应的按钮名称以及用途。

表8-2 状态图工具栏

图标	按钮名称	用途
	Selection Tool	用于选择
	Text Box	将文本框加进框图
	Note	添加注释
	Anchor Note to Item	将状态图中的注释、用例或角色相连
	State	添加状态
	Start State	初始状态
	End State	终止状态
	State Transition	状态之间的转换
	Transition to self	状态的自转换
	Decision	判定

8.3.2 创建初始状态和终止状态

初始状态和终止状态是状态图中的两个特殊状态。初始状态代表着状态图的起点，终止状态代表着状态图的终点。对象不可能保持在初始状态，但是可以保持在终止状态。

初始状态在状态图中用实心圆表示，终止状态在状态图中用含有实心圆的空心圆表示，如图8-19所示。

图8-19 初始状态和终止状态

创建初始状态的步骤如下。

(1) 单击状态图工具栏中的图标。

(2) 在绘制区域单击鼠标即可创建初始状态。

终止状态的创建方法和初始状态相同。

8.3.3 创建状态

创建状态的步骤可以分为：创建新状态、修改新状态名称、增加入口和出口动作、增加活动。

1. 创建新状态

创建新状态的步骤如下。

(1) 单击状态图工具栏中的图标。

(2) 在绘制区域单击鼠标，如图8-20所示。

NewState1

图8-20 创建新状态

2. 修改新状态名称

创建了新的状态后，可以修改新状态的属性信息。双击状态图标，在弹出的对话框的General选项卡中进行名称Name和文档说明Documentation等属性的设置，如图8-21所示。

3. 增加入口和出口动作

状态的入口和出口动作是为了表达状态，这样就可以在不知道状态的内部状态的情况下在外部使用状态。入口动作在对象进入某个状态时发生，出口动作在对象退出某个状态时发生。

创建入口动作的步骤如下。

(1) 在状态属性设置对话框中打开Actions选项卡。

(2) 在空白处右击，在弹出的快捷菜单中选择Insert命令。

(3) 双击出现的动作类型Entry，在弹出的对话框的When下拉列表中选择On Entry选项。

(4) 在Name文本框中添加动作的名称，如图8-22所示。

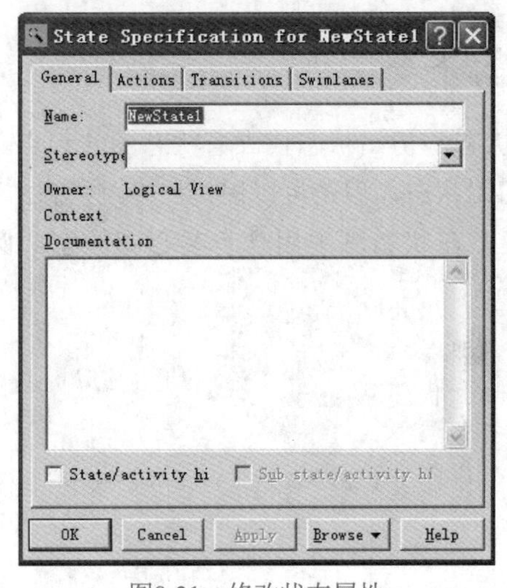

图8-21 修改状态属性

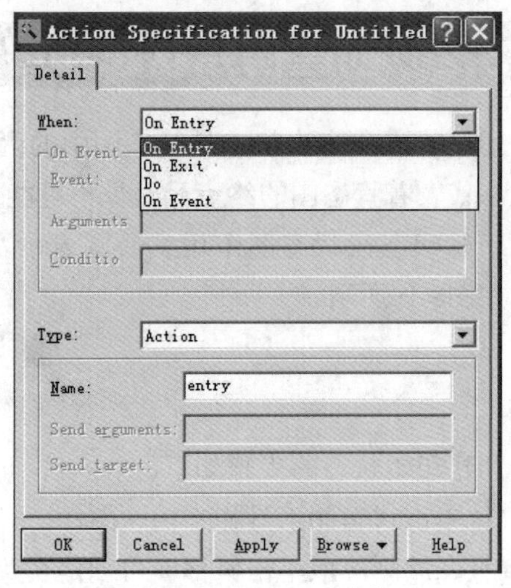

图8-22 创建入口动作

(5) 单击OK按钮。

(6) 单击状态属性设置对话框中的OK按钮，至此状态图的入口动作就创建好了，效果如图8-23所示。

出口动作的创建方法和入口动作类似，区别是在When下拉列表中选择ON Exit选项，效果如图8-24所示。

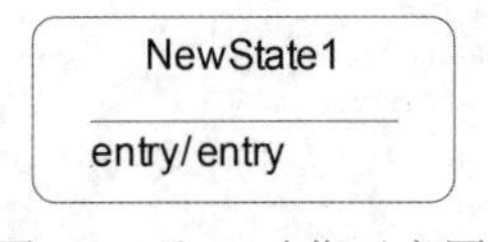

图8-23 入口动作示意图

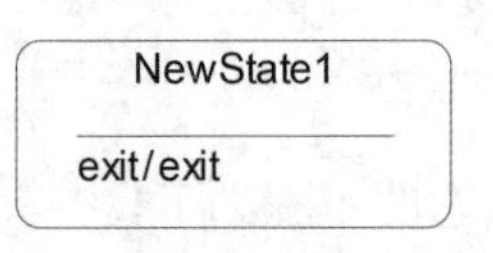

图8-24 出口动作示意图

4. 增加活动

活动是对象在特定状态时执行的行为，是可以中断的。增加活动与增加入口和出口动作类似，区别是在When下拉列表中选择Do选项，效果如图8-25所示。

图8-25　活动示意图

8.3.4　创建状态之间的转换

转换是两个状态之间的一种关系，代表一种状态到另一种状态的过渡，在UML中转换用一条带箭头的直线表示。

创建转换的步骤如下。

(1) 单击状态图工具栏中的↗图标。

(2) 单击转换的源状态，接着向目标状态拖动一条直线，效果如图8-26所示。

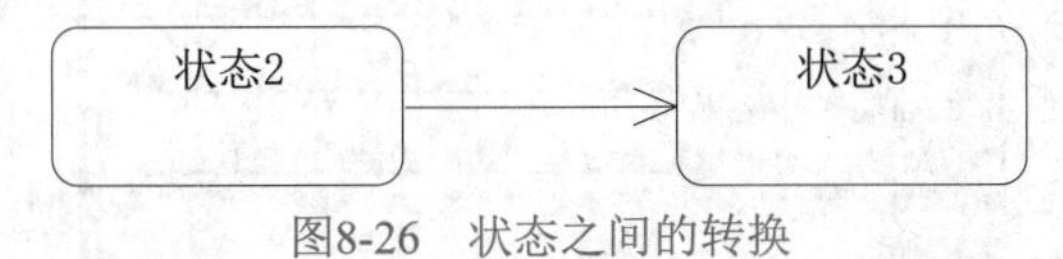

图8-26　状态之间的转换

8.3.5　创建事件

事件可以触发状态的转换。创建事件的步骤如下。

(1) 双击转换图标，在弹出的对话框中打开General选项卡，如图8-27所示。

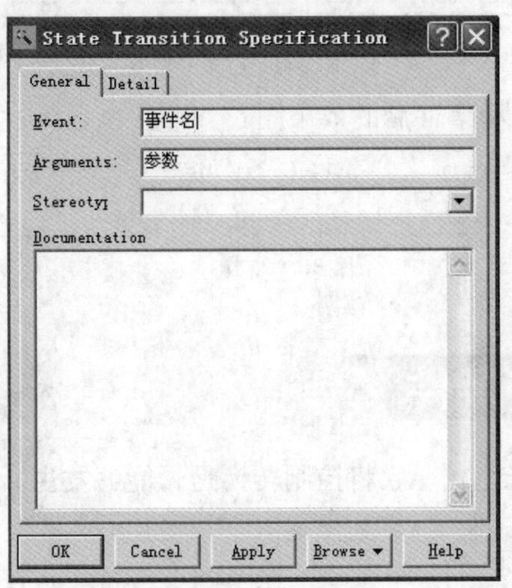

图8-27　创建事件

(2) 在Event文本框中添加触发转换的事件，在Arguments文本框中添加事件的参数，还可以在Documentation列表框中添加对事件的描述。添加后的效果如图8-28所示。

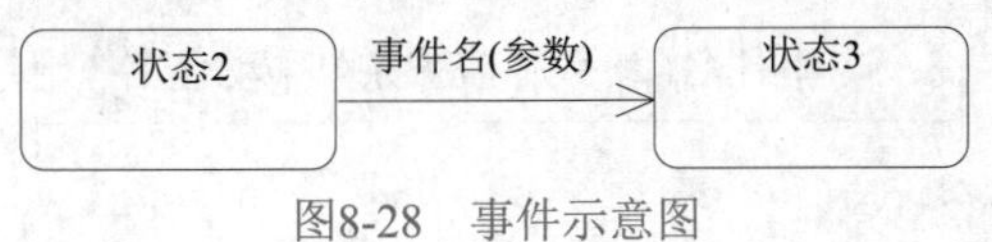

图8-28　事件示意图

8.3.6 创建动作

动作是可执行的原子计算，它不会从外界中断。动作可以附属于转换，当转换激发时动作被执行。

创建动作的步骤如下。

(1) 双击转换图标。

(2) 在弹出的对话框中打开Detail选项卡。

(3) 在Action文本框中添加要发生的动作，如图8-29所示。

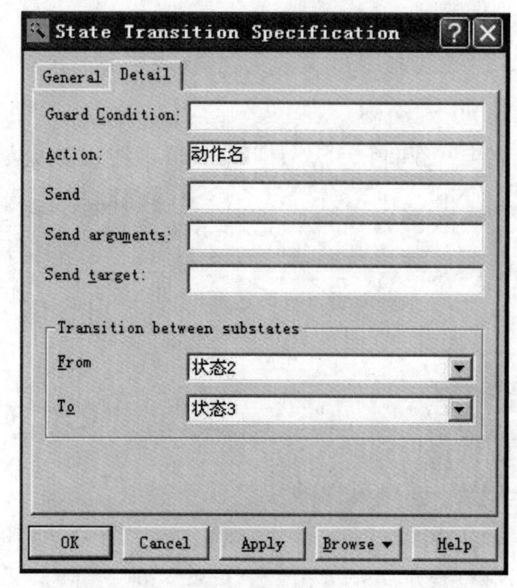

图8-29　创建动作

图8-30所示为增加动作和事件后的效果图。

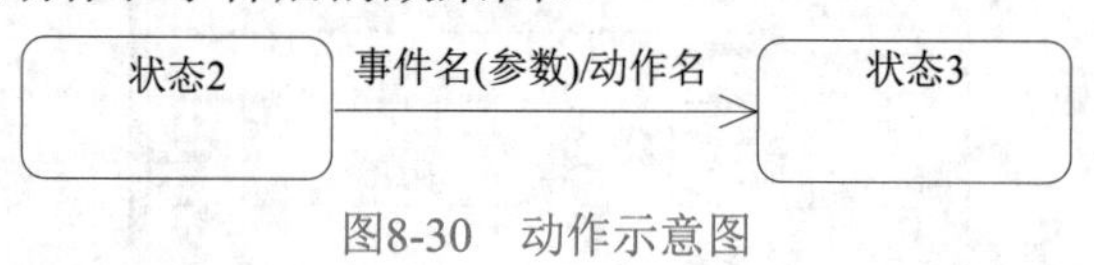

图8-30　动作示意图

8.3.7 创建监护条件

监护条件是一个布尔表达式，它将控制转换是否能够发生。

创建监护条的步骤如下。

(1) 双击转换图标。

(2) 在弹出的对话框中打开Detail选项卡。

(3) 在Guard Condition文本框中添加监护条件。可以参考添加动作的方法，添加监护条件。图8-31所示为添加动作、事件、监护条件后的效果图。

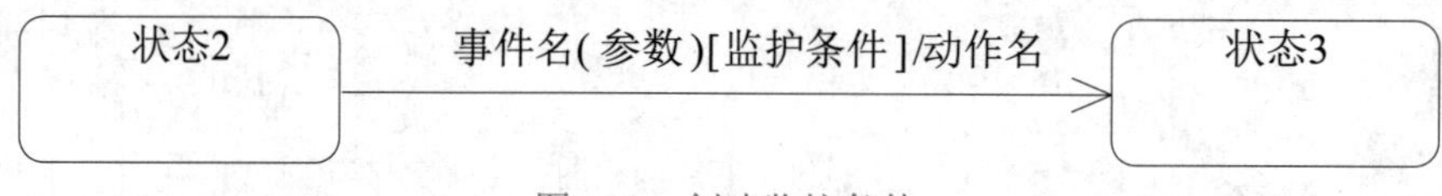

图8-31　创建监护条件

8.3.8 状态图建模示例

首先从一系列交互图分析状态机，包括如下步骤。

(1) 检查涉及重要消息的每个类的所有交互图。

(2) 对于待组建状态机的每一个类，遵循步骤(3)~(9)。

(3) 在每一个交互图中确认对应于考虑类的事件的传入消息，同时确认可能的生成状态。

(4) 在状态机上对这些事件及其描述归档。

(5) 如果必要的话，细化状态机，以便匹配在状态机确定之后生成的额外交互，并添加任何可能的异常。

(6) 开发所有嵌套状态机(除非在之前的步骤中已经完成)。

(7) 评审状态机，确保与用例一致。特别地，检查由状态机表征的所有约束是否合适。

(8) 重复步骤(4)~(6)，直至状态机获取所有层面的细节为止。

(9) 检查状态机是否与类图、交互图以及其他状态机一致。

下面以图书管理系统为例，介绍如何创建系统的状态图。建模状态图可以按照以下步骤进行。

(1) 标识建模实体。

(2) 标识实体的各种状态。

(3) 标识相关事件并创建状态图。

上述步骤涉及多个实体，但要注意一个状态图只代表一个实体。一般情况下，一个完整的系统往往包含很多的类和对象，这就需要创建多个状态图来进行描述。

1. 标识建模实体

一般不需要给所有的类创建状态图，只有具有重要动态行为的类才需要。状态图可应用于复杂的实体，而不可应用于具有复杂行为的实体。对于具有复杂行为或操作的实体，使用活动图更加适合。清晰、有序的状态实体，最适合使用状态图进一步建模。

在图书管理系统中，有明确状态转换的实体，包括图书和借阅者。

2. 标识实体的各种状态

图书包含以下状态：刚被购买的新书、被添加能够借阅的图书、图书被预订、图书被借阅、图书被管理员删除。

借阅者包含以下状态：创建借阅者账户、借阅者能借阅图书、借阅者不能借阅图书、借阅者被管理员删除。

3. 标识相关事件并创建状态图

首先要找出相关的事件和转换。

对于图书来说，刚被购买的新书可以通过系统管理员添加为能被借阅的图书。图书被预订后转换为被预订状态。当被预订的图书超过预订期限或被借阅者取消预订后，转换为能够被借阅的状态。被预订的图书可以被预订的借阅者借阅。图书被借阅后转换为被借阅状态。图书被归还后转换为能够借阅状态。图书被删除后转换为被删除状态。这个过程中的主要事件有：添加新书、删除旧书、借阅、归还、预订、取消预订等。图8-32所示为图书的状态图。

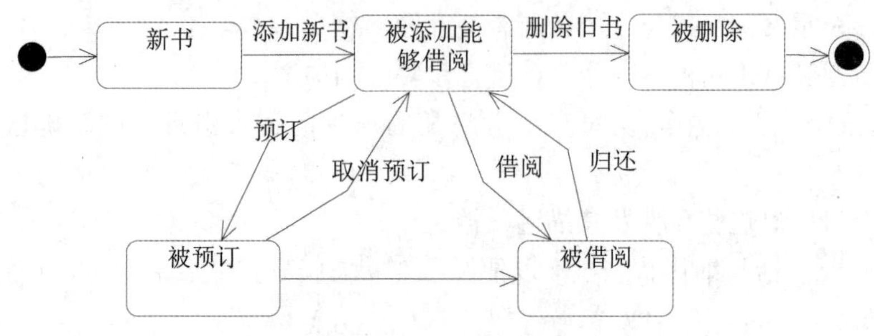

图8-32　图书的状态图

对于借阅者来说，借阅者通过创建借阅者账户转换为能够借阅图书的借阅者。当借阅者借阅图书的数目超过一定限额时，不能借阅图书。当借阅者处于不能借阅图书时，借阅者归还借阅图书，转换为能借阅状态。借阅者能借阅一定数目的图书。借阅者能被系统管理员删除。这个过程中的主要事件有：借阅、归还、删除借阅者等。图8-33所示为借阅者的状态图。

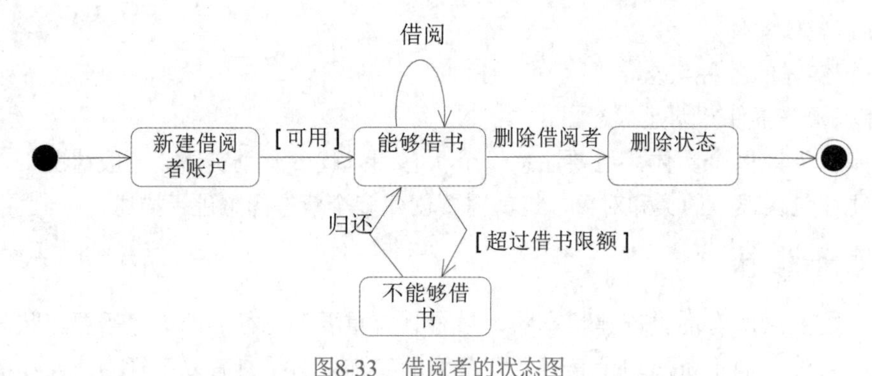

图8-33　借阅者的状态图

8.3.9　生命周期方法

基于对每个类对象的生命周期的分析，是另外一种建模状态机的方法。该方法不使用交互图作为可能事件和状态的初始来源。相反，它们直接从用例和其他可以使用的需求文档中得以确认。首先，列举主要的系统事件(在Agate系统中，“客户委任新的团队”可能是首要的考虑之一)。然后检查每一个事件，确定哪一个对象可能具有依赖于状态的响应。

在生命周期方法中，进行状态建模涉及的步骤如下。

(1) 确认主要的系统事件。

(2) 确认很可能具有状态(依赖对事件的响应)的每一个类。

(3) 通过考虑类实例的典型生命周期，为每一个类生成初始状态机。

(4) 检查状态机，并对更多详细的事件行为进行细化。

(5) 增强状态机以包含可选场景。

(6) 评审状态机以确保与用例一致。特别地，检查状态机表征的约束是否合适。

(7) 重复步骤(4)~(6)，直到状态机获取所需层面的细节为止。

(8) 确保与类图、交互图以及其他状态机的一致性。

在刚开始确认事件和相关类的时候，生命周期方法比行为型方法更随意。使用二者的组合通常很有帮助，因为它们各自可以检查对方。

8.3.10 一致性检查

所有的UML图和文档都应该互相一致。序列图和协作图的准备涉及类操作的分配。这些操作应该针对类图中正确的类进行列举，如果完整地规范了操作签名，这些签名也必须一致。系列图和协作图以及类图应该互相一致，好的建模工具会在语法层面强制实施这种一致性，通常在开发者添加发送到类对象的消息时，会提示他们当前分配给类的操作列表。如果在目标类中没有定义对应的操作，那么应该在类的定义中自动添加合适的操作。

但是，为了确保类图和一系列相关交互图之间完全一致，不仅仅需要上述语法检查。在交互图中，每一个发送对象必须能够将消息发送给目标对象，而这需要知道目标对象的身份或对象引用。只有两种方法能使发送对象知道目标对象的引用。通过直接连接，发送对象可能已经知道，而直接连接实际上意味着在对象从属的类之间存在关联。另外，发送对象可能包含自身需要的来自其他对象(通常是不同的类对象)的引用，而发送对象与目标对象具有连接。在本阶段，保证通过将发送对象和目标对象连接起来的对象连接(派生自类图的关联)存在某种可能的路径就已足够。交互图和对应类图之间的任何不一致都会导致错误。例如，需要的关联会从类图中丢失。注意，关联的存在并不保证存在任何连接。在最小关联多重性为零的地方，可能不存在与关联连接的对象。如果关联多重性为一(或者更大)，那么表明每一个对象至少有一条连接。所有消息路径都应该仔细分析。

当在更为复杂的交互(序列图或交互概览图中描述的)中引用交互片段时，保证交互使用与交互片段一致是很重要的。当然，交互片段可能会在其他交互中很好地使用。状态机从对象的角度对有关消息的信息进行归档，而不是从交互的角度。在类的状态图和涉及类对象的所有交互图之间检查一致性也很重要。状态机必须与其他模型一致。

- 每个触发都应该显示为交互图中合适对象的传入消息。
- 每个触发都应该对应合适类中的操作(但是注意并不是所有的操作都对应触发)。
- 每个动作都对应合适类中操作的执行，并且可能也对应于对其他对象发送消息。
- 每个来自状态机的传出消息必须对应其他类中的某个操作。

一致性检查在模型完备集的准备中是一项重要任务。该过程强调疏漏和错误，鼓励厘清需求中任何的模糊或不完整之处。

8.3.11 质量准则

准备状态机是一个不断重复的过程，涉及修正模型直至获取对象语义，或直至对元素行为建模。一些有助于生成高质量的状态机的通用指导原则列举如下。

- 为每个状态唯一命名，从而反映在状态持续期间发生的事情，或反映状态等待的事情。
- 不要使用组合状态，除非状态行为非常复杂。
- 不要在单个状态机中显示过度复杂的状态。如果有超过七个的状态，考虑使用子状态。即使状态数比较少，如果在状态之间有数量繁多的转移，状态机也会很复杂。可以说，状态机最好使用三幅图表示：一幅表示状态机的高层，从而隐去Active状态的细节，其他两幅图分别表示子状态Running和Monitoring。
- 谨慎使用警戒条件，确保状态机准确无误地描述可能的行为。

状态机不应该用于建模过程性的行为，活动图才用于此。使用过程性的状态机时，通常的症状如下。

- 大部分转移都是由状态的完成开始的。
- 很多消息被传递给自身，从而反映代码的重用，而非由事件触发的动作。
- 状态不能获取与类关联的依赖于状态的行为。

当然，旨在成为状态机，却最终成为描述过程流中活动图的模型，可能很有价值，只不过不是状态机而已。

8.4 小结

为了全面获取每个类和对象的行为约束，需要对事件对对象的影响进行建模，并且需要对由此产生的状态变化及其对行为的限制进行建模。只需要为行为上依赖于状态的类准备状态机。UML的状态机标记法允许构建详细模型，该模型可以包括状态的嵌套以及并发状态的使用，进而获取复杂的行为。在本章中，我们介绍了状态图的基本概念和UML表示法，同时详细介绍了状态图的基本使用技巧和建模方法。

8.5 思考练习

1. 哪些UML建模元素的行为可以由状态机描述？
2. 什么是状态机？什么是状态图？
3. 状态图的组成要素有哪些？
4. 简述简单状态和组成状态的区别。
5. 简述顺序组成状态和并发组成状态的区别。
6. 如何定义事件、状态和转移？

第 9 章

活　动　图

活动图(activity diagram)是UML的动态建模机制之一。活动图表现的是从一个活动到另一个活动的控制流。活动图描述活动的序列，并且支持带条件的行为和并发行为的表达。活动图的主要作用是描述工作流，使用活动图能够演示出系统中哪些地方存在功能，以及这些功能和系统中其他组件的功能如何共同满足前面使用用例图建模的商务需求。本章将详细介绍活动图的相关知识，并对活动图的各种符号表示及应用进行讨论。

本章的学习目标：

- 理解活动图的建模目的
- 掌握活动图的基本概念和组成要素
- 掌握活动图的UML表示方法
- 理解动作状态和活动状态的区别与联系
- 掌握活动图的建模方法

9.1　活动图简介

活动图不像其他建模机制一样直接来源于UML的三位发明人，而是融合了Jim Odell的事件流图、Petri网和SDL状态建模等技术，用来在面向对象系统的不同组件之间建模工作流和并发的处理行为。例如，可以使用活动图描述某个用例的基本操作流程。活动图的主要作用是描述工作流，其中每个活动都代表工作流中一组动作的执行。活动图可用来为不同类型的工作流建模，工作流是能产生可观测值或在执行时生成实体的动作序列。

9.1.1　基于活动的系统行为建模

活动图是一种用于描述系统行为的模型视图，可用来描述动作和动作导致对象状态改变的结果，而不用考虑引发状态改变的事件。通常，活动图记录单个用例或商业过程的逻辑流程。活动图允许读者了解系统的执行，以及如何根据不同的条件和触发改变执行方向。因此，活动图可以用来为用例建模工作流，更可以理解为用例图的细化。在使用活动图为工作流建模时，一般采用以下步骤。

(1) 识别工作流的目标。也就是说，工作流结束时触发什么？应该实现什么目标？

(2) 利用开始状态和终止状态，分别描述工作流的前置状态和后置状态。

(3) 定义和识别出实现工作流的目录所需的所有活动和状态，并按逻辑顺序将它们放置在活动图中。

(4) 定义并画出活动图创建或修改的所有对象，并用对象流将这些对象和活动连接起来。

(5) 通过泳道定义谁负责执行活动图中相应的活动和状态，命名泳道并将合适的活动和状态置于每个泳道中。

(6) 用转换将活动图中的所有元素连接起来。

(7) 在需要将某个工作流划分为可选流的地方放置判定框。

(8) 查看活动图是否有并行的工作流。如果有，就用同步表示分叉和汇合。

9.1.2 活动图的作用

活动图是用来描述为达成某个目标而实施一系列活动的过程，描述了系统的动态特征。

活动图和传统的流程图相似，流程图所能表达的内容，在大多数情况下活动图也可以表达。不过二者之间还是有明显的区别：首先，活动图是面向对象的，而流程图是面向过程的；其次，活动图不仅能表达顺序流程控制，还能表达并发流程控制。

活动图和状态图的主要区别在于：状态图侧重从行为的结果来描述，以状态为中心；活动图侧重从行为的动作来描述，以活动为中心。活动图用来为过程中的活动序列建模，而状态图用来为对象生命周期中的各状态建模。

在UML中，活动的起点描述活动图的开始状态，用黑色的实心圆表示。活动的终点描述活动图的终止状态，用含有实心圆的空心圆表示。活动图中的活动既可以是手动执行的任务，也可以是自动执行的任务，用圆角矩形表示。状态图中的状态也用矩形表示，不过活动图的矩形比状态图的矩形更加柔和，更加接近椭圆。活动图中的转换用于描述从一个活动转向另一个活动，用带箭头的实线段表示，箭头指向转向的活动，可以在转换上用文字标识转换发生的条件。活动图中还包括分支与合并、分叉与汇合等模型元素。描述分支与合并的图标和状态图中描述判定的图标相同，分叉与汇合则用一条加粗的线段表示。图9-1所示为一个简单的活动图。

活动图是模型中的完整单元，表示程序或工作流，常用于为计算流程和工作流程建模。活动图着重描述用例的实例、对象的活动以及操作实现中完成的工作。活动图通常出现在设计的前期，在所有实现决定前出现，特别是在对象被指定执行的所有活动前出现。

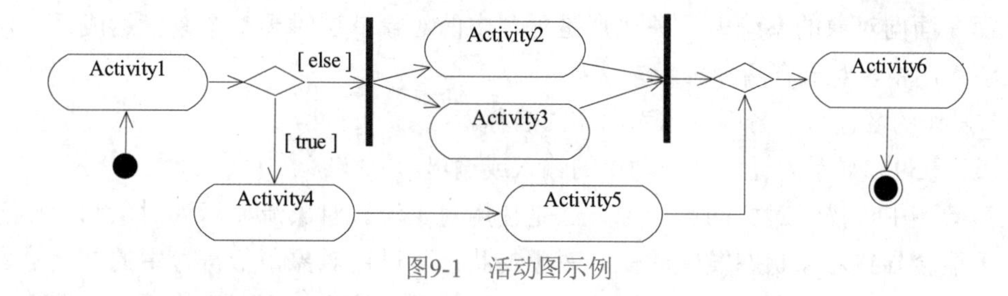

图9-1 活动图示例

活动图的作用主要体现在以下几点。

- 描述操作执行过程中完成的工作，说明角色、工作流、组织和对象是如何工作的。
- 活动图对用例描述尤为有用，可建模用例的工作流、显示用例内部和用例之间的路径。活动图可以说明用例的实例是如何执行动作以及如何改变对象状态的。
- 显示如何执行一组相关的动作，以及这些动作如何影响它们周围的对象。
- 活动图对理解业务处理过程十分有用。活动图可以画出工作流用以描述业务，有利于与领域专家进行交流。通过活动图可以明确业务处理操作是如何进行的，以及可能产生的变化。
- 描述复杂过程的算法，在这种情况下使用的活动图和传统的程序流程图的功能是相似的。

注意，通常情况下，活动图假定在整个计算机处理过程中没有外部事件引起中断，否则普通的状态图更适合描述此种情况。

9.1.3 活动图建模目的

活动图可以用来建模系统的各个方面。在更高层次上，它们用于对现有或未来系统的业务过程建模。因此，它们可以在系统开发早期使用。它们也可以用来对由用例表示的系统功能进行建模。可以使用对象流显示每个用例中涉及的对象，这会在生命周期中的细化需求阶段完成。它们也可以用于更低层次，对特定操作的执行方式进行建模，并且因此会在后期的分析或系统设计活动中应用。活动图也在统一软件开发过程(RUP)中使用，从而对软件开发生命周期中RUP活动的组织方式和相互关系进行建模。总而言之，活动图用于如下目的：

- 对过程或任务建模(例如在业务模型中)。
- 描述由用例表示的系统功能。
- 操作规范，描述操作的逻辑。
- 在RUP中建模组成生命周期的活动。

活动图可以表示面向过程语言的三个结构性组件：顺序、选择和迭代。按照这种方式创建的模型对于业务过程的建模特别有用，也有助于类操作的建模。UML 2.2为活动图的元模型添加了大量的动作类型，它们是在编程代码中出现的动作，包括AddVariableValueAction和CreateObjectAction。它们的目的是使活动图的创建更简单，而活动图可以对操作的实现进行建模，并且在编程语言Executable UML中编译。

然而在面向对象的系统中，关注点是处理中的对象，这对于整个系统达成目标是必需的。在活动图中，对象有两种表示方法：

- 操作的名称和类名可以作为动作的名称。
- 对象可以显示为提供某一动作的输入或输出。

在活动图中，描述对象的另一种方法是使用对象流。对象流显示为对象和动作之间的箭头，可能会导致对象状态发生改变。对象的状态可以由对象矩形符号中的方括号表示。活动图标记法的最终元素是活动分区，在UML中被称为泳道。在对现有系统中发生的事情进行建模时，活动分区特别有用，可以用来表示动作发生的位置以及活动的执行者。

在统一软件开发过程中，活动图可以对软件开发生命周期中的活动进行归档。在RUP中，图被模式化，即标准的UML符号被替换为特殊的图标，从而表示动作以及这些动作的输入和输出。

9.2 活动图的组成要素

活动图包含的图形元素有动作状态、活动状态、组合活动、分叉与汇合、分支与合并、泳道、对象流。

9.2.1 动作状态

动作状态(action state)是原子性的动作或操作的执行状态，不能被外部事件的转换中断。动作状态的原子性决定了动作状态要么不执行，要么完全执行不能中断，比如发送信号、设置属性值等。动作状态不可以分解成更小的部分，它是构造活动图的最小单位。

从理论上讲，动作状态占用的处理时间极短，甚至可以忽略不计。实际上，动作状态也需要时间来执行，但是时间要比可能发生事件需要的时间短很多。动作状态没有子结构、内部转换或内部活动，不能包括事件触发的转换。动作状态可以有转入，转入可以是对象流或动作流。动作状态通常有一个输出的完成转换，如果有监护条件，也可以有多个输出的完成转换。

动作状态通常用于对工作流执行过程中的步骤进行建模。在一张活动图中，动作状态允许在多处出现。不过此处的动作状态和状态图中的状态不同，不能有入口动作和出口动作，也不能有内部转移。在UML中，动作状态用平滑的圆角矩形表示，动作状态表示的动作写在矩形内部，如图9-2所示。

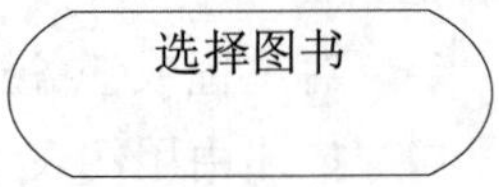

选择图书

图9-2　动作状态

9.2.2 活动状态

活动状态是非原子性的，用来表示具有子结构的纯粹计算的执行。活动状态可以分解成其他子活动或动作状态，可以使转换离开状态的事件从外部中断。活动状态可以有内部转换、入口动作和出口动作。活动状态至少具有一个输出的完成转换，当状态中的活动完成时该转换被激发。

活动状态可以用另一个活动图来描述自己的内部活动。

注意，活动状态是程序的执行过程的状态，而不是普通对象的状态。离开活动状态的转换通常不包括事件触发器。转换可以包括动作和监护条件，如果有多个监护条件赋值为真，那么将无法预料最终的选择结果。

动作状态是一种特殊的活动状态。可以把动作状态理解为一种原子性的活动状态，即只有一个入口动作，并且在活动时不会被转换中断。动作状态一般用于描述简短的操作，而活动状态用于描述持续事件或复杂性的计算。一般来说，对活动状态可以活动多长时间是没有限制的。

活动状态和动作状态的表示图标相同，都是平滑的圆角矩形。两者的区别是活动状态可以在图标中给出入口动作和出口动作等信息，如图9-3所示。

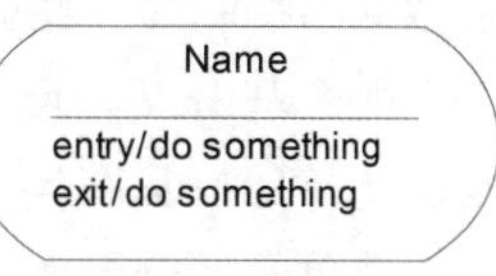

图9-3 活动状态

9.2.3 组合活动

组合活动是一种内嵌活动图的状态。把不含内嵌活动或动作的活动称为简单活动，把嵌套了若干活动或动作的活动称为组合活动。

组合活动从表面上看是状态，但本质上却是一组子活动的概括。一个组合活动可以分解为多个活动或动作的组合。每个组合活动都有自己的名字和相应的子活动图。一旦进入组合活动，嵌套在其中的子活动图就开始执行，直到到达子活动图的最后一个状态，组合活动才结束。与一般的活动状态一样，组合活动不具备原子性，可以在执行的过程中被中断。

如果一些活动状态比较复杂，就会用到组合活动。比如购物，选购完商品后就需要付款。虽然付款只是一个活动状态，但是付款却可以包括不同的情况。对于会员来说，一般是打折后付款，而普通顾客需要全额付款。这样，在付款这个活动状态中又内嵌了两个活动，所以付款就是一项组合活动。

使用组合活动可以在一幅图中展示所有的工作流程细节，但是如果展示的工作流程较为复杂，就会使活动图难以理解。所以，当流程复杂时，也可将子活动图单独放在一个活动图中，然后让活动状态引用它。

图9-4所示是一个组合活动。其中的活动“发货”是组合活动，里面内嵌的活动“通宵发货”与“常规发货”是活动“发货”的子活动。在这里，组合活动“发货”用一个子活动图表示，它有自己的初始状态、终止状态和判定分支。

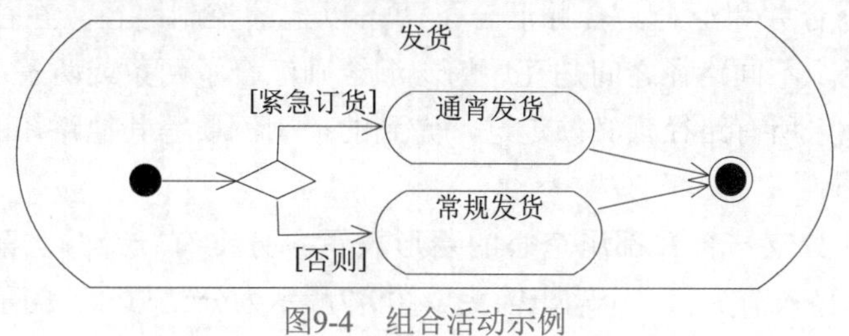

图9-4 组合活动示例

9.2.4 分叉与汇合

并发指的是在同一时间间隔内有两个或两个以上的活动在执行。对于一些复杂的大型系统而言，对象在运行时往往不止存在一个控制流，而是存在两个或多个并发运行的控制流。

活动图用分叉和汇合来表达并发和同步行为。分叉用于表示将一个控制流分成两个或多个并发运行的分支。汇合用来表示并行分支在此得到同步。

分叉用粗黑线表示。分叉具有一个输入转换和两个或多个输出转换，每个转换都可以是独立的控制流。图9-5所示为一个简单的分叉示例。

汇合与分叉相反，汇合具有两个或多个输入转换和一个输出转换。先完成的控制流需要在此等待，只有当所有的控制流都到达汇合点时，控制才能继续向下进行。图9-6所示为一个简单的汇合示例。

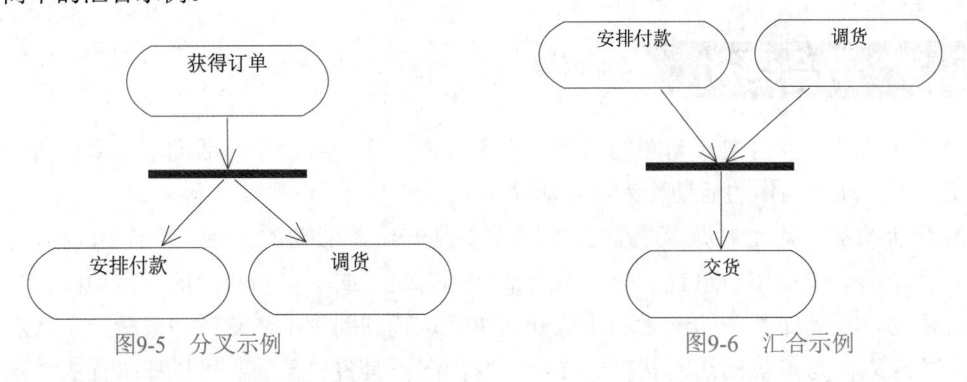

图9-5　分叉示例　　　　图9-6　汇合示例

9.2.5 分支与合并

分支在活动图中很常见，分支是转换的一部分，它将转换路径分成多个部分，每一部分都有单独的监护条件和不同的结果。当动作流遇到分支时，会根据监护条件(布尔值)的真假来判定动作的流向。分支的每个路径的监护条件应该是互斥的，这样可以保证只有一条路径的转换被激发。在活动图中，离开活动状态的分支通常是完成转换，它们是在状态内活动完成时隐含触发的。需要注意的是，分支应该尽可能包含所有的可能，否则会导致一些转换无法被激发。这样最终会因为输出转换不再重新激发而使活动图冻结。

合并指的是两个或多个控制路径在此汇合的情况。合并是一种便利的表示法。合并和分支常常成对使用，合并表示从对应分支开始的行为结束。

需要注意区分合并和汇合。合并汇合了两条以上的控制路径，在任何执行中每次只选择一条控制路径，不同路径之间是互斥的。汇合则汇合了两条或两条以上的并行控制路径，在执行过程中，所有路径都必须走过，先到的控制流要等其他路径的控制流到达后才能继续运行。

在活动图中，分支与合并都用空心的菱形表示。分支有一个输入箭头和两个输出箭头，而合并有两个输入箭头和一个输出箭头。图9-7所示为分支与合并的示例。

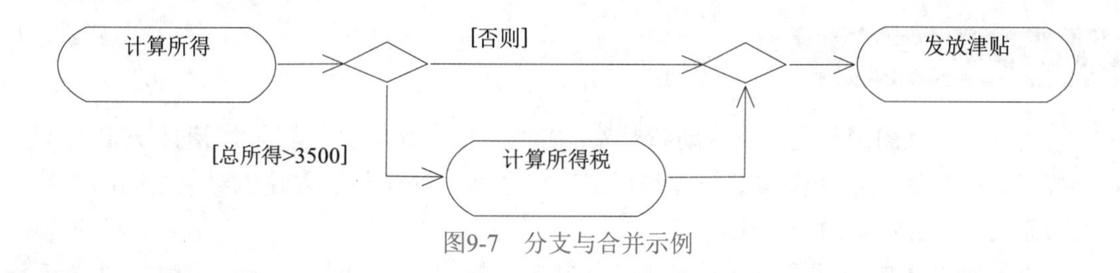

图9-7 分支与合并示例

9.2.6 泳道

为了对活动的职责进行组织而在活动图中将活动状态分为不同的组，称为泳道。每个泳道代表特定含义的状态职责部分。在活动图中，每个活动只能明确地属于一个泳道，泳道明确表示了哪些活动是由哪些对象进行的。每个泳道有一个与其他泳道不同的名称。

每个泳道可能由一个或多个类实施，类执行的动作或拥有的状态按照发生的事件顺序自上而下排列在泳道内。泳道的排列顺序并不重要，只要布局合理、减少线条交叉即可。

在活动图中，每个泳道通过垂直实线与相邻泳道分离。泳道上方是泳道的名称，不同泳道中的活动既可以顺序进行，也可以并发进行。虽然为每个活动状态都指派了一个泳道，但是转移则可能跨越数个泳道。图9-8所示为泳道示例。

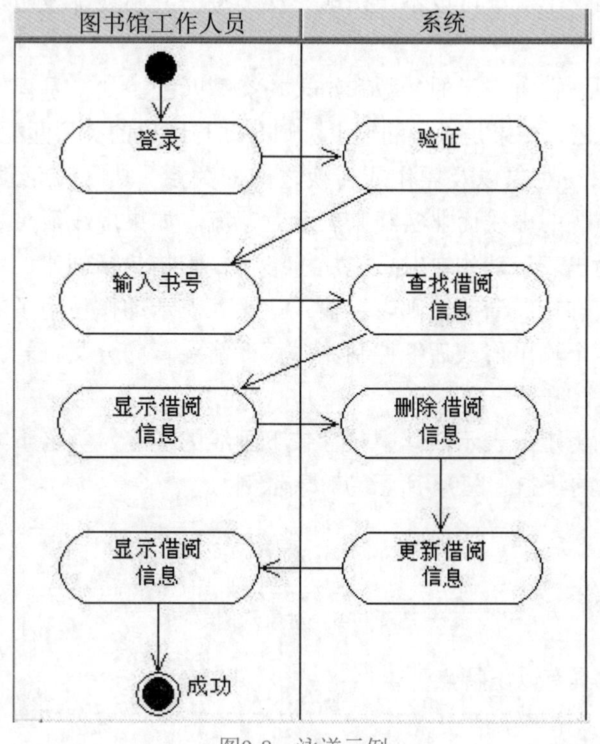

图9-8 泳道示例

9.2.7 对象流

活动图中交互的简单元素是活动和对象，控制流(control flow)就是对活动和对象之间关系的描述。控制流表示动作与参与者和后继动作之间、动作与输入输出对象之间的关系，而对象流就是一种特殊的控制流。

对象流(object flow)是将对象流状态作为输入或输出的控制流。在活动图中，对象流描述了动作状态或活动状态与对象之间的关系，表示动作使用对象以及动作对对象的影响。

关于对象流的几个重要概念如下：

- 动作状态
- 活动状态
- 对象流状态

前面已经介绍了动作状态和活动状态，这里不再详述。

对象是类的实例，用来封装状态和行为。对象流中的对象表示的不仅是对象自身，还表示对象作为过程中的状态存在。因此，也可以将这种对象称为对象流状态(object flow state)，用以和普通对象区别。

在活动图中，一个对象可以由多个动作操作。对象可以是转换的目的，还可以是活动的完成转换的源。同一个对象可以不止出现一次，每一次出现都表明对象处于生命周期的不同时间点。

对象流状态必须与它所表示的参数和结果的类型匹配。如果是操作的输入，则必须与参数的类型匹配；反之，如果是操作的输出，则必须与结果的类型匹配。

对象流表示对象与对象以及操作或转换之间的关系。为了在活动图中把它们与普通转换区分开，用带箭头的虚线而非实线来表示对象流。如果虚线箭头从活动指向对象流状态，则表示输出。输出表示动作对对象施加了影响，影响包括创建、修改、撤销等。如果虚线箭头从对象流状态指向活动，则表示输入。输入表示动作使用了对象流指向的对象流状态。如果活动有多个输出值或后继控制流，那么箭头背向分叉符号。反之，如果有多个输入箭头，则指向汇合符号。

活动图中的对象用矩形表示，其中包含带下画线的类名，类名下方的方括号内是状态名，表明了对象此时的状态。图9-9所示为对象示例。

图9-9 对象示例

对象流中的对象具有以下特点。

- 一个对象可以由多个活动操纵。
- 一个活动输出的对象可以作为另一个活动输入的对象。
- 在活动图中，同一个对象可以多次出现，每一次出现都表明对象正处于生命周期的不同时间点。

图9-10所示是一个含有对象流的活动图，其中的对象表示图书的借阅状态，借阅者还书之前图书处于借出状态；当借阅者还书后，图书的状态发生了变化，由借出状态变成待借状态。

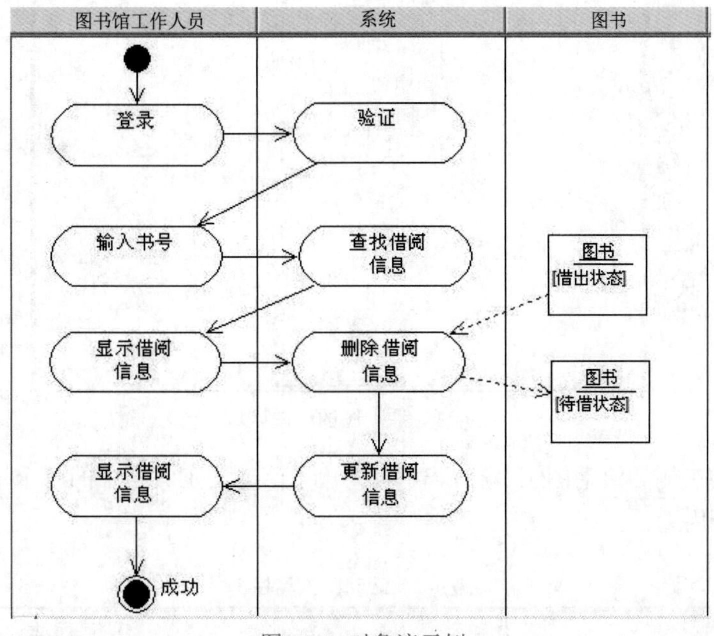

图9-10 对象流示例

9.3 活动图建模

下面介绍如何使用Rational Rose创建活动图。

9.3.1 创建活动图

创建活动图的步骤如下。

(1) 展开Logic View菜单项。

(2) 在Logic View图标上右击，在弹出的快捷菜单中选择New→Activity Diagram命令以建立新的活动图。

(3) 在活动图建立以后，双击活动图的图标，会出现活动图的绘制区域，如图9-11所示。

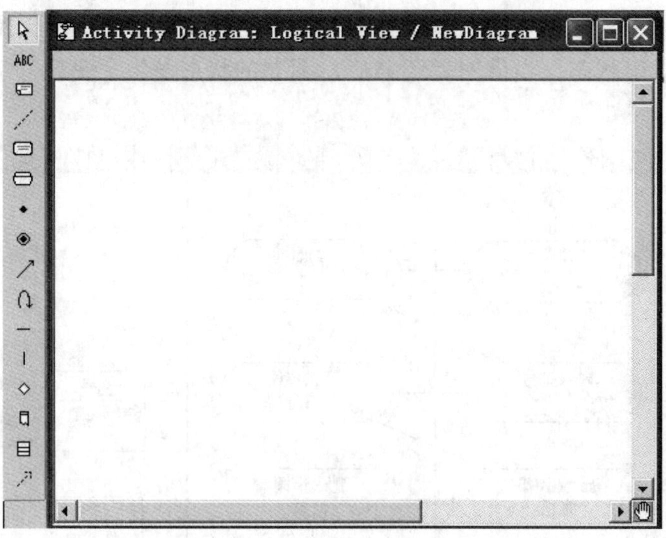

图9-11　活动图的绘图区域

绘制区域的左侧为活动图工具栏，表9-1列出了活动图工具栏中的各个工具图标、对应的按钮名称以及用途。

表9-1　活动图工具栏

图标	按钮名称	用途
	Selection Tool	用于选择
ABC	Text Box	将文本框加进框图
	Note	添加注释
	Anchor Note to Item	将活动图中的注释、用例或角色相连
	State	添加状态
	Activity	添加活动
	Start State	初始状态
	End State	终止状态
	State Transition	状态之间的转换
	Transition to self	状态的自转换
	Horizontal Synchronization	水平同步
	Vertical Synchronization	垂直同步
	Decision	判定
	Swimlane	泳道
	Object	对象
	Object Flow	对象流

9.3.2 创建初始状态和终止状态

和状态图一样，活动图也有初始状态和终止状态。初始状态在活动图中用实心圆表示，终止状态在活动图中用含有实心圆的空心圆表示，如图9-12所示。

图9-12 初始状态和终止状态

创建初始状态的步骤如下。

(1) 单击活动图工具栏中的初始状态图标。

(2) 在绘制区域单击即可创建初始状态。

终止状态的创建方法和初始状态相同。

9.3.3 创建动作状态

创建动作状态的步骤如下。

(1) 单击活动图工具栏中的Activity图标。

(2) 在绘制区域单击，效果如图9-13所示。

图9-13 创建动作状态

(3) 接下来修改动作状态的属性信息。双击动作状态图标，在弹出的对话框的General选项卡中进行名称Name和文档说明Documentation等属性的设置，如图9-14所示。

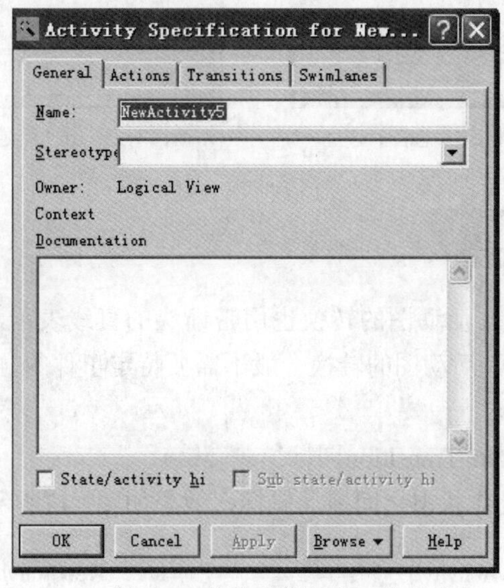

图9-14 修改动作状态属性

9.3.4 创建活动状态

活动状态的创建方法和动作状态类似，区别在于活动状态能添加动作。活动状态的创建方法可以参考动作状态，下面介绍当创建活动状态后如何添加动作。

(1) 双击活动图图标，在弹出的对话框中打开Actions选项卡。

(2) 在空白处右击，在弹出的快捷菜单中选择Insert命令。

(3) 双击列表中出现的默认动作Entry，如图9-15所示，在弹出的对话框的When下拉列表中存在On Entry、On Exit、Do和On Event等动作选项。

(4) 根据自己的需求选择相应的动作。如果选择On Event选项，如图9-16所示，则要求在相应的字段中输入事件的名称Event、参数Arguments和事件发生条件Condition等。

(5) 选好动作之后单击OK按钮，关闭当前对话框，活动状态的动作便添加完成了。

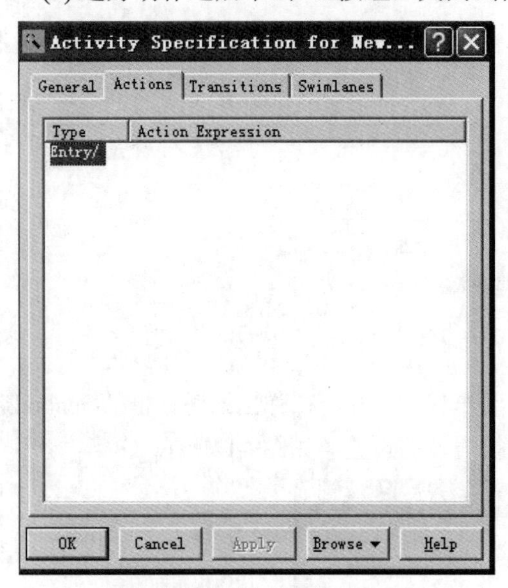

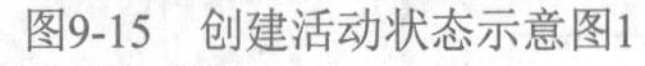
图9-15 创建活动状态示意图1

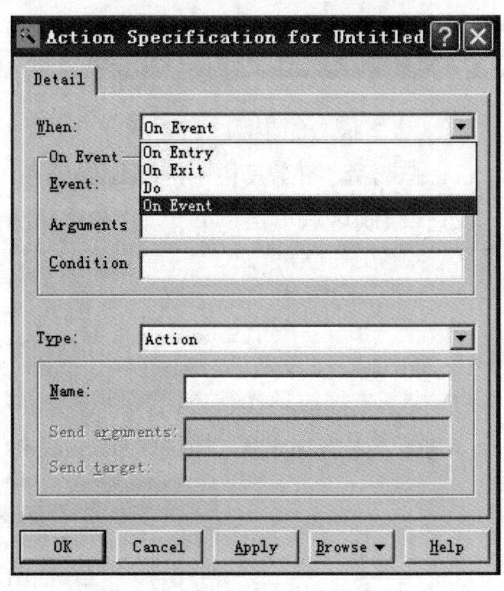

图9-16 创建活动状态示意图2

9.3.5 创建转换

与状态图的转换相似，活动图的转换也用带箭头的直线表示，箭头指向转入的方向。与状态图的转换不同的是，活动图的转换一般不需要特定事件的触发。

创建转换的步骤如下。

(1) 单击工具栏中的State Transition图标。

(2) 在两个要转换的动作状态之间拖动鼠标，效果如图9-17所示。

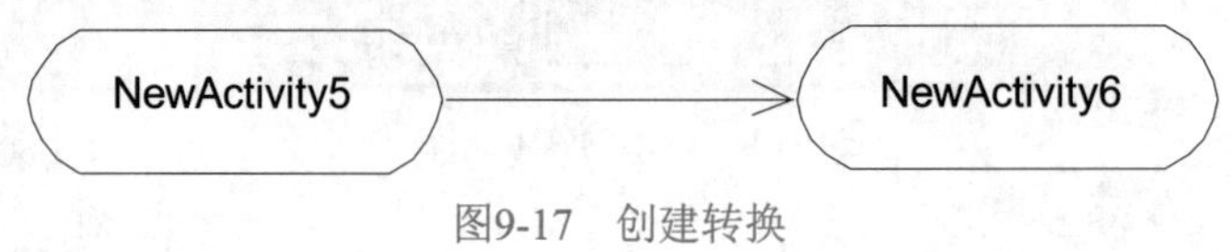

图9-17 创建转换

9.3.6 创建分叉与汇合

分叉可以分为水平分叉与垂直分叉，两者在语义上是一样的，用户可以根据自己画图的需要选择不同的分叉。

创建分叉与汇合的步骤如下。

(1) 单击工具栏中的Horizontal Synchronization图标。

(2) 在绘制区域单击，效果如图9-18所示。

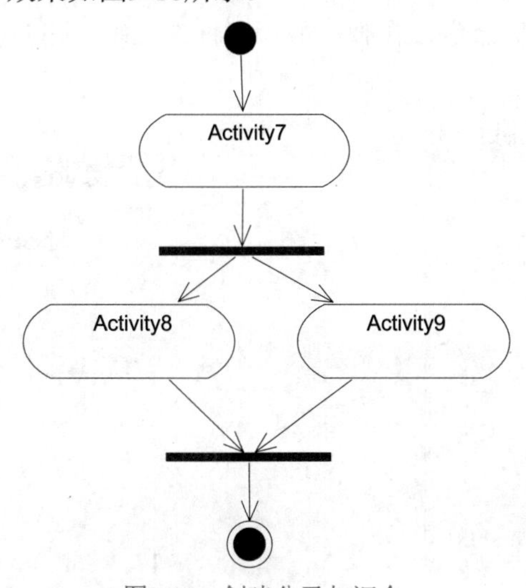

图9-18 创建分叉与汇合

9.3.7 创建分支与合并

分支与合并的创建方法和分叉与汇合的创建方法相似。

(1) 单击工具栏中的Decision图标。

(2) 在绘制区域单击，效果如图9-19所示。

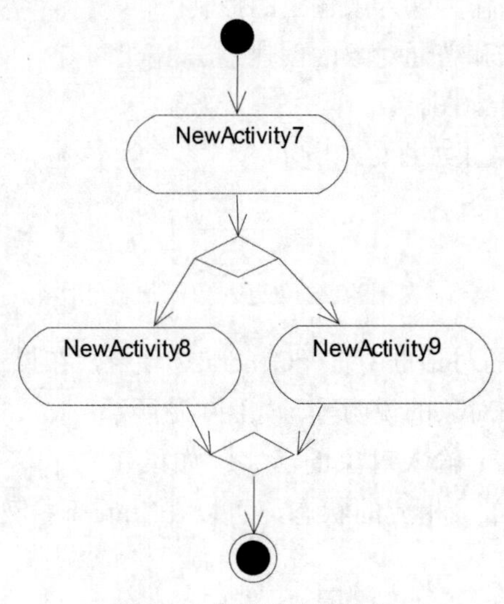

图9-19 创建分支与合并

9.3.8 创建泳道

泳道用于将活动按照职责进行分组。

创建泳道的步骤如下。

(1) 单击工具栏中的Swimlane图标。

(2) 在绘制区域单击，就可以创建新的泳道，效果如图9-20所示。

(3) 接下来可以修改泳道的名称等属性。选中需要修改的泳道并右击，在弹出的快捷菜单中选择Open Specification命令。在弹出的对话框中编辑Name文本框，即可修改泳道的属性，如图9-21所示。

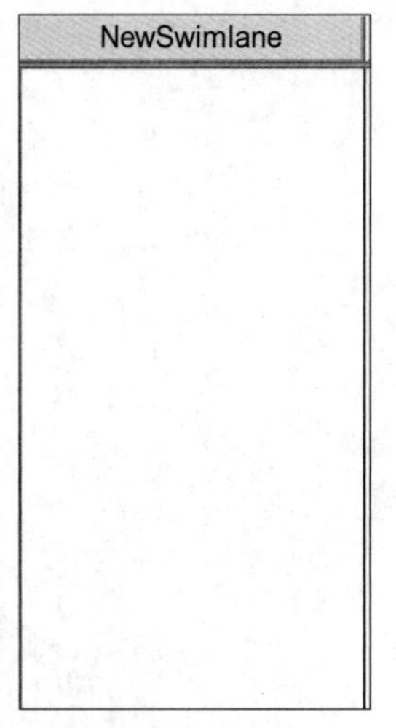

图9-20 创建泳道

图9-21 修改泳道的属性

9.3.9 创建对象流

为了创建对象流，首先要创建对象流状态。对象流状态表示活动中输入或输出的对象。对象流是将对象流状态作为输入或输出的控制流。

对象流状态的创建方法和普通对象的创建方法相同。

(1) 单击工具栏中的Object图标。

(2) 在绘制区域单击，效果如图9-22所示。

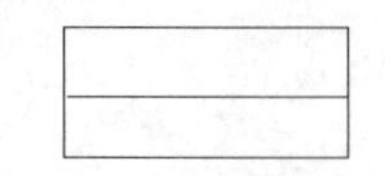

图9-22 创建对象流状态

(3) 双击对象，在弹出的对话框中打开General选项卡，在该选项卡中可以设置对象的名称、标出对象的状态、增加对象的说明等，如图9-23所示。

其中：Name文本框用于输入对象的名字；如果建立了相应的对象类，可以在Class下拉列表中选择；如果建立了相应的状态，可以在State下拉列表中选择，如果没有状态或需要添加状态，可选择New选项，在弹出的对话框中输入名字后单击OK按钮即可；Documentation文本框用于输入对象说明。

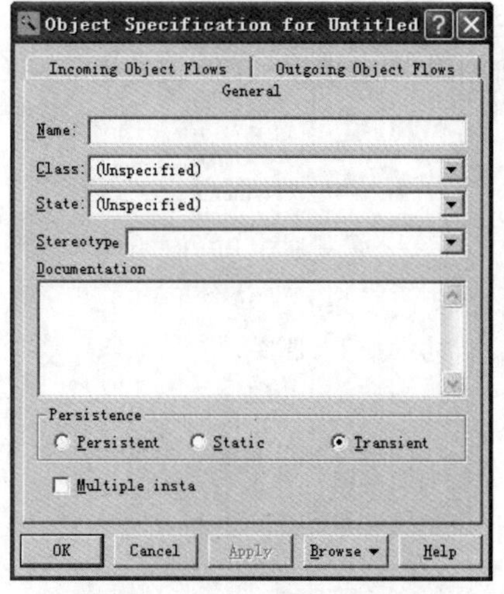

图9-23　修改对象流的属性

创建好对象流状态后，就可以开始创建对象流了。

(4) 单击工具栏中的图标。

(5) 在活动和对象流状态之间拖动鼠标创建对象流，效果如图9-24所示。

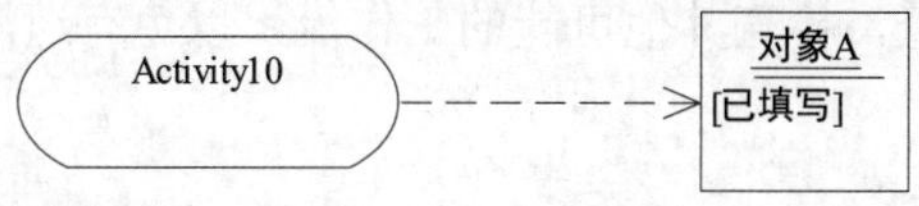

图9-24　创建对象流

根据系统的用例或具体的场景，描绘出系统中的两个或更多类对象之间的过程控制流，是使用活动图进行建模的目标。一般情况下，一个完整的系统往往包含很多的类和控制流，这就需要创建几个活动图来进行描述。建模活动图时，可以按照以下步骤来进行。

(1) 标识活动图的用例。

(2) 建模用例的主路径。

(3) 建模用例的从路径。

(4) 添加泳道来标识活动的事物分区。

(5) 改进高层活动。

9.3.10　活动图建模示例

下面以图书管理系统中的“图书管理员处理借书”为例，介绍如何创建系统的活动图。

1. 标识活动图的用例

在建模活动图之前，首先确定要建模什么，并了解所要建立模型的核心问题。这就要求确定需要建模的系统用例以及系列用例的参与者。对于“图书管理员处理借书”来说，参与者是图书管理员，图书管理员在处理借书的活动中主要包含三个用例，分别为：借书、显示借阅信息和超期处理。其中，显示借阅信息和超期处理用例是独立的，这两个用例都是可重用的，可以在其他用例图中使用。图9-25为系统用例图。

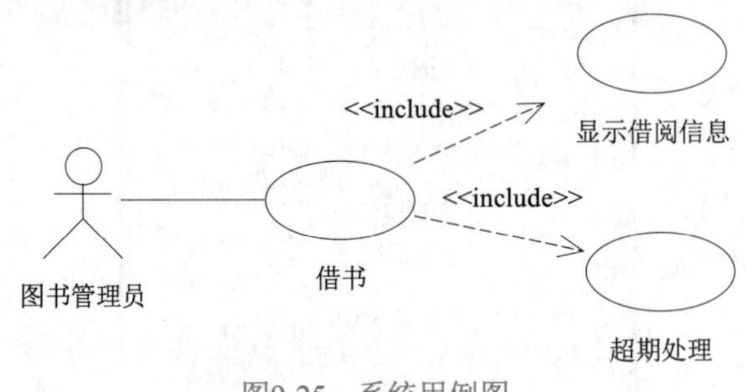

图9-25　系统用例图

2. 建模主路径

建模用例的活动图时，往往先建立一条明显的主路径以执行工作流，然后从主路径进行扩展。主路径就是从工作流的开始到结束，中间没有任何错误和判断的路径。图9-26所示为“图书管理员处理借书”用例的活动图的主路径，主要的活动为：登录、输入借书证号、检测、显示学生信息、输入书号、添加借阅信息和显示借阅信息。完成了主路径后，应该着手对主路径进行检查，检查其他可能的工作流，以免有遗漏，做到及时修改。

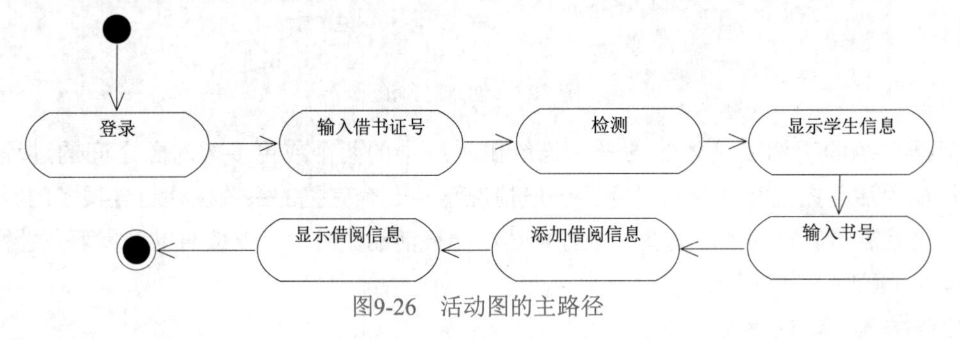

图9-26　活动图的主路径

3. 建模从路径

活动图的主路径描述了主要工作流，此时的活动图没有任何转换条件或错误处理。建模从路径的目标是进一步添加活动图的内容，包括判定、转换条件和错误处理等，在主路径的基础上完善活动图。例如，检测活动的作用包括判断借阅者是否存在超期图书、借书数量是否超过规定要求。只有两种判断同时满足条件，才开始进行下面的活动。图9-27是添加完从路径后的活动图。

4. 添加泳道

在活动图中加入泳道能清晰地表达出各个活动由哪个对象负责。在“图书管理员处理借书”用例中，由图书管理员和系统之间进行交互，所以为活动图添加两个泳道。图9-28为添加泳道后的活动图。

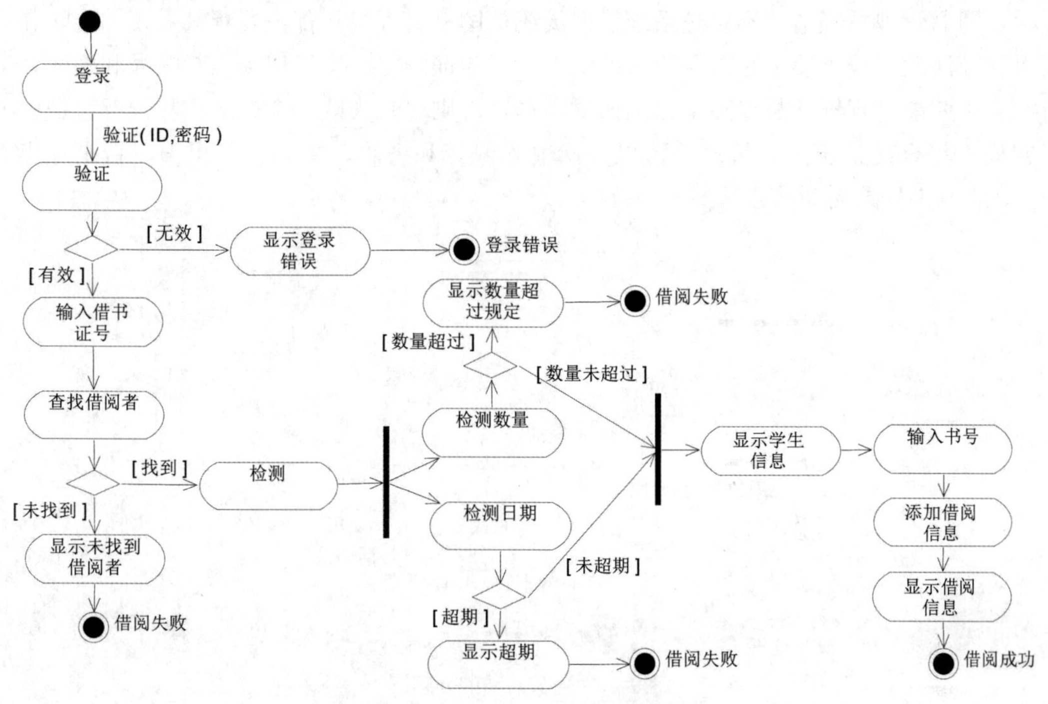

图9-27 添加完从路径后的活动图

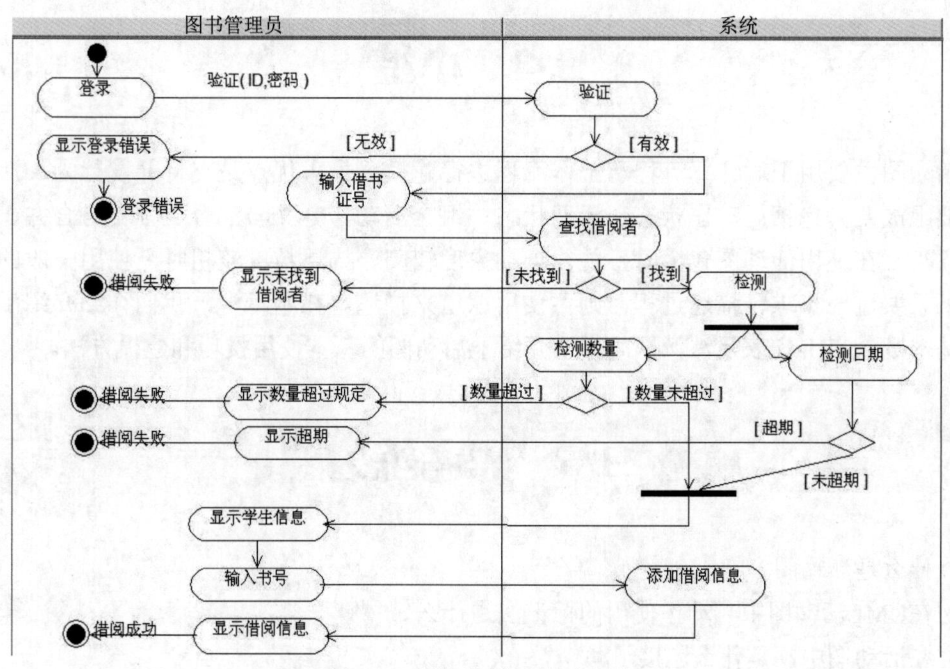

图9-28 添加泳道后的活动图

5. 改进高层活动

活动图建模的最后一步强调了反复建模的观点。在这一步中，需要退回到活动图中以添加更多的细节。对于复杂的活动，需要进一步建模带有开始状态和结束状态的完整活动图。

在图书管理系统中，不管是系统管理员还是图书管理员，都需要登录系统才能工作，所以登录活动比较重要。在前面的活动图中，“验证(ID,密码)”用于判断账号和密码，只有符合了才能进行管理员权限工作；如果不符合，则登录失败。考虑到实际情况，在账号和密码不符合的情况下，管理员可以多次输入账号和密码，直到输入正确，否则退出系统。图9-29为登录活动的分解图。

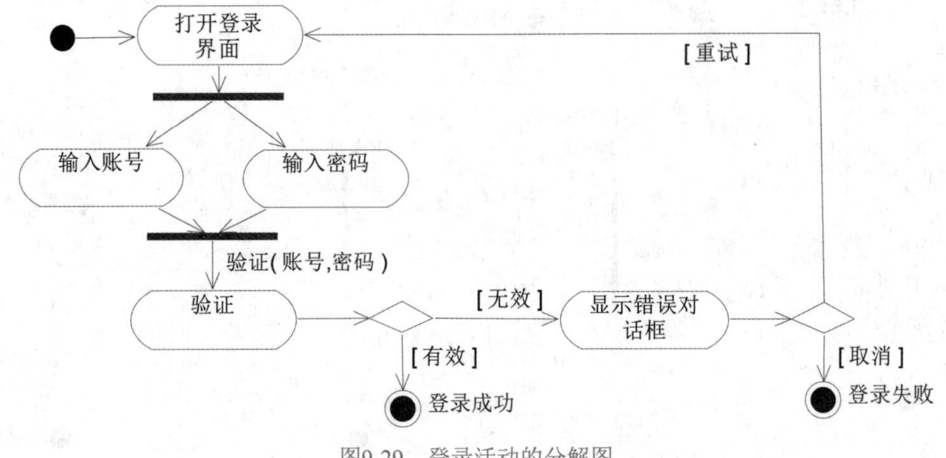

图9-29　登录活动的分解图

9.4 小结

活动图主要用于对计算流程和工作流程进行建模，最大优点是支持并发行为。活动图的主要组成要素包括：动作状态、活动状态、组合活动、分叉与汇合、分支与合并、泳道和对象流。在使用活动图建模时，往往当抽象度较高、描述粒度较粗时，使用一般的活动图。如果要进一步求精描述过程，则可使用泳道来描述。在本章中，我们详细介绍了活动图的基本概念和UML表示法，同时详细介绍了活动图的基本使用技巧和建模方法。

9.5 思考练习

1. 什么是活动图？
2. 在UML活动图中，动作使用的标记法是什么？
3. 在活动图中，是什么连接了动作？
4. 在UML活动图中，如何表示判断？
5. 在活动图中，起始节点和终止节点的标记法是什么？
6. 什么是监护条件？
7. 什么是对象流？
8. 对象流的标记法是什么？

第 10 章

系统设计模型

在描述软件系统时，分析模型虽然有效地确定了未来将要构建的内容，但是却没有包含足够的信息来定义如何构建系统，设计模型可以用来填补分析和实现之间的差距。通常，分析过程就是调查问题，分析模型是对问题内容进行描述的模型，设计阶段就是在分析模型的基础上，找出解决方案，并建立设计模型。设计阶段的主要任务是通过定义合适的架构，来描述系统各部分的结构、接口以及它们用于通信的机制。

本章的学习目标：

- 理解系统体系结构的概念
- 理解系统设计的含义和主要任务
- 掌握包图的基本概念和组成要素
- 掌握构件图的基本概念
- 掌握部署图的基本概念和建模目的
- 掌握包图、构件图、部署图的建模方法

10.1 系统体系结构概述

10.1.1 系统设计的主要任务

系统的设计模型主要用来反映系统的实现和配置方面的信息。UML使用两种视图来表示实现单元：实现视图和部署视图。实现视图将系统中可重用的块包装成具有可替代性的物理单元，这些物理单元被称为构件。实现视图用构件及构件间的接口和依赖关系来表示设计元素(例如类)的具体实现。构件是系统高层的可重用的组成部件。部署视图表示运行时的计算资源(如计算机以及它们之间的连接)的物理布置。这些运行资源被称作节点。在运行时，节点包含构件和对象。构件和对象的分配可以是静态的，也可以在节点间迁移。如果含有依赖关系的构件实例放置在不同节点上，部署视图可以展示出执行过程中的瓶颈。

在面向对象的系统分析阶段，我们建立的模型只是关于系统的粗略框架。在设计阶段，我们需要把分析阶段得到的模型转换为可实现的系统原型。设计阶段的主要任务包括：

- 系统体系结构设计。
- 数据结构设计。
- 用户界面设计。
- 算法设计。

系统体系结构用来描述系统各部分的结构、接口以及它们用于通信的机制。系统体系结构建模的过程是：首先建立描述的功能构件和构件之间的相互连接、接口和关系的基本模型，然后把这些模型映射到系统需要的硬件单元上。

数据结构是计算机存储、组织数据的方式。数据结构是指相互之间存在一种或多种特定关系的数据元素的集合。通常情况下，精心选择的数据结构可以带来更高的运行或存储效率。数据结构往往同高效的检索算法和索引技术有关。

用户界面是人机之间交流、沟通的层面。随着产品屏幕操作的不断普及，用户界面已经融入我们的日常生活。设计良好的用户界面，可以大大提高工作效率，使用户从中获得乐趣，减少由于界面问题造成的用户咨询与投诉，减轻客户服务人员的压力，减少售后服务成本。因此，用户界面设计对于任何产品和服务都极其重要。

算法是一系列解决问题的清晰指令，也就是说，能对一定规范的输入，在有限时间内获得所要求的输出。如果一个算法有缺陷，或不适合用于某个问题，执行这个算法就无法解决这个问题。不同的算法可能用不同的时间、空间或效率来完成同样的任务。算法的优劣可以用空间复杂度与时间复杂度来衡量。 算法可以理解为由基本运算及规定的运算顺序构成的、完整的解题步骤，也可以看成按照要求设计好的、有限的、确切的计算序列，并且这样的步骤和序列可以解决一类问题。同一问题可用不同算法解决，算法的质量将影响到算法乃至程序的效率。算法设计的目的在于选择合适的算法和改进算法。

本章将学习的包图、构件图和部署图属于系统体系结构设计建模。数据结构设计、用户界面设计和算法设计不属于本书讨论的范畴，感兴趣的读者可以关注相关领域的参考书。

10.1.2 系统体系结构建模的主要活动

系统体系结构建模可分为软件系统体系结构建模和硬件系统体系结构建模。所谓软件系统体系结构建模，是指对系统的用例、类、对象、接口以及它们之间的相互关系进行描述。硬件系统体系结构建模则对系统安装部署时使用的节点的配置进行描述。为了构造面向对象软件系统的系统体系结构，必须从系统的软件系统体系结构和硬件系统体系结构两个方面进行考虑。

系统体系结构设计过程中的主要活动包括以下方面。

- 系统分解：将系统分解为若干相互作用的子系统。
- 模块分解：将子系统进一步划分为模块。
- 控制建模：建立系统各部分间控制关系的一般模型。

10.1.3 架构的含义

在软件系统开发中，“架构”一词是从组建软件的架构实践中派生出来的。英国皇家建筑师协会(Royal Institute of British Architects，RIBA)描述了“建筑师的工作”：

- 建筑师被培训为向你描绘简单而宏大的画面。他们相比你的眼前需求看得更远，从而设计灵活的建筑，适应业务需求的不断变化。
- 建筑师创造性地解决问题。在他们进行早期规划的阶段，会获取更多的机会来了解你的业务，开发创造性的解决方案，并且提出减少成本的方法。

如果将“建筑”一词替换成“软件系统”，很多系统架构师和软件架构师将会很乐意承担上面描绘的工作。在上面两句话当中，有特定的关键特征，它们既适用于系统架构师的描述，也适用于建筑师的描述。

- 系统架构师代表客户执行工作。他们的部分角色是理解客户的业务，以及业务如何才能更好地被软件系统支持。然而，客户会提出与新的软件系统相冲突的要求，系统架构师的部分角色是去解决这些冲突。
- 系统架构师描绘宏大的画面。软件系统的架构是系统的高层次视图：可以使用主要构件及其连接方式建模；通常不会提出系统详细设计的问题，虽然我们为详细设计设定了标准。
- 如果灵活性对于系统来说很重要，那么系统架构师会生成满足这一质量标准的架构。在当前业务环境快速改变的大环境下，灵活性通常被引述为采用特定类型的系统架构的原因。然而，对于特殊的客户来说，可能会有其他更重要的软件系统质量标准，在这种情况下，架构会满足这些质量标准。
- 系统架构师关注的是解决问题。在软件系统开发中，问题自身会显示出对项目成功与否造成的风险。统一过程是以架构为中心的，原因在于：通过在项目生命周期的早期阶段关注架构，做出架构方面的决定，风险会被降低或消除。
- 降低成本不是系统架构师的主要目标。然而，提出不必要的、昂贵的解决方案也非我们所愿。为新系统生成明确的架构意味着系统会解决特定的需求，忽略不必要的特征。这也意味着在项目生命周期的早期阶段就应该处理风险，将在项目后期发现的问题并导致无法满足某种需求(并且需要成本昂贵的设计或重新设计)的风险降到最低。

在这些因素当中，最重要的也许是：架构是关于宏大场景的描述。分析关注的是细节：业务分析师需要以明确无误的方式了解需求，对需求归档；系统分析师必须考虑用例和其他需求，将它们转换为支持这些用例所需类(及其特性和职责、操作，以及关于这些类的实例如何交互的第一视角)的完整模型。设计关注的是将分析模型的每一方面转换为能够有效实现需求的设计模型：设计者必须考虑每一特性的类型，并且设计操作来使用必要的参数，返回正确的取值并且能有效工作。架构从另一方面关注的是系统的大型特征，以及这些特征如何作为整体共同工作：架构师将类分组为包，将系统建模为互相交互的一组构件，考虑部署这些构件的平台以满足所需的系统质量标准。

在软件系统开发中，对于架构有不同的观点。这里关注的是系统架构和软件架构。Garland和Anthony在他们关于大型软件架构的书中，借用了IEEE标准IEEE 1471-2000中对于架构的定义。其中提供如下关键词的定义。

- 系统是完成特定功能或功能集合的一组构件。
- 架构是以其中构件(及其互相关系和环境)体现的系统，是指导设计和演进的系统的基本组织。
- 架构描述是归档架构的一组产品。
- 架构视图是表示特定视角的特定系统或系统的一部分。
- 架构视点是描述如何创建和使用架构视图的模板。架构视点包含名称、利益相关者、视点关注的内容，以及建模和分析规章。

软件架构是由软件构件(包括子系统及其关系和交互)以及指导软件系统设计的原则规定的系统组织。在面向对象开发中，概念性架构关注的是静态类模型的结构，以及静态类模型中构件之间的连接。模块架构描述了将系统划分为子系统或模块的方式，以及如何通过导入和导出数据进行通信。代码架构定义了将程序代码组织为文件和目录，并且将它们分组为库的方式。执行架构关注系统的动态层面，以及作为任务的构件和操作执行之间的通信。

UML提供了包图、构件图、部署图三种模型图，用于对系统的设计进行归档。包图用于对系统的层次结构进行描述。构件图用于归档系统中不同元素之间的依赖关系。它们可以与部署图结合，显示软件构件和系统的物理架构是如何关联的。

10.2 包图

10.2.1 包图的基本概念

为了清晰、简洁地描述复杂的软件系统，通常把它分解成若干较小的系统(子系统)。每个较小的系统还可以分解成更小的系统。这样就形成了描述软件系统的结构层次。在UML中，使用“包”代表子系统，使用包图描述软件的分层结构。

包图描绘两个或更多的包以及这些包之间的依赖关系。包是UML中的一种结构，用来将各种建模元素(如用例或类)组织起来。包的符号类似文件夹的样子，可以用于任何UML图。任何UML图中如果只包含包(以及包之间的依赖)，就可以看作包图。UML包图实际上是UML 2.0中一个新的概念，在UML 1.0中一直是非正式的部分，过去被称为包图的实际上通常是仅仅包含包的UML类图或UML用例图。创建包图的目的在于：

- 给出需求的高层概览视图。
- 给出设计的高层概览视图。
- 将复杂图形从逻辑上进行模块化组织。
- 组织源代码。
- 对框架建模。

包图是一种描述系统总体结构模型的重要建模工具。通过对包图中各个包以及包之间关系的描述，展现出系统模块与普通模块之间的依赖关系。图10-1给出了由通用接口界面层、系统业务对象层和系统数据库层组成的三层结构的通用软件系统体系结构，每层都有自己内部的体系结构。

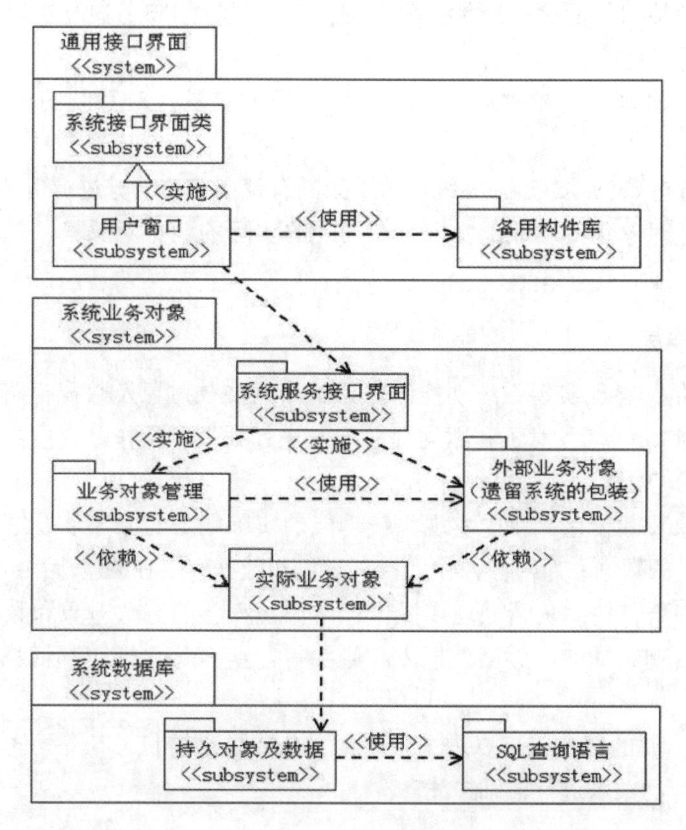

图10-1　包图示例

1. 通用接口界面层

该层的功能是：设置连接软件系统的运行环境(如计算机设备及使用的操作系统、采用的编程语言等)的接口界面，以及设置用户窗口使用的接口界面以及支持系统。该层由系统接口界面类包、用户窗口包和备用构件库包组成。

- 系统接口界面类包：设置连接软件系统的运行环境的接口界面类，以使开发的软件系统与运行环境进行无缝连接。
- 用户窗口包：设置用户窗口使用的接口界面，用户可以通过用户窗口的引导，选择合适的功能，对系统进行正确的操作。

- 备用构件库包：备用构件指那些通过商业购买或在开发其他软件系统时创建成功的构件，据此组成备用构件库包。

用户窗口是系统接口界面类的派生类，它继承了系统接口界面的特性，但是也有自己特有的操作和功能。同时，用户窗口还可以依赖和借助备用构件库中的构件搭建自己的系统。

2. 系统业务对象层

该层的功能是：设置用户窗口与实现具体功能服务的各种接口界面的连接。该层由系统服务接口界面包、业务对象管理包、外部业务对象包和实际业务对象包组成。

- 系统服务接口界面包：起承上启下的作用，设置用户窗口与实现具体功能的各种接口界面的连接。
- 业务对象管理包：根据用户窗口接口界面的要求，对系统的业务对象进行有效管理。
- 外部业务对象包：对过去系统遗留下来的有使用价值部分进行包装。
- 实际业务对象包：形成能实现系统功能的实际的业务对象集，包括系统新创建的业务和外部业务对象。

3. 系统数据库层

该层的功能是：将能实现系统功能的对象集作为持久对象及数据存储在磁盘上，以便于系统在需要时将这些持久对象和数据提取出来进行处理和操作。该层由持久对象及数据包和SQL查询语言包组成。

- 持久对象及数据包：将能实现系统功能的实际业务对象集以及这些对象在交互过程中产生的数据和新对象，作为持久对象和数据存储在磁盘上。
- SQL查询语言包：负责处理和操作存储在磁盘上的持久对象和数据，包括对象的索引、查询、提取、存储、插入和删除等，所有这些操作都依赖于SQL查询语言进行。

事实上，每一层的每个包可以进一步展开，分成更小的包，在不可再分的包中可以使用类以及它们之间的关系进行详细描述。

10.2.2 包的表示方法

在UML中，包是将多个元素组织为语义相关组的通用机制，使用“文件夹”符号表示包，如图10-2所示。

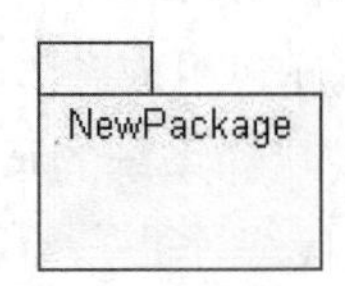

图10-2　包的UML表示方法

包的标准图形为两个叠加的矩形，一个大矩形叠加一个小矩形，包的名称位于大矩形的中间。与其他UML模型元素的名称一样，每个包必须有一个能与其他包区别的名称，包的名称是一个字符串。

在包中可以创建各种模型元素，例如类、接口、构件、节点、协作、用例、图以及其他包。一个模型元素不能被一个以上的包拥有。如果包被撤销，其中的元素也要被撤销。一个包形成了一个命名空间。

10.2.3 可见性

包对自身包含的内部元素的可见性也有定义，使用关键字private、protected或public来表示。private定义的私有元素对包外部元素完全不可见，protected定义的被保护元素只对那些与包含这些元素的包有泛化关系的包可见；public定义的公共元素对所有引入的包以及它们的后代都可见。包中元素的可见性表示方法如图10-3所示。

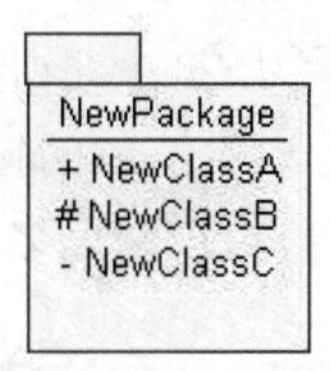

图10-3 包中元素的可见性表示方法

在图10-3中，包NewPackage中包含了NewClassA、NewClassB和NewClassC三个类，分别具有public、protected和private可见性。

通常情况下，一个包不能访问另一个包中的内容。包并不是透明的，除非它们被访问或者引入依赖关系才能打开。访问依赖关系被直接应用到包和其他包中。在包层，访问依赖关系表示提供者包的内容可以被客户包中的元素或者嵌入客户包中的子包引用。提供者包中的元素在提供者包中要有足够的可见性，从而使得客户包中的元素能够看到。一般来说，一个包只能看到其他包中被指定为具有公共可见性的元素。具有受保护可见性的元素只对包含该元素的包的后代包具有可见性。可见性也可以用于类的内容(类的属性和操作)。一个类的后代可以看到祖先中具有公共可见性或受保护可见性的成员，但是其他的类则只能看到具有公共可见性的成员。对于引用元素而言，访问许可和正确的可见性都是必需的。所以，如果一个包中的元素看到另一个不相关的包中的元素，那么第一个包必须访问或引入另外一个包，并且目标元素在第二个包中必须具有公共可见性。

10.2.4 包之间的关系

包之间的关系有两种，分别为依赖关系和泛化关系。两个包之间的依赖关系，是指这两个包中包含的模型元素之间存在着一个或多个依赖。对于由对象类组成的包，如果两个包的任何对象类之间存在着一种依赖，这两个包之间就存在着依赖。在UML中，包的依赖关系和类对象之间的依赖关系都使用带箭头的虚线表示，箭头指向被依赖包，如图10-4所示。

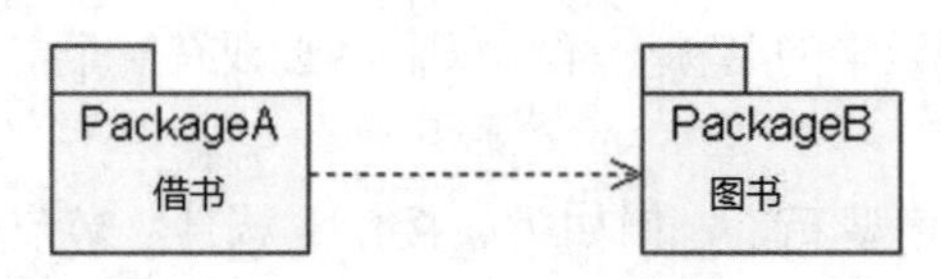

图10-4　包之间的依赖关系

在图10-4中，“借书”包和“图书”包之间存在依赖关系。显然，没有图书就没有借书，因此，“借书”包中包含的任何元素都依赖于“图书”包中包含的元素。

依赖关系虽然存在于独立元素之间，但是在任何系统中，都应该从更高的层次进行分析。包之间的依赖关系概述了包中元素的依赖关系，即包之间的依赖关系可以从独立元素之间的依赖关系中导出。独立元素之间属于同一类别的多个依赖关系被聚集到包之间独立的包层次依赖关系中，并且独立元素也包含在这些包中。如果独立元素之间的依赖关系包含构造型，为了产生单一的高层依赖关系，包层依赖关系中的构造型可能被忽略。

包之间的泛化关系与类对象之间的泛化关系类似，类对象之间泛化的概念和表示方法在包图中都可以使用。泛化关系表示事物之间一般和具体的联系。如果两个包之间存在泛化关系，那么其中的特殊性包必须遵循一般性包的接口。实际上，对于一般性包可以加上性质说明，表明仅定义了一个接口，该接口可以由多个特殊性包实现。

10.2.5　使用Rational Rose创建包图

1. 创建包

如果需要创建新的包，可以通过工具栏、菜单栏或Rational Rose浏览器三种方式进行创建。

通过工具栏或菜单栏创建包的步骤如下。

(1) 在类图的图形编辑工具栏中，单击用于创建包的按钮，或者在菜单栏中选择Tools→Create→Package菜单命令，此时的光标变为+符号。

(2) 单击类图的任意空白处，系统会在该位置创建一个包，系统产生的默认名称为NewPackage，如图10-5所示。

(3) 将NewPackage重命名为新的包名即可。

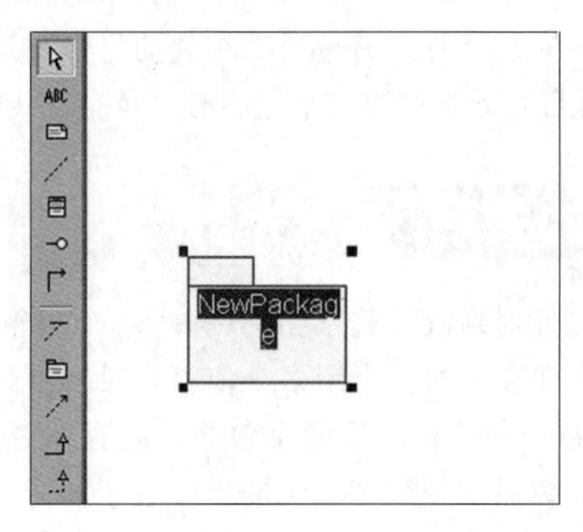

图10-5　创建包

通过Rational Rose浏览器创建包的步骤如下。

(1) 在Rational Rose浏览器中，选择需要添加包的目录并右击。

(2) 在弹出的快捷菜单中选择New→Package命令。

(3) 输入包的名称。如果需要将包添加到类图中，将包拖入类图中即可。

如果需要对包设置不同的构造型，可以首先选中已经创建好的包，右击并选择Open Specification命令，在弹出的规范设置对话框中选择General选项卡，在Stereotype下拉列表中输入或选择构造型，如图10-6所示。在Detail选项卡中，可以设置包中包含的元素内容。

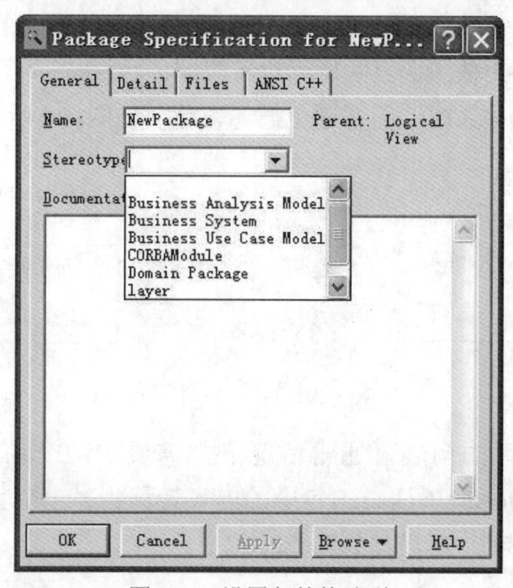

图10-6 设置包的构造型

如果需要在模型中删除某个包，可以通过下述步骤进行。

(1) 在Rational Rose浏览器中，选择需要删除的包并右击。

(2) 在弹出的快捷菜单中选择Delete命令。

上述方式会将包从模型中永久删除，包及其包含的元素都将被删除。如果只需要将包从模型图中移除，只需要选择相应的包，按Delete键，此时仅从模型图中移除包，在浏览器和系统模型中包依然存在。

2. 在包中添加信息

在包图中，可以在包所在的目录下添加模型元素。例如，在PackageA包所在的目录下创建两个类，分别是ClassA和ClassB。如果需要把这两个类添加到包PackageA中，需要通过以下步骤来进行。

(1) 选中PackageA包的图标并右击，在弹出的快捷菜单中选择Select Compartment Items命令。

(2) 在弹出的对话框的左侧，显示了PackageA包所在目录下的所有类，选中类，通过中间的按钮将ClassA和ClassB添加到右侧的框中。

(3) 添加完毕后，单击OK按钮即可，效果如图10-7所示。

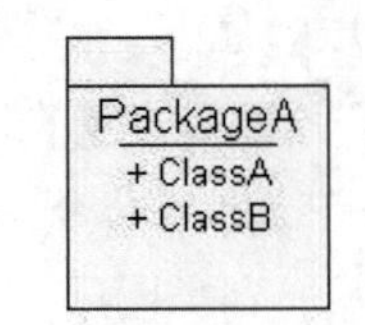

图10-7　添加类到包中

3. 创建包之间的依赖关系

包和包之间与类和类之间一样，也可以有依赖关系，并且包的依赖关系也和类的依赖关系的表示形式一样，使用依赖关系的图标进行表示。

在创建包之间的依赖关系时，需要避免循环依赖，如图10-8所示。

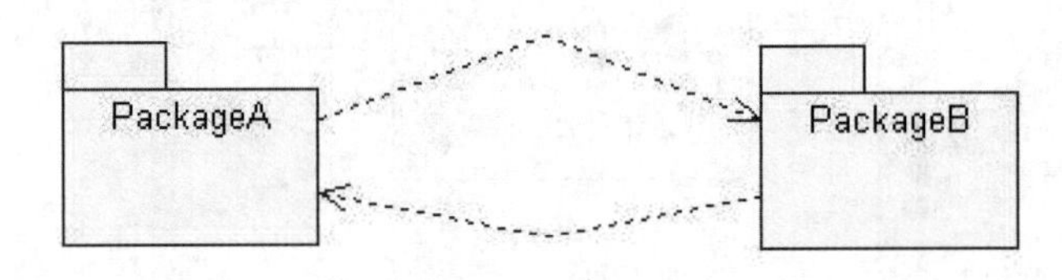

图10-8　包之间的循环依赖关系

为解决循环依赖关系的问题，通常情况下，需要对某个包中的内容进行分解。在图10-8中，可以将PackageA或PackageB包中的内容转移到另一个包中。如图10-9所示，将PackageA中依赖PackageB的内容转移到PackageC中。

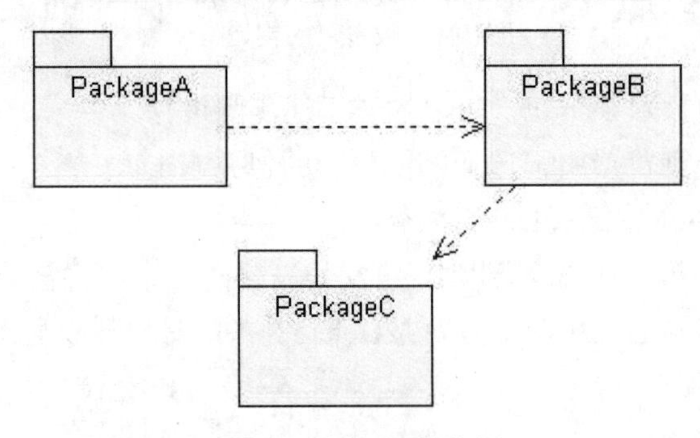

图10-9　循环依赖分解

10.3　构件图的基本概念

构件图(component diagram)描述构件及构件间的关系，显示代码的结构。构件是逻辑架构中定义的概念和功能(类、对象、关系、协作)在物理架构中的实现。构件图用于显示组成系统的逻辑或物理构件。

构件是为其他构件或系统提供服务的包或模块。可重用的构件是指那些被设计用来在多个场合中使用的构件。构件是组合结构的一种特殊情况。实际上，在一些情况下，单个类可以是可重用的构件。然而，这一术语现在一般被用于相对复杂的结构，即互相独立操作的结构。构件通常在不同的组织中，在不同的时间单独开发，然后被“合并在一起”以达到预期的整体功能。典型情况下，构件是开发环境中的实现文件，如图10-10所示。

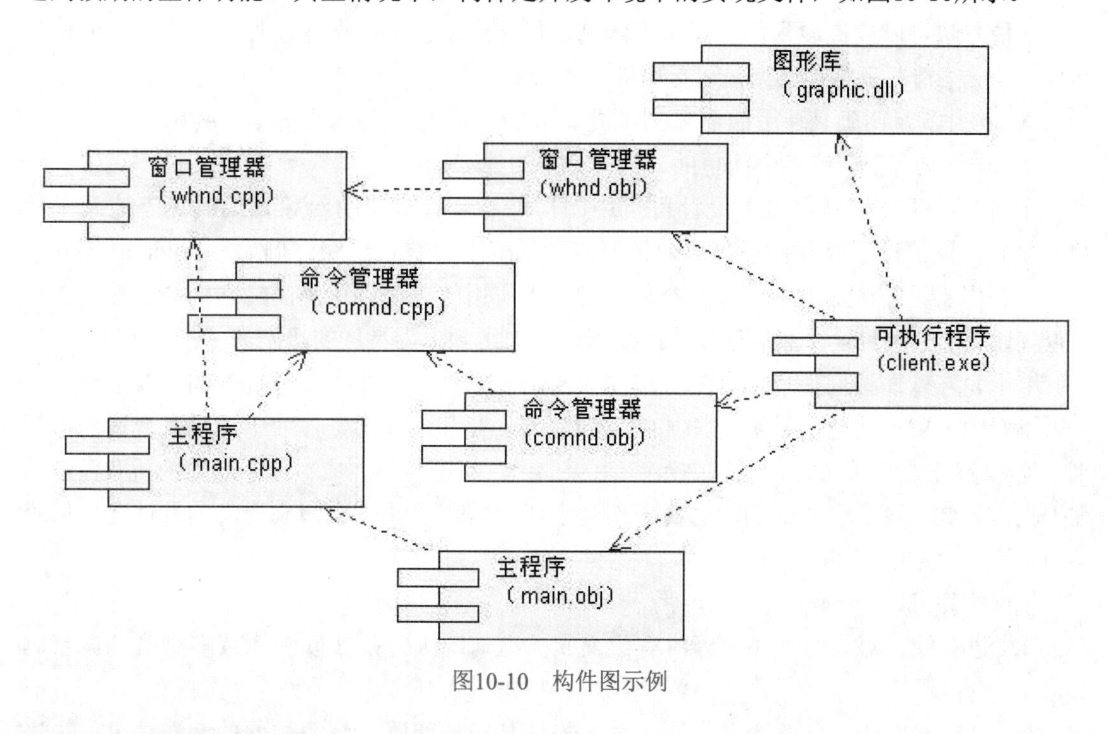

图10-10 构件图示例

10.3.1 构件

在构件图中，通常将系统中可重用的模块封装成具有可替代性的物理单元，我们称之为构件。构件是独立的，是系统或子系统中的封装单位，提供一个或多个接口，是系统高层的可重用部件。构件作为系统中的物理实现单元，包括软件代码(比如源代码、二进制代码和可执行文件等)或相应组成部分，例如脚本或命令行文件等，还包括带有身份标识及物理实体的文件，如运行时的对象、文档、数据库等。

采用标准化构件的原因显而易见。实际上，难以想象哪个行业没有广泛使用它们。例如，房屋通常是由砖块、屋顶木材、瓷砖、门、窗框、电器元件、排水管道、地板等建造的，这些都是从建筑材料中挑选出来的。建筑师可能使用这些构件去设计(或者由建筑工人去建造)整体形象、平面图和房间数量与众不同的房屋。区别在于标准构件集成的方式。

对于被当作构件的所有事物(例如窗户)来说，必须按照一定的方式进行规范，以允许建筑师、建筑工人把它们作为简单的事情来完成。另外，专业设计师处理窗户设计的问题(采用什么材料和结构，从而制作更好的窗户)，专业制造师将之组建为设计者的规范。标准窗户的构造细节可能会因为设计的改善、可使用的材料或新的建筑方法而改变。然而只要诸如高度、宽度和整体外观之类的关键特征没有改变(窗户的接口)，在将来需要的时候，新的窗户就能够替换相同类型的旧窗户。

同样，构件对请求其服务的其他构件来说，会隐藏实现细节。因此，不同的子系统在操作上会有效分离。这大大降低了互相交互造成的问题，即便它们是在不同的时间，使用不同的语言开发的，或在不同的硬件平台上执行，也允许一个构件被另一构件替换，只要二者具有相同的接口即可。按照这种方式规定的子系统被认为是互相解耦合的。

这种方法可以被扩展到任意复杂度级别。假定满足如下指标，软件系统或模型的任何部分，在一些情况下将被认为是可重用的。

- 构件满足明确且通用的需求(换言之，发布了连贯一致的服务或服务集)。
- 构件具有一个或多个简单的、定义完好的外部接口。

面向对象开发特别适用于设计可重用的构件。精心挑选的对象已经满足上述两个指标。面向对象的模型以及代码，也会按照有利于重用的方式组织。例如，Coleman等人指出：一般化层级结构是组织构件分类的一种特别实用的方法，这是因为它们鼓励搜索者首先查找通用的分类目录，然后逐步修改搜索，使之达到更为具体的级别。

继承允许软件架构师从现有的类中派生新的类。因此，新的软件构件的某些部分通常可以不费力气就能构建，只需要添加特定的细节。在其他大部分行业中，没有合适的可类比之处(虽然在设计活动之间会有更为密切的比较)。新窗口的生成类似于之前的所有窗户。维护也是如此，可能会更加简单。在一般化层级结构中，在超类级别定义的特性在任何子类的实例中也是可以使用的。

软件构件可以是下面的任何一种。

- 源构件：源构件只在编译时有意义。典型情况下，是实现一个或多个类的源代码文件。
- 二进制构件：典型情况下，二进制构件是对象代码，是源构件的编译结果。二进制构件应该是对象代码文件、静态库文件或动态库文件，只在链接时有意义。如果二进制构件是动态库文件，则在运行时有意义(动态库只在运行时由可执行构件装入)。
- 可执行构件：可执行构件是可执行的程序文件，是链接(静态链接或动态链接)所有二进制构件后得到的结果。可执行构件代表处理器(计算机)上运行的可执行单元。

构件作为系统定义良好接口的物理实现单元，能够不直接依赖于其他构件而仅仅依赖于构件本身支持的接口。通过使用软件或硬件支持的操作集(即接口)，构件可以避免在系统中与其他构件之间直接发生依赖关系。在这种情况下，系统中的一个构件可以被支持正确接口的其他构件替代。

构件的实例用于表示运行时存在的实现物理单元和实例节点中的定位。构件有两个特征，分别是代码特征和身份特征。构件的代码特征是指构件包含和封装了实现系统功能的类或其他元素的实现代码，以及某些构成系统状态的实例对象。构件的身份特征是指构件拥有身份和状态，用于定位构件上的物理对象。如果构件的实例包含身份和状态，我们就称其为有身份的构件。有身份的构件是物理实体的物理包容器。在UML中，标准构件使用左边有两个小矩形的长方形表示，构件的名称位于矩形的内部，如图10-11所示。

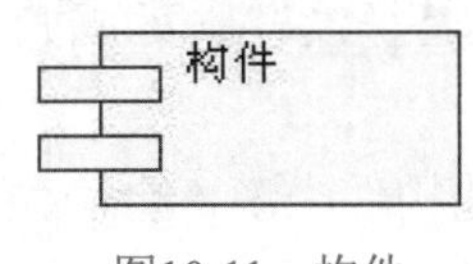

图10-11　构件

构件也有不同的类型。在Rational Rose中，还可以使用不同的图标表示不同类型的构件。有些构件的图标表示形式和标准构件的图形表示形式相同，它们包括ActiveX、Applet、Application、DLL、EXE以及自定义构造型的构件，它们的表示形式是在构件上添加相关的构造型。图10-12所示是一个构造型为ActiveX的构件。在Rational Rose中，数据库也被认为是一种构件，它的图形表示形式如图10-13所示。

图10-12　ActiveX构件　　图10-13　数据库构件

虚包被用来提供包中某些内容的公共视图。虚包不包含任何自己的模型元素，它的图形表示形式如图10-14所示。

系统是指组织起来以完成一定目的的连接单元的集合。在系统中，肯定有一个文件用来指定系统的入口，它就是系统程序的根文件，这个文件被称为主程序，它的图形表示形式如图10-15所示。

图10-14　虚包　　图10-15　主程序

子程序规范和子程序体用来显示子程序的规范和实现体，它们的图形表示形式如图10-16所示。

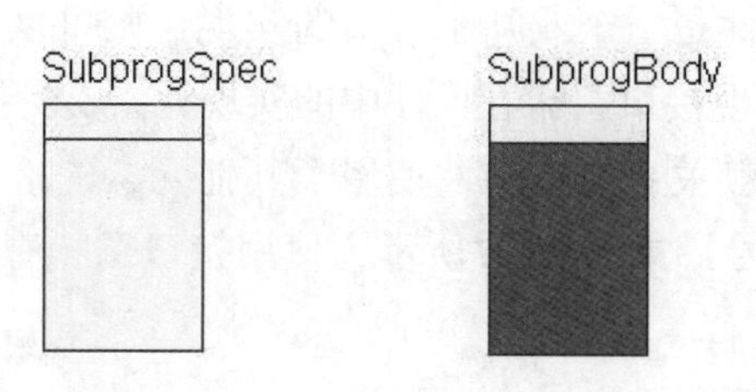

图10-16　子程序规范和子程序体

在具体的实现中，有时候将源文件中的声明文件和实现文件分离开来。例如，在C++语言中，我们往往将.h文件和.cpp文件分离开来。在Rational Rose中，包规范和包体中分别放置了这两种文件，在包规范中放置.h文件，在包体中放置.cpp文件，它们的图形表示形式如图10-17所示。

任务规范和任务体用来表示那些拥有独立控制线程的构件的规范和实现体，它们的图形表示形式如图10-18所示。

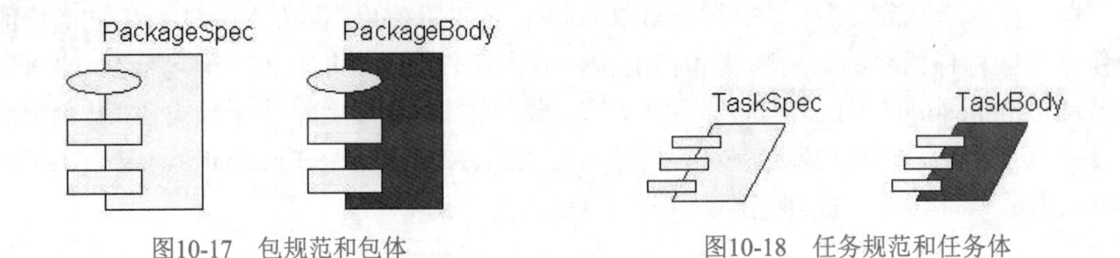

图10-17 包规范和包体　　　　图10-18 任务规范和任务体

在系统实现过程中，构件之所以非常重要，是因为构件在功能和概念上比一个类或一行代码强。典型地，构件拥有类的一个协作的结构和行为。构件支持一系列的实现元素，如实现类，即构件提供元素所需的源代码。构件的操作和接口都是由实现元素实现的。当然，一个实现元素可能被多个构件支持。每个构件通常都有明确的功能，它们通常在逻辑上和物理上有黏性，能够表示更大系统的结构或行为。

10.3.2 构件图

构件图用来表示系统中的构件之间，以及定义的类或接口与构件之间的关系。在构件图中，构件之间的关系表现为依赖关系，定义的类或接口与构件之间的关系表现为依赖关系或实现关系。

在UML中，构件之间依赖关系的表示方式和类与类之间依赖关系的表示方式相同，都使用从用户构件指向依赖的服务构件的带箭头的虚线表示，如图10-19所示。

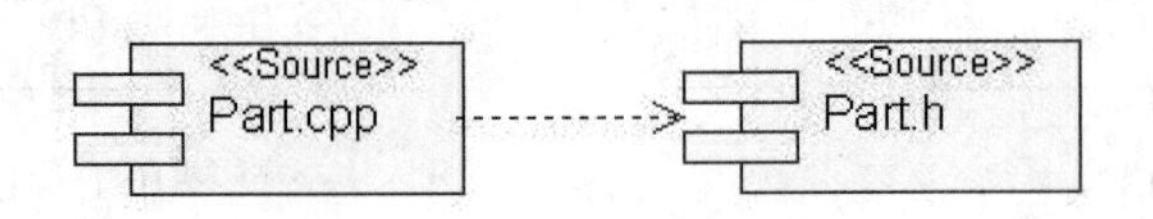

图10-19 构件之间的依赖关系

在构件图中，如果构件是一个或几个接口的实现，则可以使用一条实线将接口连接到构件，如图10-20所示。实现接口意味着构件中的实现元素支持接口中的所有操作。

构件和接口之间的依赖关系是指构件使用了其他元素的接口，依赖关系用带箭头的虚线表示，箭头指向接口符号，如图10-21所示。使用接口意味着构件中的实现元素只需要服务者提供接口列出的操作。

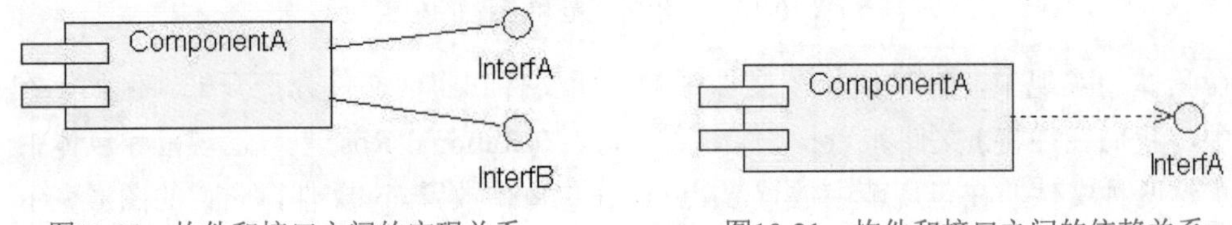

图10-20 构件和接口之间的实现关系　　　　图10-21 构件和接口之间的依赖关系

构件图通过显示系统的构件和接口之间的关系，形成更大的设计单元。在以构件为基础的开发(component based development，CBD)中，构件图为架构设计师提供了系统解决方案模型的自然形式，并且能够在系统完成后允许架构设计师验证系统的必需功能是否由构件实现，这确保了最终系统会被接受。

除此之外，对于不同开发小组的人员来讲，构件图能够呈现整个系统的早期设计，使各个开发小组由于实现不同的构件而连接起来，构件图成为方便不同开发小组的有用交流工具。通过构件图呈现的将要建立的系统的高层次架构视图，开始建立系统的各个里程碑，并决定任务分配以及需求分析。系统管理员也通过构件图获得将运行于它们系统中的逻辑构件的早期视图，进而较早地提供关于构件及其关系的信息。

10.3.3 基于构件的开发

基于构件的开发(CBD)中的很多活动，对于其他软件系统的开发来说基本相同。组成单个构件的类必须确认、规范、设计和编写代码。这些活动的执行正如本书其他部分描述的那样。CBD不同于简单的面向对象分析和设计，CBD涉及构件架构和构件交互的规范。和我们到目前为止描述的单个类或小型组合结构的种类相比，CBD在更高的抽象层面上与界面相关。

构件自身可以在不同的抽象层面被规范。Cheesman和Daniels讨论了单个类可以采取的不同形式。首先，如果在集成的时候互相工作，构件必须遵循某种类型的通用标准。例如，即使很多电子设备遵循定义工作电压和插口大小形状的标准，不同国家的电压和插口设计也不一样。因此，机场需要出售旅行充电器。软件构件的标准被有效实现，以匹配被设计用来工作的给定构件所处的环境。

构件功能也是很重要的。大部分电子吉他放大器的扬声器和耳机的输出插座都被设计为接收同样的插头连接器。但是，如果将一对扬声器插入耳机的输出插座，那么可能会烧毁耳机。另外，如果是晶体管放大器，那么可能会烧坏，插入扬声器只是允许听到吉他声。构件的行为是根据构件规范描述的，大部分内容是由构件与其他构件的接口定义的。

每一个规范会有多种实现。规范的不同实现之间应该可以互相替换，就像吉他手能够拔掉一个吉他而插入另一个吉他一样。这就是使用构件的全部意义。

可以想象构件实现好像只能被安装一次，但大多数情况下，构件实现可以多次被安装。考虑将Web浏览器(例如Firefox 3.0)作为示例。我们可以假定浏览器有单个规范，但是对主要的操作系统(Windows、macOS和Linux)有不同的实现。每一种实现都会在全世界的上百万台计算机上安装。对于每一台计算机来说，会安装实现的一个副本，为了正确运行，需要注册操作系统。最后，每次打开软件时，就会启动新的构件“对象”。这将我们最终带入实际工作的构件实现的级别(数据被存储，进程被执行)。

CBD与传统系统开发的另一个不同之处在于，CBD不仅创建了新的构件，也重用了现有的构件。在项目早期，可能会有内部已经开发的构件，或通过外部从第三方购买的构件。不管何种情况，都需要以标准化的方式描述构件的分类，以便开发者能够找到有用的构件或者确定尚未存在的构件(和前者同等重要)。因此，CBD生命周期通常会有一个模式，用于在构件的开发和使用之间区分，并且用于认识到在从规范到最终使用的过程中，全过程管理构件的需要。

10.4 部署图的基本概念

开发得到的软件系统，必须部署在某些硬件上予以执行。在UML中，硬件系统体系结构模型由部署图建模。部署图(deployment diagram)描述了系统运行时的硬件节点，在这些节点上运行的软件构件将在何处物理地运行，以及它们彼此将如何通信。

部署图描述处理器、设备和软件构件在运行时的架构。它是系统拓扑的最终物理描述，描述了硬件单元以及运行在硬件单元上的软件的结构。在这样的架构中，在拓扑图中寻找指定节点是可能的，从而了解哪个构件正在该节点上运行，哪些逻辑元素(类、对象、协作等)在该构件中实现，并且最终可以跟踪到这些元素在系统的初始需求说明(在用例建模中完成)中的位置。

10.4.1 节点

节点是拥有某些计算资源的物理对象(设备)。这些资源包括带处理器的计算机以及一些设备(如打印机、读卡机、通信设备等)。在查找或确定实现系统所需的硬件资源时标识这些节点，主要描述节点两方面的内容：能力(如基本内存计算能力二级存储器)和位置(在所有必需的地理位置均可得到)。

节点的确定可以通过查看对实现系统有用的硬件资源来完成，需要从能力(如计算能力、内存大小等)和物理位置(要求在所有需要使用的地理位置都可以访问系统)两方面来考虑。

节点用带有节点名称的立方体表示，节点的名称是一个字符串且位于节点图标内部。节点的名称有两种：简单名和路径名。实际应用中，节点的名称通常是从现实的词汇表中抽取出来的名词或名词短语。通常，UML图中的节点只显示名称，也可以用标记值或表示节点细节的附加栏加以修饰。

在Rational Rose中可以表示的节点类型有两种，分别是处理器(processor)节点和设备(device)节点。

处理器节点是指那些本身具有计算能力，能够执行各种软件的节点。例如，服务器、工作站等这些都是具有处理能力的机器。在UML中，处理器的表示形式如图10-22所示。

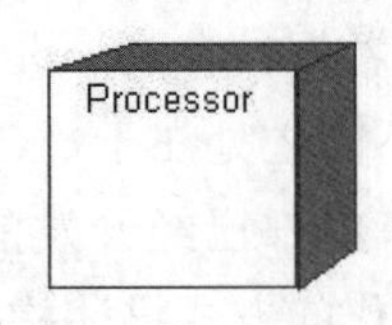

图10-22　处理器节点

在处理器的命名方面，每个处理器都有一个能与其他处理器相区别的名称。此外，处理器的命名没有任何限制，因为处理器通常表示硬件设备而不是软件实体。

由于处理器是具有处理能力的机器，因此在描述处理器方面应当包含处理器的调度(scheduling)和进程(process)。调度是指在处理器处理进程时，为实现一定的目的而对共享资源进行时间分配。有时候我们需要指定处理器的调度方式，使处理达到最优或较优的效果。在Rational Rose中，处理器的调度(scheduling)方式默认有几种，如表10-1所示。

表10-1 处理器的调度方式

名称	含义
Preemptive	抢占式，高优先级的进程可以抢占低优先级的进程，是默认选项
Nonpreemptive	无优先方式，进程没有优先级，在当前进程执行完毕后才执行下一个进程
Cyclic	循环调度，循环控制进程，每一个进程都有一定的时间，超过时间或执行完毕后交给下一个进程执行
Executive	使用某种计算算法控制进程调度
Manual	用户手动计划进程调度

进程表示为单独的控制线程，是系统中重量级的并发和执行单元。例如，构件图中的主程序和协作图中的主动对象都是进程。一个处理器中可以包含多个进程，需要使用特定的调度方式执行这些进程。一个显示了调度方式和进程内容的处理器如图10-23所示。在图10-23中，处理器的进程调度方式为Nonpreemptive，包含的进程为Process1和Process2。

设备节点是指那些本身不具备处理能力的节点，通常情况下都是通过接口为外部提供某些服务，例如打印机、扫描仪等。设备同处理器一样，也要有一个能与其他设备相区别的名称，当然有时候设备的命名可以相对抽象一些，例如调节器或终端等。在UML中，设备节点的表示形式如图10-24所示。

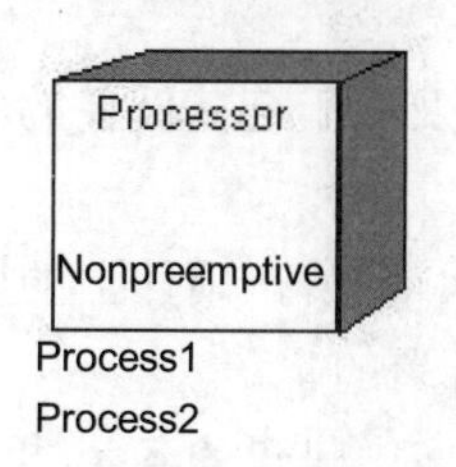

图10-23 包含进程和调度方式的处理器

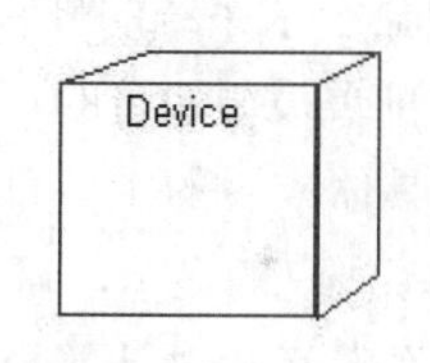

图10-24 设备节点

部署图中用关联关系表示各节点之间的通信路径。在UML中，部署图中关联关系的表示方法与类图中的关联关系相同，都是一条实线。在连接硬件时，通常需要关心节点之间是如何连接的(如以太网、并行、TCP或USB等)。关联关系一般不使用名称，而使用构造型，如<<Ethernet>>(以太网)、<<parallel>>(并联)或<<TCP>>(传输控制协议)等，如图10-25所示。

连接中支持一个或多个通信协议，它们中的每一个都可以使用关于连接的构造型来描述，常用的一些通信协议如表10-2所示。

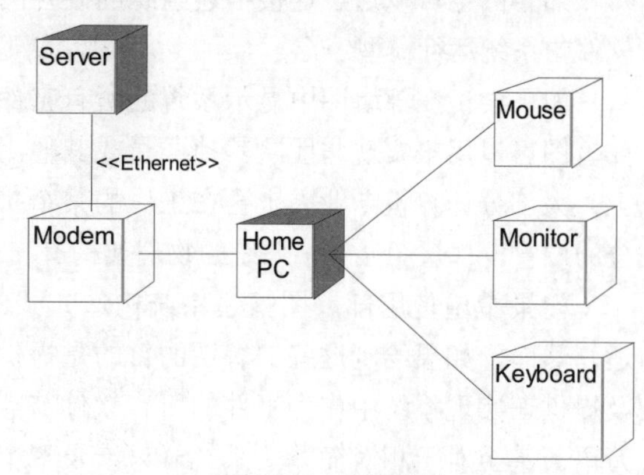

图10-25 连接示例

表10-2 常用通信协议

名称	含义
HTTP	超文本传输协议
JDBC	Java数据库连接，一套为数据库存取编写的Java API
ODBC	开放式数据库连接，一套微软的数据库存取应用编程接口
RMI	用于Java的远程调用通信协议
RPC	远程过程调用通信协议
同步	同步连接，发送方必须等到接收方的反馈信息后才能再次发送消息
异步	异步连接，发送方不需要等待接收方的反馈信息就能再次发送消息
Web服务	经由诸如SOAP和UDDI的Web服务协议的通信

10.4.2 部署图

部署图表示软件系统是如何部署到硬件环境中的，显示了系统的不同构件将在何处物理地运行，以及它们彼此将如何通信。系统的开发人员和部署人员可以很好地利用这种图去了解系统的物理运行情况。其实在一些情况下，软件系统只需要运行在一台计算机上，并且这台计算机使用的是标准设备，不需要其他的辅助设备，甚至不需要画出系统的部署图。部署图只需要对那些复杂的物理运行情况进行建模，比如分布式系统。系统的部署人员可以根据部署图了解系统的部署情况。

部署图中显示了系统的硬件、安装在硬件上的软件以及用于连接硬件的各种协议和中间件等。创建部署模型的目的可概括如下。

- 描述具体应用的主要部署结构。通过对各种硬件、安装在硬件上的软件，以及各种连接协议的显示，可以很好地描述系统是如何部署的。
- 平衡系统运行时计算资源的分布。运行时，在节点中包含的各个构件和对象是可以静态分配的，也可以在节点间迁移。如果含有依赖关系的构件实例放置在不同节点上，通过部署图就可以展示出执行过程中的瓶颈。

部署图也可以通过连接描述组织的硬件网络结构或嵌入式系统等具有多种相关硬件和软件的系统运行模型。

如果尝试在部署图中显示系统的所有工件，部署图很可能变得非常庞大而难以阅读。部署图可以用来实现与团队其他成员或其他用户进行关于关键组件位置的信息通信。实际上，大部分计算机专业人士会在工作的某个时候绘制此类非正式的图，以显示系统不同部分的位置。部署图显示了系统的物理架构。

如果希望使用部署图阐述系统构造方式的一般准则，那么作为图形化技术来说很合适。然而，如果绘制这些部署图的目的是提供节点在运行时之间依赖关系的完整规范，以及提供在实现系统中作为工件的所有软件节点的位置，那么没有任何一幅图可以表达千言万语。甚至对于相对简单的系统，只涉及多个节点，跟踪这些依赖关系，并且对哪个部件应该运行在哪个机器上进行归档，也非易事。对于大型系统来说，会有另一种不可能性。对于大部分系统，这些信息可能使用表格形式、电子表格、数据库或配置管理工件的形式进行维护，这是最佳方式。

10.5　构件图与部署图建模及案例分析

接下来我们介绍如何使用Rational Rose创建构件图和部署图，并以图书管理系统为例，说明如何绘制构件图和部署图。

10.5.1　创建构件图

在构件图的工具栏中，可以使用的工具如表10-3所示，其中包含了Rational Rose默认显示的所有UML模型元素。

表10-3　构件图的图形编辑工具栏按钮

图标	按钮名称	用途
	Selection Tool	选择工具
	Text Box	创建文本框
	Note	创建注释
	Anchor Note to Item	将注释连接到序列图中的相关模型元素
	Component	创建构件
	Package	包
	Dependency	依赖关系
	Subprogram Specification	子程序规范
	Subprogram Body	子程序体
	Main Program	主程序
	Package Specification	包规范
	Package Body	包体
	Task Specification	任务规范
	Task Body	任务体

同样，构件图的图形编辑工具栏也可以进行定制，方式和在类图中定制其他UML图形的图形编辑工具栏一样。将构件图的图形编辑工具栏完全添加后，会增加虚子程序(generic subprogram)、虚包(generic package)和数据库(database)等图标。

1. 创建和删除构件图

要创建新的构件图，可以通过以下两种方式进行。

方式一：

(1) 右击浏览器中的Component View(构件视图)或者构件视图下的包。

(2) 在弹出的快捷菜单中选择New→Component Diagram命令。

(3) 输入新的构件图名称。

(4) 双击打开浏览器中的构件图。

方式二：

(1) 在菜单栏中选择Browse→Component Diagram命令，或者在标准工具栏中单击图标，弹出如图10-26所示的对话框。

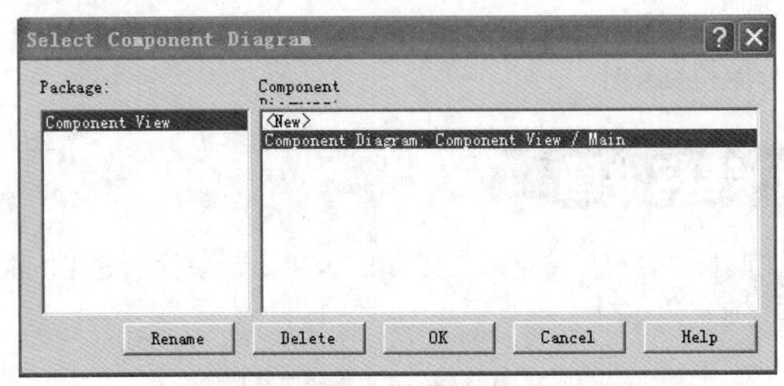

图10-26　添加构件图

(2) 在左侧关于包的列表框中，选择要创建构件图的包位置。

(3) 在右侧的Component Diagram列表框中，选择<New>选项。

(4) 单击OK按钮，在弹出的对话框中输入新的构件图名称。

在Rational Rose中，可以在每一个包中设置默认的构件图。在创建新的空白解决方案时，在Component View(构件视图)下会自动出现一个名为Main的构件图，此为Component View(构件视图)下的默认构件图。当然，默认构件图的名称也可以不是Main，我们可以使用其他构件图作为默认构件图。在浏览器中，右击要作为默认构件图的构件图，在快捷菜单中选择Set as Default Diagram命令，即可把该构件图作为默认构件图使用。

如果需要在模型中删除构件图，可以通过以下两种方式。

方式一：

(1) 在浏览器中选中需要删除的构件图并右击。

(2) 在弹出的快捷菜单中选择Delete命令。

方式二：

(1) 在菜单栏中选择Browse→Component Diagram命令，或者在标准工具栏中单击包体图标，弹出如图10-26所示的对话框。

(2) 在左侧关于包的列表框中，选择要删除构件图的包位置。

(3) 在右侧的Component Diagram列表框中，选中要删除的构件图。

(4) 单击Delete按钮，在弹出的对话框中确认。

2. 创建和删除构件

如果需要在构件图中增加构件，可以通过工具栏、浏览器或菜单栏三种方式进行添加。

通过构件图的图形编辑工具栏添加构件的步骤如下。

(1) 在构件图的图形编辑工具栏中单击图标，此时光标变为＋符号。

(2) 在构件图的图形编辑区任意选择一个位置，然后单击，系统便在该位置创建一个新的构件。

(3) 在构件的名称栏中，输入构件的名称。

使用菜单栏或浏览器添加构件的步骤如下。

(1) 在菜单栏中选择Tools→Create→Component命令，此时光标变为+符号。如果使用浏览器，选择需要添加的包并右击，在弹出的快捷菜单中选择New→Component命令，此时光标也变为+符号。

(2) 接下来的步骤与使用工具栏添加构件的步骤类似，按照前面使用工具栏添加构件的步骤添加即可。

如果需要将现有的构件添加到构件图中，可以通过两种方式进行。第一种方式是选中构件，直接拖动到打开的构件图中。第二种方式的步骤如下。

(1) 在菜单栏中选择Query→Add Component命令，弹出如图10-27所示的对话框。

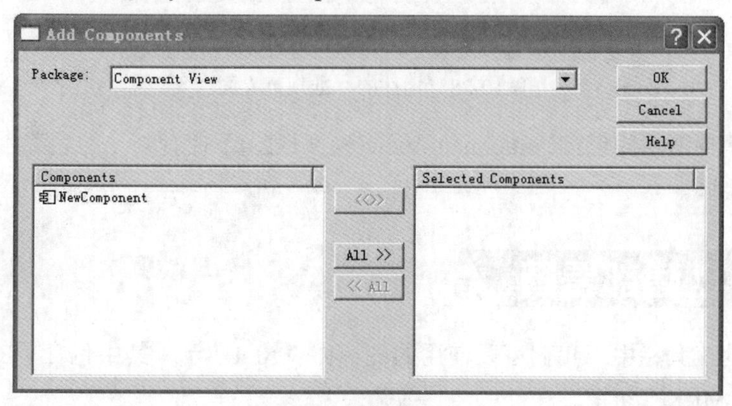

图10-27 添加构件

(2) 在Package下拉列表中选择需要添加构件的位置。

(3) 在Components列表框中选择待添加的构件，添加到右侧的列表框中。

(4) 单击OK按钮。

删除构件的方式同样分为两种。第一种方式是将构件从构件图中移除，另外一种方式是将构件永久地从模型中移除。第一种方式下，构件还在模型中，想再次使用的话，只需要将构件添加到构件图中即可，删除的方式是选中构件并按Delete键。第二种方式会将构件永久地从模型中移除，同时会将构件从其他构件图中一并删除，可以通过以下方式进行。

(1) 选中待删除的构件并右击。

(2) 在弹出的快捷菜单中选择Edit→Delete from Model命令，或者按Ctrl+Delete快捷键。

3. 设置构件

对于构件图中的构件，和其他Rational Rose 中的模型元素一样，我们可以通过构件的标准规范界面设置细节信息，包括名称、构造型、语言、文本、声明、实现类和关联文件等。构件的标准规范界面如图10-28所示。

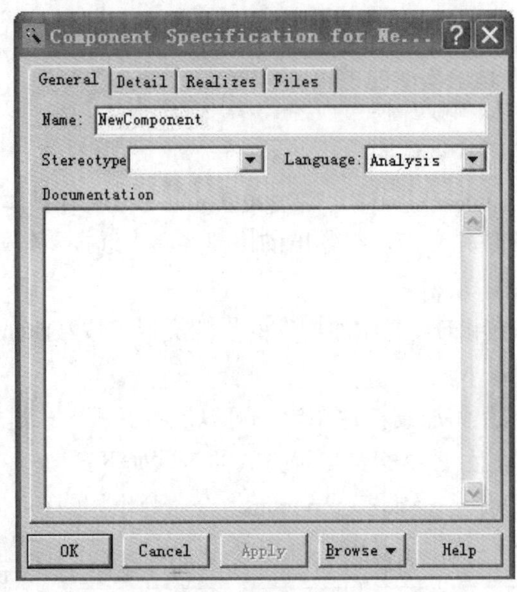

图10-28　构件的标准规范界面

构件以及构件所在的包在Component View(构件视图)下拥有唯一的名称，其命名方式和类的命名方式相同。

10.5.2　创建部署图

在部署图的工具栏中，我们可以使用的图标如表10-4所示，其中包含了Rational Rose默认显示的所有UML模型元素。

表10-4　部署图的图形编辑工具栏按钮

图标	按钮名称	用途
	Selection Tool	选择工具
ABC	Text Box	创建文本框
	Note	创建注释
	Anchor Note to Item	将注释连接到序列图中的相关模型元素
	Processor	创建处理器
	Connection	创建连接
	Device	创建设备

同样，部署图的图形编辑工具栏也可以进行定制，方式和在类图中定制类图的图形编辑工具栏一样。

每一个系统模型中只存在一个部署图。在使用Rational Rose创建系统模型时，部署图就已经创建完毕。如果要访问部署图，在浏览器中双击部署视图(Deployment View)即可。

1. 创建和删除节点

要在部署图中增加节点，也可以通过工具栏、浏览器或菜单栏三种方式进行添加。

通过部署图的图形编辑工具栏添加处理器节点的步骤如下。

(1) 在部署图的图形编辑工具栏中，单击相应的图标，此时光标变为+符号。

(2) 在部署图的图形编辑区任意选择一个位置，然后单击，系统便在该位置创建一个新的处理器节点，如图10-29所示。

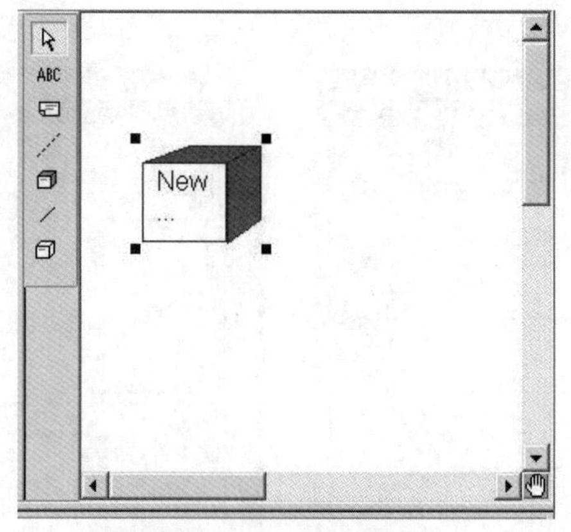

图10-29 添加处理器节点

(3) 在处理器节点的名称栏中，输入处理器节点的名称。

使用菜单栏或浏览器添加处理器节点的步骤如下。

(1) 在菜单栏中选择Tools→Create→Processor命令，此时光标变为+符号。如果使用浏览器，选择Deployment View(部署视图)并右击，在弹出的快捷菜单中选择New→Processor命令，此时光标也变为+符号。

(2) 接下来的步骤与使用工具栏添加处理器节点的步骤类似，按照前面使用工具栏添加处理器节点的步骤添加即可。

删除节点同样有两种方式，第一种方式是将节点从部署图中移除，另外一种方式是将节点永久地从模型中移除。第一种方式下，节点还在模型中，想再次使用的话，只需要将节点添加到部署图中即可，删除的方式是选中节点并按Delete键。第二种方式会将节点永久地从模型中移除，可以通过以下方式进行。

(1) 选中待删除的节点并右击。

(2) 在弹出的快捷菜单中选择Edit→Delete from Model命令，或者按Ctrl+Delete快捷键。

2. 设置节点

对于部署图中的节点，和其他Rational Rose 中的模型元素一样，我们可以通过节点的标准规范界面设置细节信息。对处理器的设置与对设备的设置略有差别。在处理器中，可以设置的内容包括名称、构造型、文本、特征、进程以及进程的调度方式等。在设备中，可以设置的内容包括名称、构造型、文本和特征等。处理器的标准规范界面如图10-30所示。

节点在部署图中有唯一的名称，其命名方式和其他模型元素(类、构件等)命名方式相同。

我们也可以在处理器的标准规范界面中指定不同类型的处理器。在Rational Rose中，处理器的构造型没有默认选项，如果需要指定节点的构造型，需要在构造型右方的下拉列表框中手动输入构造型的名称。

在处理器构造型设置的下方，可以在Documentation列表框中添加文本信息以对处理器进行说明。

在处理器的规范设置界面中，还可以在Detail选项卡中通过Characterist文本框添加硬件的物理描述信息，如图10-31所示。

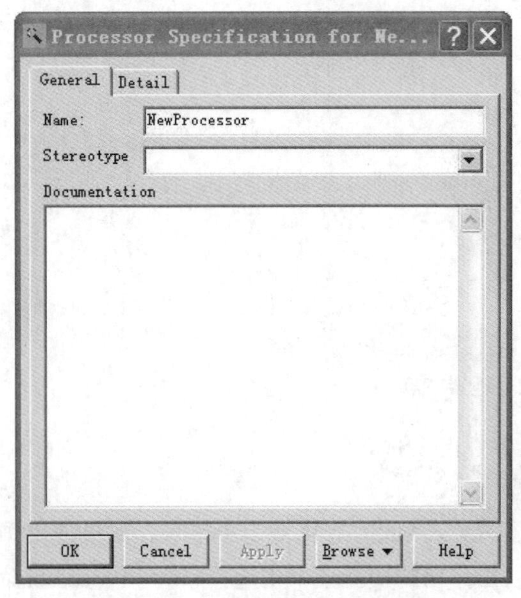

图10-30　处理器的标准规范界面

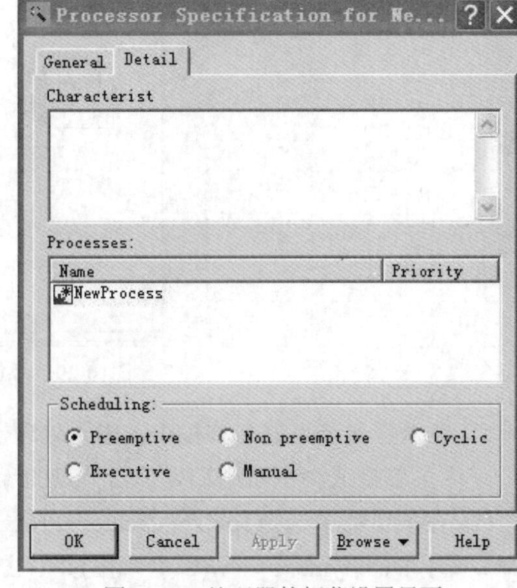

图10-31　处理器的规范设置界面

这些物理描述信息包括硬件的连接类型、通信带宽、内存大小、磁盘大小或设备大小等。这些信息只能够通过规范进行设置，并且这些信息在部署图中是不显示的。

Characterist文本框的下方是关于处理器进程的信息。我们可以在Processes下的列表框中添加处理器的各个进程，在处理器中添加进程的步骤如下。

(1) 打开处理器的标准规范界面并选择Detail选项卡。

(2) 在Processes下的列表框中的空白区域处右击。

(3) 在弹出的快捷菜单中选择Insert命令。

(4) 输入进程的名称或从下拉列表框中选择当前系统的主程序构件。

还可以通过双击进程的方式设置进程的规范。在进程的规范中，可以指定进程的名称、优先级以及描述进程的文本信息。

在Scheduling选项组中，可以指定进程的调度方式，从五种调度方式中任意选择一种即可。

在默认设置中，处理器是不显示自身包含的进程以及这些进程的调度方式。我们可以通过设置来显示这些信息，设置显示处理器进程和进程调度方式的步骤如下。

(1) 选中处理器节点并右击。

(2) 在弹出的快捷菜单中选择Show Processes和Show Scheduling命令。

在部署图中，创建设备和创建处理器没有太大的差别。它们之间不同的是，在设备的规范设置界面的Detail选项卡中仅包含设备的物理描述信息，没有进程和进程的调度信息，如图10-32所示。

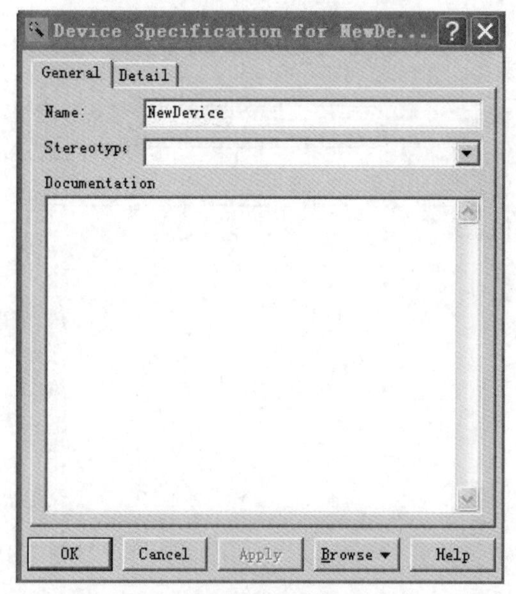

图10-32　设备的规范设置界面

3. 添加和删除节点之间的连接

在部署图中添加节点之间的连接的步骤如下。

(1) 单击部署图的图形编辑工具栏中的相应图标，或者选择菜单栏中的Tools→Create→Connection命令，此时的光标变为↑符号。

(2) 单击需要连接的两个节点中的任意一个节点。

(3) 将连接的线段拖动到另一个节点上，效果如图10-33所示。

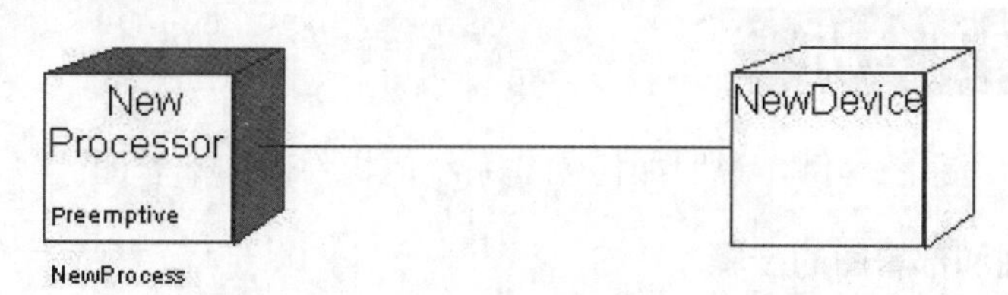

图10-33　添加连接

如果要将连接从节点中删除，可以使用以下步骤。

(1) 选中连接。

(2) 按Delete键，或者右击，在弹出的快捷菜单中选择Edit→Delete命令。

4. 设置连接规范

在部署中，也可以和其他元素一样，通过设置连接规范增加连接的细节信息。例如，我们可以设置连接的名称、构造型、文本和特征等信息。

打开连接规范窗口的步骤如下。

(1) 选中需要打开的连接并右击。

(2) 在弹出的快捷菜单中选择Open Specification命令，弹出如图10-34所示的连接规范界面。

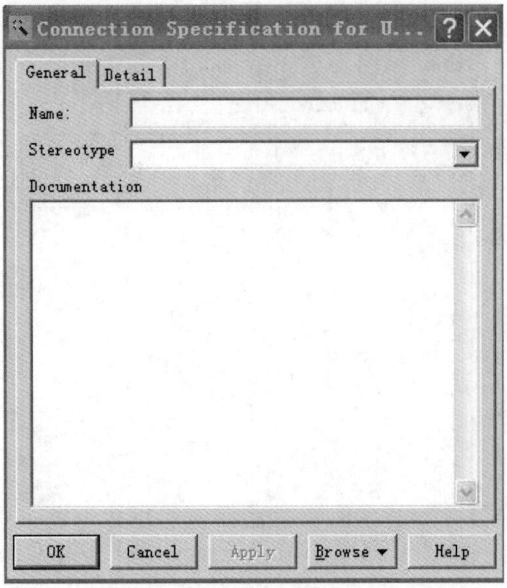

图10-34　连接规范界面

在连接规范界面的General选项卡中，我们可以在Name(名称)文本框中设置连接的名称，连接的名称是可选的，并且多个节点之间有可能拥有名称相同的连接。在Stereotype(构造型)下拉列表中，可以设置连接的构造型，手动输入构造型的名称或从下拉列表中选择以前设置过的构造型均可。在Documentation(文档)文本框中，可以添加对连接的说明信息。在连接规范界面的Detail选项卡中，可以设置连接的特征信息，比如使用的光缆的类型、网络的传播速度，等等。

10.5.3 案例分析

下面以图书管理系统为例，说明如何创建系统的构件图和部署图。

1. 绘制构件图和部署图的步骤

绘制构件图的步骤如下。

(1) 添加构件。

(2) 增加构件的细节。

(3) 增加构件之间的关系。

(4) 绘制构件图。

绘制部署图的步骤如下。

(1) 确定节点。

(2) 增加节点的细节。

(3) 增加节点之间的关系。

(4) 绘制部署图。

2. 绘制构件图

基于之前介绍的使用Rational Rose创建构件图的操作说明，创建“图书管理系统”的构件图，如图10-35所示。

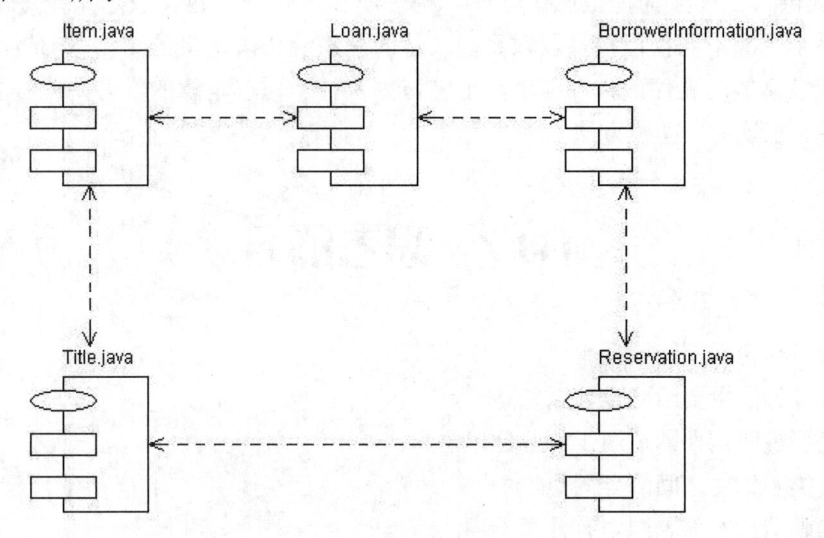

图10-35　图书管理系统的构件图

3. 绘制部署图

类似地，创建“图书管理系统”的部署图，如图10-36所示。

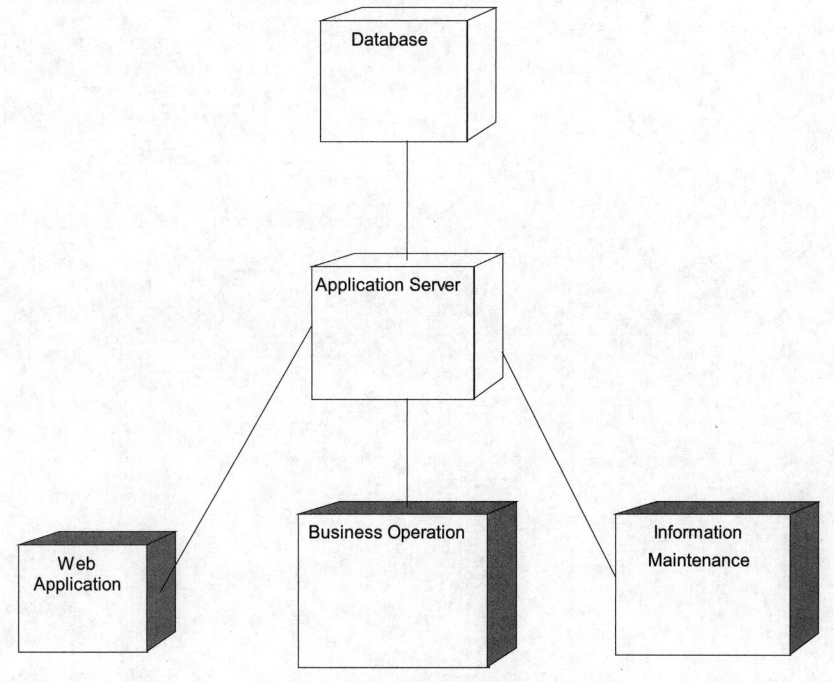

图10-36　图书管理系统的部署图

10.6 小结

UML提供了三种架构模型图：包图、构件图和部署图。包图表示系统层次结构。构件图表示系统中的不同物理构件及联系，表达的是系统代码本身的结构。部署图由节点构成，节点代表系统的硬件，构件在节点上驻留并执行。通过本章的学习，读者能够掌握包图、构建图、部署图的建模方法。

10.7 思考练习

1. 系统设计包括哪些模型？
2. 系统设计的主要活动是什么？
3. 请简要说明构件图适用于哪些建模需求。
4. 阐述类和构件之间的异同点。
5. 什么是节点？部署图中有几类不同的节点？
6. 部署图的建模目的是什么？

第 11 章

统一软件开发过程

古语有“事半功倍”一词，意为“做事得法，因而费力小，收效大”。这个道理在软件开发过程中依然适用。软件开发是一项巨大的系统工程，这就要求用系统工程的方法、项目管理知识体系和工具，合理地安排开发过程中的各项工作，有效地管理组织各类IT资源，使得软件开发的整个过程高效并能最终向用户提供高质量的软件。软件开发方法学是软件开发者长年成功经验和失败教训的理论性总结，采用软件开发方法学能够最大限度地减少重复劳动，实现开发过程中成果的共享和重用。因此，如果在软件开发过程中采用正确有效的系统开发方法学来指导软件开发的全过程，就有可能达到事半功倍的效果。

本章的学习目标：

- 理解软件开发过程的含义
- 理解经典的软件开发过程模型
- 掌握RUP的含义和核心工作流
- 掌握软件开发过程中的经典阶段
- 理解软件开发方法学的含义

11.1 软件开发过程概述

软件开发过程指的是执行特定的任务，以及在整个项目的生命周期中构建它们。使用诸如UML提供的一些建模和文档标准，对于软件项目开发的进行非常重要，但是只了解这些并不够。如果这些技术需要共同协作的话，它们就必须被组织成合适的开发过程。

11.1.1 软件开发方法学

软件，尤其是许多人一起开发的大型软件，应采用一定的方法。甚至个人开发的小型软件，也应通过某种方法进行改进。方法是对完成一项工作所需步骤的逐步描述。没有两个项目是完全一样的，任何方法都针对特定的项目。方法论是指导参与者选择适用于特定任务或项目的特定方法的一组通用原则。

方法学是做事的系统方法，是一个可接受的过程，从软件开发的早期阶段(有一个想法或新的商业机会)到已安装系统的维护，都可以遵循方法学。除了过程之外，方法学还应指定在此过程中要生产什么产品(以及产品应采用什么形式)。方法学也包括用于资源管理、规划、调度和其他管理任务的建议或技术。

优秀的、适用范围广的软件开发方法学是成熟软件业的基础。最糟糕的情况是整个团队陷入一片混乱，开发小组中的成员东奔西跑，想弄清楚到底如何开发他们要实现的系统。稍有好转的局面是：组织里的业余方法学家设计了实际的开发过程，只需要新加入组织的人去了解此开发过程。

尽管大多数方法学都是开发小组用来开发大型软件的，但对于开发中小型系统的人(解决小问题的单个开发人员)来说，理解优秀方法学的基础知识也是非常必要的。原因如下：

- 方法学有助于对编码设置规则。
- 了解方法学的基本步骤，能增进对问题的理解，提高解决方案的质量。
- 编写代码只是软件开发众多活动中的一种，完成其他活动有助于在提交源代码之前，找出概念错误和实践性错误。
- 在每个阶段，方法学都指定了下一步要做的工作，我们不会为下一步要干什么而烦恼。
- 方法学有助于编写出扩展性更好(容易修改)、可靠性更强(可用于解决其他问题)、更易于调试(因为有较多的说明)的代码。

开发大型项目还得益于以下因素。

- 文档说明：所有的方法学都在开发的每个阶段提供了全面的说明，所以完成的系统不会晦涩难懂。
- 等待时间减少：由于工作流、活动、任务和相互依赖性更容易理解，因此人力(和其他)资源等待工作要做的可能性也减少了。
- 工作能及时交付，且不超过预算。
- 用户、销售员、经理和开发人员之间有更好的交流：好的方法学建立在逻辑和常识的基础之上，所有的参与者较容易抓住根本；因此，开发更有序，误解和浪费资源的情况也较少。
- 可重复性：因为我们有定义准确的活动，所以类似的项目就应在类似的时间期限内交付，成本也类似。如果多次为不同的客户开发类似的系统(例如电子商务购物前端)，就可以使生产过程变成流水线，只关注最新开发的独特方面。最终就可以使开发的某些部分自动化，甚至把这些自动化部分卖给第三方(例如，把购物前端打包的产品)。
- 更准确的成本：在被问及价格时，回答“你要多少钱的产品”的可能性就会降低。

优秀的方法学至少能解决如下问题。

- 规划：确定需要做什么。
- 调度：确定完成的时间。
- 分配资源：估计和获得人力、软件、硬件和其他需要的资源。
- 工作流：较大开发工作中的子过程(例如，设计系统的体系结构、给问题域建模、规划开发过程)。
- 活动：工作流中的各个任务，例如测试组件、绘制类图或详细列出使用情况，这些任务本身都比较小，不能定义为工作流。
- 任务：方法学中由人(开发人员、测试人员或销售人员)完成的部分。
- 制品(artifact)/开发成果：软件、设计文档、培训计划和手册。
- 培训：如有必要，确定如何培训人员，以完成他们的任务，确定最终用户(职员、客户、销售人员)如何学习使用新系统。

11.1.2 软件开发过程中的经典阶段

软件开发过程描述了构造、部署以及维护软件的方式，是指实施于软件开发和维护中的阶段、方法、技术、实践和相关产物(计划、文档、模型、代码、测试用例和手册等)的集合，是为了获得高质量软件所需要完成的一系列任务的框架。

无论采用什么方法学，每个开发过程都有许多共有的阶段，从需求分析开始，直到最后的维护。在传统方法中，需要从一个阶段到下一个阶段依次进行；而在现代方法中，可以多次进行每个阶段，且顺序是任意的。

下面描述了软件开发中的共有阶段，其中一些阶段可能有不同的名称，但基本含义是相同的。

1. 问题的定义及规划

此阶段把软件开发与需求放在一起共同讨论，主要确定软件的开发目标及可行性。

2. 需求分析

需求分析回答做什么的问题，是一个对用户需求进行去粗取精、去伪存真、正确理解，然后用软件工程开发语言(形式功能规约，即需求规格说明书)表达出来的过程。此阶段的基本任务是和用户一起确定要解决的问题，建立软件的逻辑模型，编写需求规格说明书并最终得到用户的认可。需求分析是一个很重要的阶段，这一阶段做得好，将为整个软件项目的开发打下良好的基础。但在实际中，“唯一不变的是变化本身”，软件需求在软件开发过程中也是不断变化和深入的，因此，我们必须制订需求变更计划来应对这种变化，以保护整个项目的正常进行。

需求分析的目的就是使用新软件找出我们要达到的目标，具体包含两个方面。

- 业务建模。业务建模就是理解软件的操作上下文。如果不理解该上下文，就不可能生产出能够改进该上下文的产品。例如，在购买电视机的业务建模的过程中，提出的问题是：客户如何从这家商店购买电视？

- 系统需求建模或功能规范表示。确定新软件有什么功能，并记下这些功能。我们应很清楚软件能做什么，不能做什么，这样开发才不会转向不相关的领域。我们还应知道系统何时完成，是否成功。例如，在购买电视机的系统需求建模阶段，提出的问题是：电视被买走后，我们要如何更新商品列表？

3. 软件设计

此阶段要根据需求分析的结果，对整个软件系统进行设计，如系统框架设计、数据库设计等。好的软件设计将为软件代码的编写打下良好的基础。软件设计可以分为概要设计和详细设计两个阶段。实际上，软件设计的主要任务就是将软件分解成模块。概要设计就是结构设计，主要目标就是给出软件的模块结构，用软件结构图表示。详细设计的首要任务就是设计模块的程序流程、算法和数据结构，次要任务就是设计数据库，常用方法仍是结构化程序设计方法。

在设计阶段，要确定如何解决问题。换言之，就是根据要编写什么软件，以及软件部署的经验、估计和直觉，做出决定。系统设计把系统分解为逻辑子系统(过程)和物理子系统(计算机和网络)，并决定机器如何通信，为开发工作选择正确的技术等。

4. 规范

规范这个阶段常常被忽略。不同的开发人员以不同的方式使用“规范”这个术语。例如，需求阶段的结果是系统必须做什么的规范，分析阶段的结果是我们要处理什么事务的规范。在本书中，术语“规范”用于表示“描述编程组件的期望行为”。因为描述的规范技术是在对象所属的类上实现的，所以使用“类规范”这个术语可以避免一些混乱。类规范是一种清晰、明确的描述，指出了软件组件的用法，以及如果使用正确，它们会如何操作。

规范需要特别关注，因为规范是按合同设计的、至关重要的底层规则。根据合同，只要一个软件请求另一个软件的服务，调用者和被调用者就应履行义务。对软件合同的关注将对开发的所有阶段都有益。

规范可以下述方式使用。

- 作为测试软件的设计基础来检验系统。
- 演示软件是正确的(这对保护生命安全的应用程序来说非常理想)。
- 证明软件组件可以由第三方实现。
- 描述代码如何由其他应用程序安全地重用。

5. 程序编码实现

此阶段将软件设计的结果转换为计算机可运行的程序代码。在程序编码中必定制定统一、符合标准的编写规范，以保证程序的可读性、易维护性，提高程序的运行效率。此阶段要完成一些单调乏味的工作：编写代码，把它们组合在一起，形成子系统，子系统再与其他子系统协同工作，形成整个系统。在实现阶段，要实现的任务是“为类编写方法体，使它们遵循规范”。在这个阶段之前，我们已经做出大多数困难的编码决策(在软件设计阶段)，但仍有许多地方需要创新：尽管软件组件的公共接口已经设计、指定和说明过，但程序员还必须确定内部工作原理。只要最终结果是有效、正确的，人们就会满意。

6. 软件测试

在完成软件编写后，就必须根据系统需求对软件进行测试，看它是否符合最初的目标。例如，在测试商店助手时，要问的问题可能是："商店助手能使用接口销售吐司面包，并从商品列表中减去相应的数目吗？"除了这类一致性测试之外，最好看看软件是否能通过外部接口进行分解，这有助于在系统部署后，防止事故或对系统的恶意误用。

程序员还可以在开发过程中进行小的测试，改进他们交付的代码的质量。但一般说来，编写软件的开发人员不应参与设计、实现或执行主要测试。例如，购买房子，并花大量的资金对房子进行彻底的装修，我们肯定不会用大锤子重击房子的结构和固定设备，看看它们是否坚固，也不会让路过的陌生人假装夜贼，看看能不能闯入房子。这些大型测试都是在软件测试过程中才需要做的工作，这有助于更正测试小组成员的失误。

软件在设计完成之后要进行严密的测试，一旦发现软件在整个软件设计过程中存在的问题，就加以纠正。整个测试分单元测试、组装测试、系统测试三个阶段进行。测试方法主要有白盒测试和黑盒测试。

7. 软件的运行和维护

运行是指在对软件已经完成测试的基础上，对系统进行部署和交付使用。在部署阶段，要将硬件和软件交付给最终用户，并提供手册和培训材料。这可能是一个复杂的过程，涉及从旧工作方式到新工作方式的转变。在部署阶段，要完成的任务是"在每台服务器上运行程序setup.exe，并按照提示进行下去"。维护是指在已完成对软件的研制(分析、设计、编码和测试)工作并交付使用以后，对软件产品进行的一些软件工程方面的活动：根据软件运行情况，对软件进行适当修改，以适应新的要求，以及纠正运行中发现的错误；编写软件问题报告和软件修改报告。做好软件维护工作，不仅能排除障碍，使软件正常工作，而且可以扩展软件功能，提高性能，为用户带来明显的经济效益。

软件开发人员一般对维护很感兴趣，因为在维护过程中可以找出软件中的错误。我们必须尽快找出错误，并更正它们，发布软件的修订版本，使最终用户满意。除了错误之外，用户还可能发现软件的不足(系统应做但没有做的事情)，提出额外的要求(以改进系统)。从商业角度看，我们应积极更正错误，改进软件，以保持竞争优势。

11.1.3　关键问题

一些关键问题有助于记住每个软件开发阶段的目的。

- 需求阶段：

什么是我们的上下文？

要达到什么目的？

- 分析阶段：

要处理什么实体？

如何确保有正确的实体？

- 系统设计阶段：

如何解决问题？

在完成的系统中需要什么硬件和软件？

- 子系统设计阶段：

如何实现解决方案？

源代码和支持文件有哪些？

- 规范阶段：

哪些规则控制着系统组件之间的接口？

可以去除模糊、确保正确吗？

- 实现阶段：

如何编写组件，使之符合规范的要求？

如何编写漂亮的代码？

- 测试阶段：

完成的系统满足要求吗？

可以攻破系统吗？

- 部署阶段：

系统管理员必须做什么？

如何培训最终用户？

- 维护阶段：

可以找出和更正错误吗？

可以改进系统吗？

11.2 传统软件开发方法学

传统软件开发方法学又称生命周期方法学或结构化范型。它采用结构化技术来完成软件开发的各项任务，并使用适当的软件工具或软件工程环境来支持结构化技术的运用。软件从开始计划到废除不用被称为软件的生命周期。

11.2.1 传统软件开发方法学简介

在传统的软件工程方法中，软件的生命周期分为定义时期、开发时期、使用和维护时期这几个阶段。

- 定义时期包括问题定义、可行性研究、需求分析。定义时期的任务是：确定软件开发工程必须完成的总目标，确定工程的可行性，导出为实现工程目标应采用的策略以及系统必须完成的功能，估计完成工程需要的资源和成本并制定工程进度表。

- 开发时期包括总体设计、详细设计、编程和测试。其中，前两个阶段称为系统设计，后两个阶段称为系统实现。
- 使用和维护时期的主要任务是使软件持久地满足用户的需求。

在定义时期，当执行可行性研究时会将系统流程图作为描绘物理系统的传统工具。系统流程图表达的是数据在系统各部件之间流动的情况，而不是对数据进行加工处理的控制过程。

传统软件工程方法学的前期工作主要集中在分析和设计阶段，在需求分析过程中，实体-关系图(ERD)、数据流图(DFD)和状态转换图(STD)用于建立三种模型。其中，实体-关系图(ERD)用于建立数据模型的图形，数据流图(DFD)是建立功能模块的基础，状态转换图(STD)是行为建模的基础。

在开发时期，需要在设计过程中的各个阶段运用不同的工具。过程设计的工具有程序流程图、盒图、PAD图、判定表、判定树。接口设计和体系结构设计的工具是数据流图。数据设计工具则有数据字典、实体-关系图。总体设计建立整个软件系统结构，包括子系统、模块及相关层次的说明、每一模块的接口定义。详细设计中包括程序员可用的模块说明、每一模块中的数据结构说明及加工描述。然后把设计结果转换为可执行的程序代码，实现完成后的确认，保证最终产品满足用户的要求。

在使用和维护时期，对软件进行扩充、修改、完善，改正错误，以满足新的需要。

传统软件工程方法学面向的是过程。它按照数据变换的过程寻找问题的节点，对问题进行分解。传统软件工程方法学的功能基于模块化、自顶向下、逐步求精设计，在结构化程序设计技术基础上发展而来。系统是实现模块功能的函数和过程的集合，用启发式规则对结构进行细化。

传统软件工程的优点：软件的生命周期被划分成若干阶段，每个阶段的任务相对独立，而且比较简单，便于不同人员分工协作，从而降低了整个软件开发工程的困难程度；在软件生命周期的每个阶段都采用科学的管理技术和良好的技术方法，而且在每个阶段结束之前都从技术和管理两个角度进行严格审查，合格之后才开始下一阶段的工作，这就使软件开发的全过程以一种有条不紊的方式进行，保证了软件的质量，特别是提高了软件的可维护性。总之，可以大大提高软件开发的成功率，软件开发的生产率也能明显提高。传统软件工程方法学也伴随着缺点，生产效率非常低，从而导致不能满足用户的需要，复用程度低，软件很难维护是一大弊端。因此，在分析过程中应该从要素信息移向实现细节。

11.2.2 瀑布模型

在传统软件开发方法学中，最典型的软件开发模型就是瀑布模型。基于软件开发的六个阶段，1970年，温斯顿·罗伊斯(Winston Royce)提出了著名的“瀑布模型”，如图11-1所示。直到20世纪80年代早期，瀑布模型一直是唯一被广泛采用的软件开发方法学，目前在软件工程中也仍然得到了广泛应用。

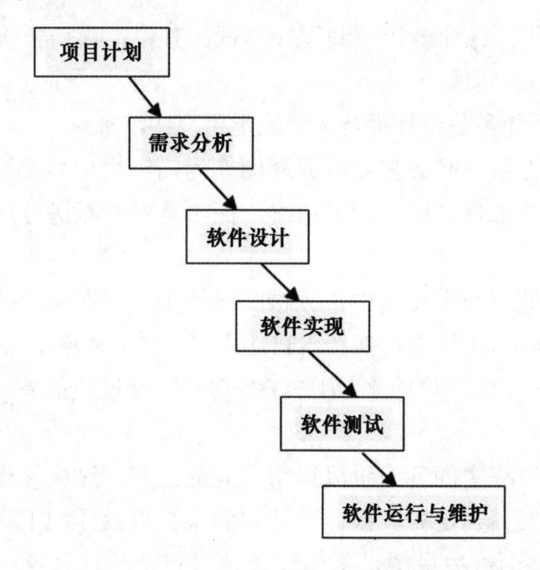

图11-1　瀑布模型

瀑布模型的核心思想是按工序将问题化简，将功能的实现与设计分开，便于分工协作，也就是采用结构化的分析与设计方法将逻辑实现与物理实现分开。瀑布模型将软件生命周期划分为项目计划、需求分析、软件设计、软件实现、软件测试、软件运行与维护六个基本阶段，并且规定了它们自上而下、相互衔接的固定次序。开发进程从一个阶段“流动”到下一个阶段，如同瀑布，逐级下落，这也是瀑布模型名称的由来。从本质上讲，在这种软件开发架构下，开发过程是通过一系列阶段顺序展开的。从系统需求分析开始直到产品发布和维护，每个阶段都会产生循环反馈。因此，如果有信息未被覆盖或者发现了问题，那么最好“返回”上一个阶段并进行适当的修改。

瀑布模型有很多优点：可使开发人员采用规范的方法，严格规定了每个阶段必须提交的文档，要求每个阶段交出的所有产品都必须经过质量保证小组的仔细验证。但是，瀑布模型也有明显的不足。比如，各个阶段间具有顺序性和依赖性，下一个阶段的开始严重依赖上一个阶段的成果。所以，如果瀑布模型的某一阶段出现延迟完成的情况，将会影响以后各阶段的完成。另外，瀑布模型是由文档驱动的，由于瀑布模型几乎完全依赖于书面的规格说明，因此很可能导致最终开发出的软件产品不能真正满足用户的需要。

11.2.3　瀑布模型的有效性

大多数情形下，瀑布模型是有效的。

- 重复某种区别很小的开发(例如，某家公司的电子商务销售前台与以前版本的区别仅在于商品描述、价格、公司名称和徽标)。
- 作为架构来学习软件开发中使用的不同技术：尽管瀑布模型对于实际的开发来说过于简单，但仍包含逻辑顺序的经典阶段，所以适合于学习。
- 作为支持迭代方法学的架构。
- 用于开发人员较少的小项目的快速开发，例如原型(prototyping)、生产原型

(production prototyping)、概念证明(proof-of-concept)或快速应用程序开发(rapid application develop ment，RAD)。

人们利用对象的简单和强大，代码在新应用程序中的重用，以及应用程序构建器的出现，开发了编程的四种新样式。

- 软件原型：就像过程原型一样，用来试验已完成产品的一些功能。原型不需要是第一流的，也不一定非常强大，因为它只是试验品。一旦完成了使命，就把它放在一边，再开始另一个原型。
- 生产原型：类似于原型，但在完成项目的过程中，保留部分或全部代码。
- 概念证明：用于证明某种或某组技术的可靠性。例如，需要向客户证明我们有资格承接某个项目，或需要向管理层证明应在软件生产过程中采用新方法。
- 快速应用程序开发(RAD)：能相比传统技术更快地建立系统。面向对象系统在20世纪80年代成为现实后，对象爱好者在快速装配小型系统方面给传统开发人员留下了深刻的印象。

应用程序构建器允许程序员以计算机厂家装配硬件的方式装配软件。随着时间的推移，应用程序构建器使用越来越大的组件，系统的构建也比以前快得多。在大多数情况下，面向应用程序构建器的对象需要有一种特殊的接口，才能正常工作，这意味着程序员需要遵循预定义的样式规则，而不是设计自己看着合适就行的对象。

11.2.4　瀑布模型存在的问题

想法虽好，但不切实际。即使我们能确定开发需要的时间，在没有考虑问题的细节前，不可能预知在开发过程中会遇到什么困难(如糟糕的设计决策、有害的错误、技术不适当或地震)。所以，任何阶段都可能比预期的时间长。另外，工作也可能会延伸，以充分利用可用的时间，新手在解决某个问题前很可能用尽了所有的可用时间。最终结果是整个项目都得延迟交付。实际上，这正是大多数项目面临的具体情况。

瀑布模型也可能因其他原因而失败，例如分析失效，就是分析人员不愿签署文档，因为他们不能确保已经很好地理解了系统实体，从而让设计人员完成工作，并为它们编写文档。而且，这类问题并不仅限于分析人员：设计人员也可能担心他们的设计不适当；规范人员可能担心他们的规范过于模糊，不能用于编程等，这些会导致更多的延迟。实际上，根本不可能非常完美地完成每个阶段。在整个开发过程中，小组成员会发现他们已完成的工作中有问题。只要出现这种情况，就会面临两难的选择：要么返回到前面的说明文档，更正错误，但这意味着逆着瀑布向上走(不推荐这么做)；要么记下问题，等到项目的最后修订说明文档(这很少发生，会导致最后的说明文档不匹配最终系统)。

最终用户该怎么办？他们得到了想要或需要的系统吗？系统的潜在用户是同事或第三方，他们可能会为系统付钱。假定在需求阶段已咨询过这些客户：我们问他们当前如何工作，并集体讨论了可以交付的系统功能，对要交付的系统功能和不交付的系统功能达成了一致。但如果我们发现有些功能不能交付，因为它们很难实现或时间不够，该怎么办？客户直到测试甚至部署时才会发现，那时再改动就太晚了。如果项目用了两年才完成，该怎么办？最终用户的要求一般是在两年内进行一次大的改动。我们会交付不再相关的系统吗？我们需要一种用户参与整个开发过程的方式，这样就不会交付某种令人过于惊讶的系统了，还需要缩短承诺提供某功能和真正提供该功能之间的时间。但瀑布模型过于死板，不能充分利用用户的反馈，采取正确的措施。

问题还不止于此。例如，瀑布模型总是集中于解决一个问题，所以很难编写出可重用的代码。吃掉一头大象是一项艰巨的任务(如图11-2所示)；如果真要吃掉一头大象，你会张开大嘴吞下整头大象，还是先吃掉可管理的一小部分，休息一下，再吃掉下一部分，直到吃掉整头大象？瀑布模型使用第一种方法，试图一次性产生完整的解决方案；而使用第二种方法比较可行，分部分地完成整个解决方案。

图11-2　吃掉一头大象

瀑布模型有这么多问题，其中一些在一开始就很明显，所以很难相信软件开发可以用这种方式完成。但以前用这种模型开发软件，现在有一些地方也采用这种模型。一些公司很愿意在瀑布模型的基础上进行大型项目的开发，并集成到软件部门。作为最佳实践，职务提升过程也以此为基础(首先是程序员，再晋升为设计员，之后提升为系统分析员，等等)。但是，大多数面向对象爱好者和有远见的公司更喜欢较灵活的方式。

11.3　现代软件开发方法学

在传统软件开发方法学的基础上，软件开发人员在工程实践中又总结出一些新的方法学，用于克服传统软件开发方法学中的缺点，这些新的软件开发方法学主要有：统一软件开发过程(Rational Unified Process，RUP)、敏捷方法和微软方法。本节主要介绍统一软件开发过程(以下简称统一过程)。人们逐渐接受一个观点：不可能一次开发出软件。无论我们怎么努力，第一次开发出的软件都是不完整或不完美的。所以，需要经历几次软件开发的经典阶段，给系统添加功能，完善系统。

11.3.1　什么是统一过程(RUP)

统一过程(RUP)是一套软件工程方法，是Rational 软件公司的软件工程过程框架，主要由Ivar Jacobson的The Objectors Approach和The Rational Approach发展而来。RUP定义了进行软件开发的步骤，即定义了软件开发过程中的以下问题：什么时候做？做什么？怎么做？谁来做？以保证软件项目有序、可控、高质量地完成。RUP凭借Booch、Ivar Jacobson和Rumbagh在业界的领导地位，与统一建模语言(UML)的良好集成、多种CASE工具的支持、不断地升级与维护，迅速得到业界广泛的认同，越来越多的组织以RUP作为软件开发框架。

RUP是面向对象技术发展的产物，这种方法旨在将面向对象技术应用于软件开发的所有过程，包括需求分析、系统分析、系统设计、系统实现、系统的升级与维护等，使软件系统开发的所有过程全面结合，最大限度适应用户不断变化的需求，有效地降低风险，更好地适应需求变化，因此软件研发人员经常采用RUP指导项目开发的全过程。

11.3.2 RUP的发展历程及应用

RUP是由Rational公司推出并维护的软件过程产品，从“Ericsson(爱立信)方法”(1967年)开始，到“对象工厂过程”(1987—1995年)，再到“Rational对象工厂过程”(1996—1997年)，直至最后的“Rational统一过程”(1998年至今)，已有很长时间的发展历程。RUP具有较高认知度的原因之一在于Rational公司聚集了面向对象领域的三位杰出专家Grady Booch、James Rumbaugh和Ivar Jacobson，同时，他们又是面向对象开发的行业标准语言UML的创造者。目前，全球有上千家公司在使用RUP，如Ericsson、MCI、British Aero Space、Xerox、Volvo、Intel、Visa和Oracle等，它们分布在电信、交通、航空、国防、制造、金融、系统集成等不同的行业和应用领域，正开发着或大或小的项目，这体现了RUP的多功能性和广泛的适用性。

RUP是经过一系列阶段逐步发展和完善起来的，演进历史如图11-3所示。

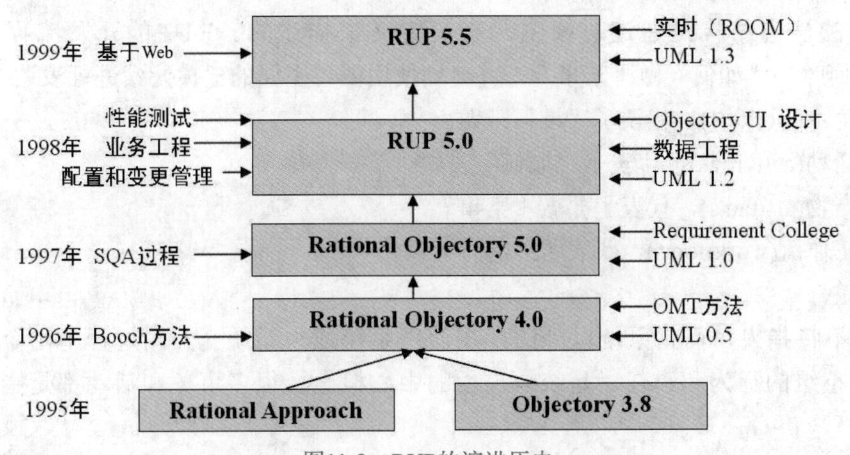

图11-3 RUP的演进历史

由图11-3可以看出，RUP是 Rational Objectory 5.0的直接继承者。RUP合并了数据工程、商业建模、项目管理和配置管理领域更多的东西，作为与 Prue Atria 的归并结果。Rational Objectory 4.0是Rational Approach与Objectory 3.8的综合产物。

11.3.3 RUP二维模型

RUP中的软件开发生命周期是二维的软件开发模型，如图11-4所示。横轴通过时间组织，是过程展开的生命周期特征，体现开发过程的动态结构，用来描述的术语主要包括周期(cycle)、阶段(phase)、迭代(iteration)和里程碑(milestone)，横轴表示项目的时间维；纵轴以内容组织为自然的逻辑活动，体现开发过程的静态结构，用来描述的术语主要包括活动(activity)、产物(artifact)、工作者(worker)和工作流(workflow)。

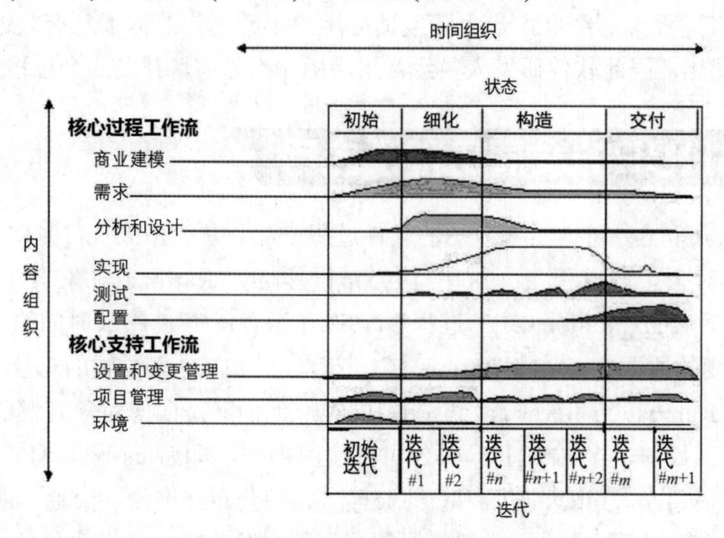

图11-4 RUP二维模型

1. RUP的静态结构

RUP的静态结构是通过对模型元素的定义来描述的。RUP的开发流程中定义了“谁”“何时”“如何”做“某事”，并分别使用四种主要的建模元素进行表达。

- 角色(workers)，代表了“谁”来做。
- 活动(activities)，代表了“如何”去做。
- 产物(artifacts)，代表了要做“某事”。
- 工作流(workflows)，代表了“何时”做。

1) 角色

角色不特指人，而指系统以外的，在使用系统或与系统交互的过程中由个人或若干人组成的小组的行为和责任，是统一过程的中心概念，很多事务和活动都是围绕角色进行的。

软件开发过程中常见的角色有以下几个。

- 架构师(architect)：架构师在软件项目开发过程中，负责将客户的需求转换为规范的开发计划及文本，并制定项目的总体架构，指导整个开发团队完成计划。架构师的主要任务不是从事具体的软件程序的编写，而是从事更高层次的构架工作。架构师必须对开发技术非常了解，并且需要有良好的组织管理能力。架构师工作的好坏决定了整个软件开发项目的成败。

- 系统分析师(system analyst)：系统分析师是在大型、复杂的信息系统建设任务中，承担分析、设计和领导实施的领军人物。系统分析师需要维护好与客户的关系，同时对客户的需求要有正确的理解，要选择合适的开发技术，同时做好与客户的沟通交流，学会说服对方。
- 测试设计师(test designer)：测试设计师负责计划、设计、实现和评价测试，包括产生测试计划和测试模型，实现测试规程，评价测试覆盖范围、测试结果和测试有效性。

2) 活动

某个角色执行的行为称为活动，每一个角色都与一组相关的活动相联系，活动定义了他们要执行的工作。活动通常具有明确的目的，将在项目语境中产生有意义的结果，通常表现为一些产物，如模型、类、计划等。

以下是一些活动的例子。

- 计划迭代过程，对应角色：项目经理。
- 寻找用例(use case)和参与者(actor)，对应角色：系统分析师。
- 审核设计，对应角色：设计审核人员。
- 执行性能测试，对应角色：性能测试人员。

3) 产物

产物是由过程产生的或为过程所使用的一段信息。产物是项目的有形产品，是项目最终产生的事物，或是在向最终产品迈进过程中使用的事物。产物用作角色执行某个活动的输入，同时也是活动的输出。在面向对象设计中，活动是活动对象(角色)上的操作，产物是这些活动的参数。产物可以具有不同的形式：模型、模型组成元素、文档、源代码和可执行文件。

以下是一些产物的例子。

- 存储在Rational Rose中的设计模型。
- 存储在Microsoft Project中的项目计划文档。
- 存储在Microsoft Visual Source Safe中的项目程序源文件。

4) 工作流

仅依靠角色、活动和产物的列举并不能组成过程。需要一种方法来描述能产生若干有价值的有意义结果的活动序列，显示角色之间的交互作用，这就是工作流。

工作流是指能产生具有可观察结果的活动序列。通常，工作流可以使用活动图来描述。

RUP包含了九个核心过程工作流(core process workflow)，它们代表所有角色和活动的逻辑分组情况。

核心过程工作流可以再分成六个核心工程工作流和三个核心支持工作流。

六个核心工程工作流分别为：

- 业务建模工作流。

- 需求工作流。
- 分析和设计工作流。
- 实现工作流。
- 测试工作流。
- 分发工作流。

三个核心支持工作流分别为：

- 项目管理工作流。
- 配置和变更控制工作流。
- 环境工作流。

2. RUP的动态结构

RUP中的软件开发生命周期在时间上被分解为四个按顺序进行的阶段，分别是：初始(inception)阶段、细化(elaboration)阶段、构造(construction)阶段和交付(transition)阶段。每个阶段结束于一个主要的里程碑(major milestone)，每个阶段在本质上是两个里程碑之间的时间跨度。在每个阶段的结尾执行一次评估以确定这个阶段的目标是否已经满足，如图11-5所示。如果评估结果令人满意的话，可以允许项目进入下一个阶段。

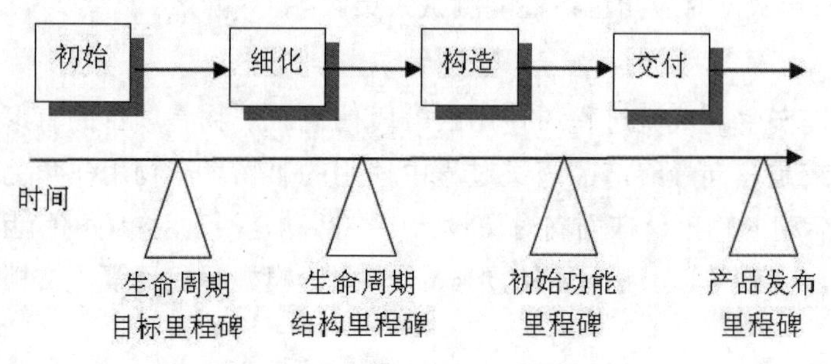

图11-5　迭代过程的阶段和里程碑

1) 初始阶段

初始阶段也称先启阶段。初始阶段的目标是为系统建立商业案例并确定项目的边界。为了达到该目的，必须识别所有与系统交互的外部实体，在较高层次上定义交互的特性。本阶段具有非常重要的意义，这个阶段关注的是整个项目进行中的业务和需求方面的主要风险。对于建立在原有系统基础上的开发项目来讲，初始阶段可能很短。初始阶段结束时会产生第一个重要的里程碑：生命周期目标(lifecycle objective)里程碑。生命周期目标里程碑评价项目基本的生存能力。

初始阶段的主要目标如下。

- 明确软件系统的范围和边界条件。
- 明确区分系统的关键用例和主要的功能场景。
- 展现或演示至少一种符合主要场景要求的候选软件体系结构。
- 对整个项目做最初的项目成本和日程估计。
- 估计出潜在的风险。

- 准备好项目的支持环境。

初始阶段的产出是指以下内容。

- 构想文档，完成核心项目需求、关键特色、主要约束的总体构想。
- 原始用例模型(完成10%～20%)。
- 原始项目术语表(可能部分表达为业务模型)。
- 原始商业案例，包括商业背景、验收规范、成本预计等。
- 原始的业务风险评估。
- 一个或多个原型。

初始阶段的审核标准如下。

- 风险承担者就范围定义的成本/日程估计达成共识。
- 以客观的主要用例证实对需求的理解。
- 成本/日程、优先级、风险和开发过程的可信度。
- 被开发体系结构原型的深度和广度。
- 实际开支与计划开支的比较。

如果无法通过这些审核，则项目可能被取消或重新考虑。

2) 细化阶段

细化阶段是四个阶段中最重要的阶段。细化阶段的目标是分析问题领域，建立健全的体系结构基础，编制项目计划，淘汰项目中最高风险的元素。为了达到该目的，必须在理解整个系统的基础上，对体系结构做出决策，包括范围、主要功能和诸如性能等非功能性需求。同时为项目建立支持环境，包括创建开发案例，创建模板、准则并准备工具。

细化阶段结束时会产生第二个重要的里程碑：生命周期结构(lifecycle architecture)里程碑。生命周期结构里程碑为系统的结构建立管理基准，并使项目小组能够在构造阶段进行衡量。此刻，要检验详细的系统目标和范围、结构的选择以及主要风险的解决方案。

本阶段的主要目标如下。

- 确保软件结构、需求、计划足够稳定。
- 确保项目风险已经降低到能够预计完成整个项目的成本和日程的程度。
- 针对项目软件结构上的主要风险已经解决或处理完成。
- 通过完成软件结构上的主要场景建立软件体系结构的基线。
- 建立包含高质量组件的、可演化的产品原型。
- 说明基线化的软件体系结构，可以保障系统需求控制在合理的成本和时间范围内。
- 建立好产品的支持环境。

细化阶段的产出是指以下内容。

- 用例模型(完成至少80%)，大多数用例描述被开发。
- 补充捕获非功能性需求和非关联于特定用例要求的需求。
- 软件体系结构描述，即可执行的软件原型。
- 经修订过的风险清单和商业案例。

- 总体项目的开发计划，包括纹理较粗糙的项目计划，显示迭代过程和对应的审核标准。
- 指明被使用过程更新过的开发用例。
- 用户手册的初始版本(可选)。

细化阶段的主要审核标准包括回答以下问题。

- 产品的蓝图是否稳定？
- 体系结构是否稳定？
- 可执行的演示版是否显示风险要素已被处理和可靠地解决？
- 如果当前计划在现有的体系结构环境中被执行且开发出完整系统，是否所有的风险承担人同意蓝图是可实现的？
- 实际的费用开支与计划开支是否可以接受？

如果无法通过这些审核，则项目可能被取消或重新考虑。

3) 构造阶段

在构造阶段，所有剩余的构件和应用程序功能被开发并集成为产品，所有的功能被详细测试。从某种意义上说，构造阶段是制造过程，重点放在管理资源及控制运作，以优化成本、进度和质量。

构造阶段结束时会产生第三个重要的里程碑，即初始功能(initial operational)里程碑。初始功能里程碑决定了产品是否可以在测试环境中进行部署。此刻，要确定软件、环境、用户是否可以开始系统地运作。此时的产品常称为Beta版。

构造阶段的主要目标如下。

- 通过优化资源和避免不必要的返工达到开发成本的最小化。
- 根据实际需要达到适当的质量目标。
- 根据实际需要形成各个版本。
- 对所有必需的功能完成分析、设计、开发和测试工作。
- 采用循序渐进的方式开发出可以提交给最终用户的完整产品。
- 确定用户为产品的最终部署做好相关准备。
- 达到一定程度上的并发开发机制。

构造阶段的产出是可以交付给最终用户的产品，至少包括以下内容。

- 特定平台上的集成产品。
- 用户手册。
- 当前版本的描述信息。

构造阶段主要的审核标准包括回答以下问题。

- 产品是否足够稳定和成熟地发布给用户？
- 是否所有的风险承担人都准备好向用户移交？
- 实际费用与计划费用的比较是否仍可接受？

如果无法通过这些审核，则交付不得不延迟。

4) 交付阶段

交付阶段的重点是确保软件对最终用户是可用的。交付阶段可以跨越几次迭代，包括为发布做准备的产品测试，基于用户反馈的少量调整。在项目生命周期的这一阶段，用户反馈应主要集中于产品调整、设置、安装和可用性问题，所有主要的结构问题已经在项目生命周期的早期阶段解决了。

交付阶段的终点是第四个里程碑，即产品发布(product release)里程碑。此时，要确定目标是否实现，是否应该开始另一个开发周期。在一些情况下，这个里程碑可能与下一个开发周期的初始阶段的结束重合。

交付阶段的主要目标是确保软件产品可以提交给最终用户。

交付阶段的具体目标如下。

- 进行Beta测试以期达到最终用户的需要。
- 实现Beta测试版本和旧系统的并轨。
- 转换功能数据库。
- 对最终用户和产品支持人员进行培训。
- 提交给市场和产品销售部门。
- 具体部署相关的工程活动。
- 协调bug(缺陷)修订、改进性能和可用性(usability)等工作。
- 基于完整的构想和产品验收标准对最终部署做出评估。
- 达到用户要求的满意度。
- 达成各风险承担人对产品部署基线已经完成的共识。
- 达成各风险承担人对产品部署符合构想标准的共识。

交付阶段的审核标准主要是回答以下两个问题。

- 用户是否满意？
- 实际费用与计划费用的比较是否仍可接受？

11.3.4　RUP的核心工作流

RUP有九个核心工作流，分为六个核心过程工作流(core process workflow)和三个核心支持工作流(core supporting workflow)。这九个核心工作流在项目中轮流使用，在每一次迭代中以不同的重点和强度重复。

1. 核心过程工作流

核心过程工作流包括商业建模、需求分析、分析与设计、实现、测试和配置。

(1) 商业建模(business modeling)。商业建模工作流的主要目的是对系统的商业环境和范围进行建模，确保所有参与人员对开发系统有共同的认识，并在商业用例模型和商业对象模型中定义组织的过程、角色和责任。

(2) 需求分析(requirement)。需求分析工作流的目标是描述系统应该做什么，并使开发人员和用户就这一描述达成共识。为了达到该目标，必须对需要的功能和约束进行提取、组织、文档化；最重要的是定义系统功能及用户界面，明确可能需要的系统功能。

(3) 分析与设计(analysis & design)。分析与设计工作流将需求转变成未来系统的设计，为系统开发健壮的结构并调整设计以与实现环境相匹配，优化系统性能。分析与设计的结果是设计模型和可选的分析模型。设计模型是源代码的抽象，由设计类和一些描述组成。设计类被组织成具有良好接口的设计包(package)和设计子系统(subsystem)，而描述则体现了类的对象如何协同工作以实现用例的功能。设计活动以体系结构设计为中心，体系结构由若干结构视图表达，结构视图是整个设计的抽象和简化，结构视图中省略了一些细节，使重要的特点体现得更加清晰。体系结构不仅是设计模型的承载媒介，而且在系统开发中能提高被创建模型的质量。

(4) 实现(implementation)。实现工作流包含定义代码的组织结构、实现代码、单元测试和系统集成四个方面的内容。实现工作流的目的包括以层次化的子系统形式定义代码的组织结构，以组件(源文件、二进制文件、可执行文件)的形式实现类和对象。将开发出的组件作为单元进行测试，以及集成由单个开发者开发的组件，使之成为可执行的系统。

(5) 测试(test)。测试工作流验证对象间的交互作用、验证软件中所有组件的正确集成、检验所有的需求已被正确实现、识别并确认缺陷在软件部署之前被提出并处理。RUP提出了迭代的方法，意味着在整个项目中进行测试，从而尽可能早地发现缺陷，从根本上降低修改缺陷的成本。测试类似于三维模型，分别从可靠性、功能性和系统性方面进行。

(6) 配置(deployment)。配置工作流的目的是成功地生成版本并将软件分发给最终用户。配置工作流描述了那些与确保软件产品对最终用户具有可用性相关的活动，包括软件打包、生成软件本身以外的产品、安装软件、为用户提供帮助。在有些情况下，还可能包括计划和进行beta测试、移植现有的软件和数据以及正式验收。

2. 核心支持工作流

核心支持工作流包括配置和变更管理、项目管理和环境。

(1) 配置和变更管理(configuration & change management)。配置和变更管理工作流描绘了如何在多个成员组成的项目中控制大量的产物。配置和变更管理工作流提供了准则来管理演化系统中的多个变体，跟踪软件创建过程中的版本。该工作流描述了如何管理并行开发、分布式开发以及如何自动化创建工程，同时阐述了产品修改原因、时间以及人员保持审计记录。

(2) 项目管理(project management)。项目管理工作流平衡各种可能产生冲突的目标、管理风险，克服各种约束并成功交付使用户满意的产品。目标包括：为项目的管理提供框架，为计划、人员配备、执行和监控项目提供实用的准则，为管理风险提供框架，等等。

(3) 环境(environment)。环境工作流的目的是向软件开发组织提供软件开发环境，包括过程和工具。环境工作流集中于配置项目过程中需要的活动，同样也支持开发项目规范的活动，提供逐步的指导手册并介绍如何在组织中实现过程。

11.3.5 RUP迭代开发模型

传统的软件开发顺序通过每个工作流，每个工作流只通过一次，也就是我们熟悉的瀑布模型。这样做的结果是，直到产品完成才开始测试，在分析、设计和实现阶段遗留的隐藏问题会大量出现，开发过程可能要停止并开始漫长的错误修正周期。

相对瀑布模型，RUP迭代开发模型更灵活、风险更小，如图11-6所示。它多次通过不同的开发工作流，这样可以更好地理解用户需求，构造健壮的体系结构，并最终交付一系列逐步完成的版本，这叫作迭代生命周期。工作流中的每一次顺序通过称为一次迭代。软件生命周期是迭代的连续，软件采用了增量式开发方式。一次迭代包括生成一个可执行版本涉及的开发活动，还有使用这个版本所必需的其他辅助成分，如版本描述、用户文档等。因此，开发迭代在某种意义上是所有工作流中一次完整的经过。这些工作流至少包括：需求工作流、分析与设计工作流、实现工作流、测试工作流。尽管RUP迭代开发模型中的六个核心工作流与瀑布模型中的几个阶段有点类似，但是迭代过程中的阶段是不同的，这些工作流在软件开发的整个过程中将反复多次被重复。九个核心工作流在项目实际完整的工作流中轮流被使用，但在每一次迭代中以不同的重点和强度重复。

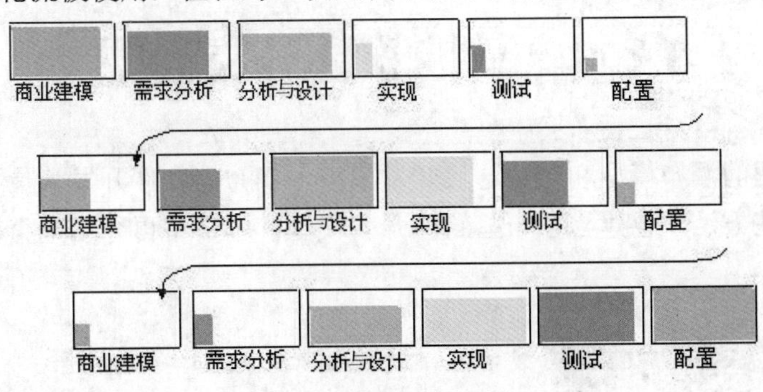

图11-6 RUP迭代开发模型

与传统的瀑布模型相比，迭代过程的优点如下。

- 降低了在一个增量上的开支风险。
- 降低了产品无法按照既定进度进入市场的风险。
- 加快了整个开发工作的进度。

11.3.6 RUP的应用优势和局限性

RUP是过程组件、方法和技术的框架，可以应用于任何特定的软件项目，由用户自己限定RUP的使用范围。应用优势表现在如下方面。

- 用例驱动：采用用例驱动，能够更有效地从需求转到后续的分析和设计。
- 增量迭代：采用迭代和增量式的开发模式，便于相关人员从迭代中学习。
- 协同工作：RUP能使项目组的每个成员协调一致地工作，并从多方面强化了软件开发组织，最重要的是提供了项目组可以协同工作的途径。
- 项目间协调：RUP提供了项目组与用户及其他项目相关人员一起工作的途径。

- 易于控制：RUP的重复迭代和用例驱动、以体系结构为中心的开发方式，使得开发人员能比较容易地控制整个系统的开发过程，管理复杂性并维护完整性。
- 易于管理：体系结构中定义清晰、功能明确的组件，为基于组件的开发和大规模的软件复用提供了有力支持，同时也是项目管理中计划与人员安排的依据。
- 工具丰富：Rational公司提供了丰富的用以支持RUP的工具集，包括可视化建模工具Rational Rose、需求管理工具Requisite Pro、版本管理工具ClearCase、文档生成工具Soda、测试工具SQA和Performance等。由于RUP采用标准的UML描述系统的模型体系结构，因此可以利用很多第三方厂家提供的产品。

但RUP只是开发过程，并没有涵盖软件过程的全部内容，例如缺少关于软件运行和支持等方面的内容；此外，对于各种类型的软件项目，RUP并未给出具体的自身裁剪及实施策略，这降低了在开发组织内大范围实现重用的可能性。RUP适用于规模比较大的软件项目和大型的软件开发组织或团队，提供了在软件开发中涉及的几乎所有方面的内容。但是，对于中小规模的软件项目，由于开发团队的规模不是很大，软件的开发周期也比较短，因此完全照搬RUP并不完全适用。

11.4 其他软件开发模型

除了前面介绍的瀑布模型和RUP迭代开发模型，优秀的软件开发人员在长期的实践过程中基于其他一些方法学也建立了一些软件开发模型，本节将再介绍几个模型，希望对初学者有所裨益。

11.4.1 喷泉模型

喷泉模型(fountain model)是由B.H.Sollers和J.M.Edwards于1990年提出的一种新的开发模型，如图11-7所示。喷泉模型是一种以用户需求为动力，以对象为驱动的模型，主要用于描述面向对象的软件开发过程。喷泉模型认为软件开发过程中自下而上的各阶段是相互重叠和多次反复的，就像水喷上去又可以落下来，类似喷泉。各个开发阶段没有特定的次序要求，并且可以交互进行，可以在某个开发阶段随时补充其他任何开发阶段的遗漏。

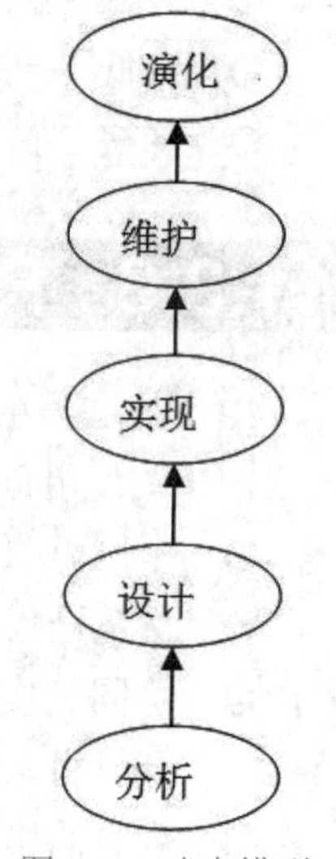

图11-7　喷泉模型

喷泉模型不像瀑布模型那样，需要在分析活动结束后才开始设计活动，设计活动结束后才开始编码活动。喷泉模型的各个阶段之间没有明显的界限，开发人员可以同步开发。优点是可以提高软件项目的开发效率，节省开发时间，适应于面向对象的软件开发过程。

由于喷泉模型在各个开发阶段是重叠的，因此在开发过程中需要大量的开发人员，不利于项目的管理。此外，这种模型要求严格管理文档，使得审核难度加大，尤其是可能随时加入各种信息、需求与资料的情况。

11.4.2　原型模型

原型模型又称为样品模型或快速原型模型(rapid prototype model)，如图11-8所示。原型模型先借用已有系统作为“样品”，通过不断改进“样品”，使得最后的产品就是用户需要的。

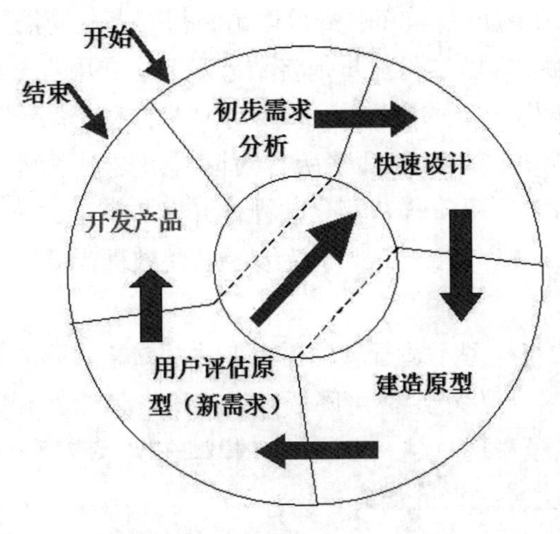

图11-8　原型模型

原型是指在开发真实系统前，构造一个早期可运行的版本，它反映了最终系统的重要特性。通过向用户提供原型获取用户的反馈，使开发出的软件能够真正反映用户的需求。同时，原型模型采用逐步求精的方法完善原型，使得原型能够“快速”开发，避免了像瀑布模型一样，在冗长的开发过程中难以对用户的反馈做出快速响应。相对瀑布模型而言，原型模型更符合人们的开发习惯，是目前较流行的一种模型。

原型模型克服了瀑布模型完全依赖书面的规格说明的缺点，减少由于软件需求不明确带来的开发风险。但是，选用的开发技术和工具不一定符合主流，快速建立起来的系统结构加上连续的修改可能会导致产品质量低下。

11.4.3　XP模型

在所有的敏捷方法中，XP(eXtreme Programming)模型是最受瞩目的一种。20世纪80年代末，XP模型由Kenck Beck和Ward Cunningham合力推出，如图11-9所示。

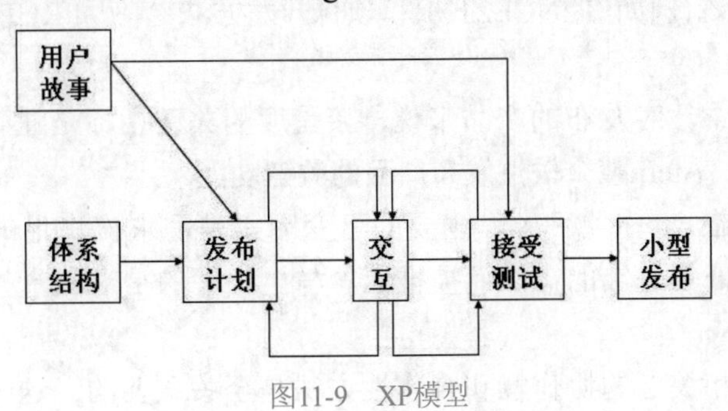

图11-9　XP模型

XP模型对各阶段资源配置水平以及执行者间的沟通有较高的要求，适合用户需求不明确、变更难以预测、探索预研、业务变动频繁的项目。

XP模型是面向客户的开发模型，重点强调用户的满意程度，开发过程中对需求改变的适应能力较强，即使在开发后期也可以较大程度上适应用户的改变。XP模型具有交流、简洁、反馈和进取的特点。交流是指XP模型促使软件开发人员和客户之间保持随时交流，所有项目的展开都建立在用户参与和项目组讨论的基础上。简洁是指XP模型努力产生简洁清晰的设计。反馈是指XP模型尽可能早地将结果产品送交用户并根据用户的反馈进行修改。进取是指XP模型使开发小组对用户需求和实用技术的改变总是充满信心。

XP模型极为强调测试。虽然几乎所有的模型都提到了测试，可是始终没有把测试摆在重要的位置。XP模型则不一样，测试被视作开发的基础。每一个程序员在写代码的同时还要做测试。测试已经整合为一个不断持续的迭代过程，并且为将来的开发奠定了坚实的平台。

XP模型克服了传统模型不适于软件需求变化的缺陷，是一种面向客户的、新型的轻量级模型，适合于中小型开发小组，可降低开发风险，使软件开发简易而高效。实践证明，XP模型在一定的领域里表现卓越。当然，XP模型在实际应用中还存在一些问题，例如不适合中大型项目，重构会导致大量开销等。

11.4.4 动态系统开发方法

动态系统开发方法(DSDM)是一种管理和控制框架。DSDM社团最初成立于1994年，为当时所谓的快速应用开发(rapid application development，RAD)制定业界的标准定义。在接下来的十年里，基于同样的考虑制定了RAD方法，为敏捷软件开发运动提供了初始动力。

DSDM的第一个版本在1995年1月发布。虽然定义了应用于RAD项目中的结构和控制，但却没有规范特定的开发方法论。因此，DSDM与面向对象开发技术相得益彰，虽然DSDM自身并不需要面向对象。

DSDM的当前版本发布于2007年，称为DSDM Atern(或者简称为Atern)。虽然名称发生了改变，但是DSDM之前版本的很多显著特征都保留了下来。特别地，包括对项目需求的革新性观点。Atern并没有像过去大部分方法所做的那样，将需求看作固定不变的，进而试图为项目配置资源。对项目来说，Atern将资源看作固定的(包括完成项目可用的时间)，然后在这些约束条件下发布最终产品。如同DSDM的早期版本一样，Atern被设计以便能够与其他的项目管理方法论(例如PRINCE2TM)和项目开发方法论(例如RUP)相匹配。Atern基于如下8条基本原则。

- 关注业务需求。对发布的产品来说，接受度的关键指标是业务目的的合适度。在特定的时间，Atern整个关注发布产品的关键功能。
- 发布时间。在Atern项目中，主要的可变因素是需求被满足的程度。发布期限从未因为满足低优先级的需求而被推迟。与之相关的是时间盒技术和MoSCoW优化技术。
- 协作。利益相关者的协作性和合作性方法是至关重要的。这里强调的是在协作开发过程中包含的所有利益相关者。利益相关者不仅仅是项目团队成员。项目团队成员会包括终端用户，也包括其他的资源管理者和质量保证团队。此外，Atern团队被授权决定精细化需求，甚至不用直接上报更高管理层就可以更改它们。

- 对质量从不妥协。产品质量从未被作为因为要满足低优先级的需求就可以牺牲的可变因素。与发布期限一样，这也与时间盒技术和MoSCoW优化技术相关，也要求测试应该被集成到整个生命周期中。每个软件组件都会由遵守技术准则的开发者或负责功能合适度的用户团队成员进行测试。
- 迭代型开发。迭代型开发被视为加快收敛到准确的业务解决方案所必需的技术之一。
- 根据坚实的基础构建增量。增量型开发允许用户反馈信息，告知稍后增量的开发。如果满足用户的即时紧急需求，发布部分解决方案也是可以接受的。这些解决方案可以被精细化，之后进一步开发。
- 持续明确的通信。有效通信的失败被认为是一些项目没能满足用户和赞助者需求的主要原因。DSDM Atern解决方案包括工作讨论组以及建模和原型的关键技术。
- 演示控制。这一原则部分是关于透明性的问题：所有合适的利益相关者必须被时刻告知项目和规划的实施进度。这一原则也部分与项目管理的思想和技术有关。在诸多技术中，时间盒技术是很重要的，背后的思想是强调产品的发布，而不仅仅是完成活动。

11.4.5 选择方法论时的考虑

为组织引入任何方法论都并非小事，这会产生很多难以估计的成本问题。对职员必须进行关于新的方法论在技术、结构和管理方面的培训。必须购买文档，还必须获得工具软件许可证以支持方法论。间接的隐性成本也会被低估。在培训的时候会占用生产时间，对于做出改变之后的一段时间，会降低生产率，并且会对外部咨询支持有持续的需求。不管组织是否已经在使用方法论，引入新的方法论都会如此。即便在做出决定之前细致地评估，并且对变化做出周密的计划，通常也仍然需要在测试项目上对新的方法论进行全面试用，而测试项目也需要仔细选择。承担关键项目失败的风险是不明智的，而测试项目必须足够复杂，以便能够对新的方法论进行彻底测试。

选择“正确的”方法论也充满困难，因为目前有上百种方法论可供选择，而它们在思想、生命周期的收敛以及特定应用域的适用性方面都不尽相同。很多因素会影响方法论的适用性，包括项目类型(大型的、小型的、常规的或是关键任务型的项目)、应用域(例如实时的、安全至上的、用户为中心的、高度交互性的、分布式或批处理式的应用域)和开发组织的性质。

软件开发管理方面一名非常有影响力的思想者是Humphrey，他的“过程成熟度框架”已经演进为软件工程研究中心的软件能力成熟度模型集成，简称CMMI(Capability Maturity Model Integration)。CMMI模型建议组织通过成熟度阶段演进项目，而成熟度的各个阶段之间遵循预定顺序来进行。打个比方，一只蝴蝶必须首先经历卵的阶段，才能成长为幼虫，之后是蛹的阶段，而在蝴蝶成年之前就想飞是没有任何意义的。软件开发的逻辑也是如此，换句话讲，在组织当前的成熟度阶段引入过度成熟的技术实践也意义不大。

Humphrey最初描述了5个阶段。第1个阶段是“初始”级，开发活动是混乱无章的，每一名开发者都使用自己设计的即席过程。组织中也没有统一的标准以及良好实践的范本宣传，因而任何项目的成功都仅依赖于开发团队的技能和经验。在这一层次上，引入任何方法论都毫无意义，因为管理层既没有技能也不需要结构去控制组织。反而，关注点应该转移到下一阶段“可重复”级。在这一阶段，组织可以采用简单的开发标准和项目管理过程。这些允许在稍后的项目上重复成功，组织因而从方法论中获益，因为管理层的方法能够增强应用。然而，虽然单个管理者可以重复成功，但对于造成成功的因素却没有清晰的了解。将成功扩展到不同类型的项目或应用是不可能的，组织的灵活性仍然受限。一种方法论如果能确定每一步实施的细节，将更容易成功。

下一阶段是“已定义”级，该级别有自己对软件过程的定义，能够标准化组织中的活动。此时方法论更容易引入，并且很有可能产生巨大的效益，因为组织已经拥有定义这些过程的工作方式。但是职员仍乐意采用与他们当前的工作方式和谐匹配的方法论。下一阶段通常生成指标计划。如果成功的话，这可使组织进入“已管理”级，但很少有组织能够达到该级别。只有少数组织达到最终的“优化”级，此时所有的活动都能够持续得到改进(对应于所谓的“综合质量管理”这一通用管理方法)。

11.5 小结

在本章中，首先介绍了传统软件开发方法学和瀑布模型，接着介绍了现代软件开发方法学，并详细介绍了统一软件过程(RUP)。在对RUP的介绍中，首先介绍了RUP的发展历史，接着分别介绍了RUP的二维模型、静态结构、动态结构和核心工作流，以及基于RUP的迭代模型。在本章的最后，介绍了基于其他方法学的一些软件开发模型。

11.6 思考练习

1. 简述软件开发方法学的作用。
2. 简述瀑布模型的优缺点。
3. 简述什么是RUP。
4. RUP与UML之间的关系如何？
5. 简述RUP的四个阶段。
6. 简述RUP的六个核心工作流的主要内容。
7. 简述RUP的优缺点。
8. 简述喷泉模型、原型模型和XP模型各自的优缺点。

参考文献

[1] Bennett. UML 2.2面向对象分析与设计[M]. 4版. 李杨，译. 北京：清华大学出版社，2013.
[2] 邵维忠，杨芙清. 面向对象的分析与设计[M]. 北京：清华大学出版社，2013.
[3] 谭云杰. 大象：Thinking in UML[M]. 2版. 北京：中国水利水电出版社，2012.
[4] Gomaa H. 软件建模与设计：UML、用例、模式和软件体系结构[M]. 彭鑫，等译. 北京：机械工业出版社，2014.
[5] 张传波. 火球：UML大战需求分析[M]. 北京：中国水利水电出版社，2012.
[6] 侯爱民，欧阳骥，胡传福. 面向对象分析与设计(UML)[M]. 北京：清华大学出版社，2015.
[7] Booch G，Rumbaugh J，Jacobson I. UML用户指南(第2版·修订版)[M]. 邵维忠，等译. 北京：人民邮电出版社，2013.
[8] 田林琳，李鹤. UML软件建模[M]. 北京：北京理工大学出版社，2018.
[9] 曹静. 软件开发生命周期与统一建模语言UML[M]. 北京：中国水利水电出版社，2008.
[10] 邹盛荣. UML面向对象需求分析与建模教程[M]. 北京：科学出版社，2015.
[11] 严悍等. UML 2软件建模：概念、规范与方法[M]. 北京：国防工业出版社，2009.
[12] 杨弘平. UML基础、建模与设计实战[M]. 北京：清华大学出版社，2012.
[13] 吴建，郑潮，汪杰. UML基础与Rose建模案例[M]. 3版. 北京：人民邮电出版社，2012.
[14] 胡荷芬. UML面向对象分析与设计教程[M]. 北京：清华大学出版社，2012.
[15] 薛均晓，李占波. UML系统分析与设计[M]. 北京：机械工业出版社，2014.
[16] 胡智喜，唐学忠，殷凯. UML面向对象系统分析与设计教程[M]. 北京：电子工业出版社，2014.
[17] Booch. 面向对象分析与设计[M]. 3版. 王海鹏，潘加宇，译. 北京：人民邮电出版社，2009.
[18] Schach. 面向对象分析与设计导论[M]. 北京：高等教育出版社，2006.
[19] 骆斌. 软件过程与管理[M]. 北京：机械工业出版社，2012.
[20] 唐晓君. 软件工程：过程、方法及工具[M]. 北京：清华大学出版社，2013.
[21] Dennis A, Wixom B, Tegarden D. Systems analysis and design: An object-oriented approach with UML[M]. John Wiley & Sons, 2015.
[22] Martin J, Odell J J. Object-oriented methods[M]. Prentice Hall PTR, 1994.
[23] Lee R C, Tepfenhart W M. UML and C++: A practical guide to object-oriented development[M]. New Jersey: Prentice Hall, 1997.